教科書ワーク

アプリでバッチリ! ポイント確認!

ホウセンカ

くきの切り口はどう変化する?

変化した部分は何の通り道?

❶

葉の表面

この穴の名前は?

ここから何が出ていく?

❷

リトマス紙の変化

何性の水よう液?

水よう液の例は?

❸

リトマス紙の変化

何性の水よう液?

水よう液の例は?

❹

リトマス紙の変化

何性の水よう液?

水よう液の例は?

❺

ムラサキキャベツ液の変化

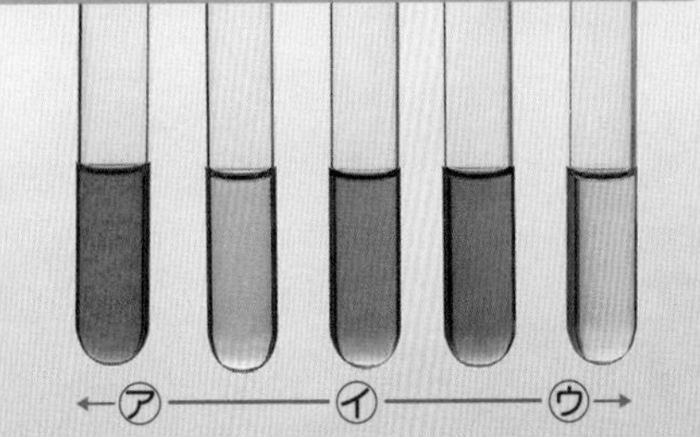

㋐は何性?

㋑は何性?

㋒は何性?

❻

電気の利用

㋐信号機　㋑電気ストーブ

㋐では電気を何に変えている?

㋑では電気を何に変えている?

❼

月の表面

月はどのようにかがやく?

満月は夕方どの方位に見える?

❽

地層のつぶ

れき　砂　どろ

つぶの形の特ちょうは?

つぶが小さい順にならべよう。

❾

火山灰のつぶ

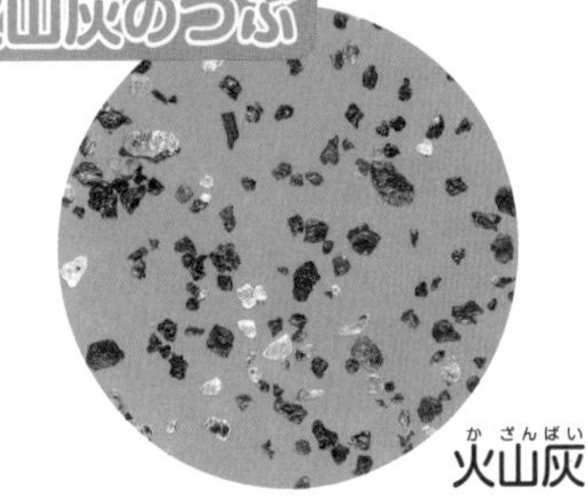

火山灰

つぶの形の特ちょうは?

何のはたらきでできた?

❿

アプリでバッチリ！ポイント確認！

おもての QR コードからアクセスしてください。

※本サービスは無料ですが、別途各通信会社の通信料がかかります。
※お客様のネット環境および端末によりご利用できない場合がございます。
※ QR コードは㈱デンソーウェーブの登録商標です。

使い方

- きりとり線にそって切りはなしましょう。
- 写真や図を見て、質問に答えてみましょう。
- 使い終わったら、あなにひもなどを通して、まとめておきましょう。

葉の表面

水は水蒸気になって、出ていくんだ。

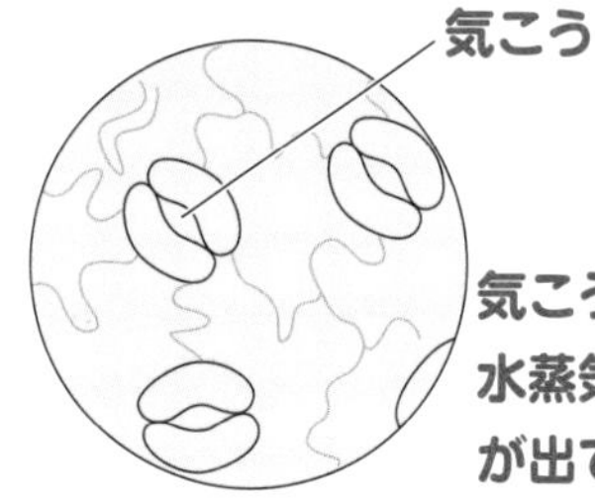

気こうから水蒸気（水）が出ていく。

❷

ホウセンカ

色のついたところは、水の通り道なんだ。

くきの切り口は赤くそまる。

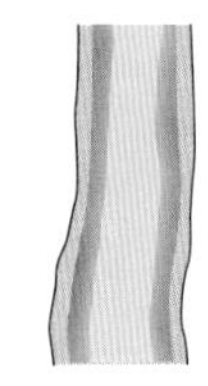

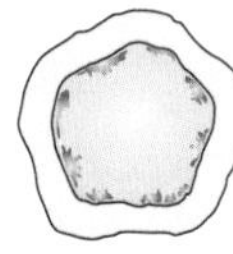

赤くそまった部分は水の通り道。

❶

中性の水よう液

リトマス紙は、ピンセットを使って持とう。

中性（どちらも変わらない）

例
食塩水
砂糖水
など

❹

酸性の水よう液

炭酸水のあわは、二酸化炭素なんだ。

例
塩酸
炭酸水
など

酸性（青→赤）

❸

ムラサキキャベツ液の変化

色の変化を調べると、液の性質がわかるんだ。

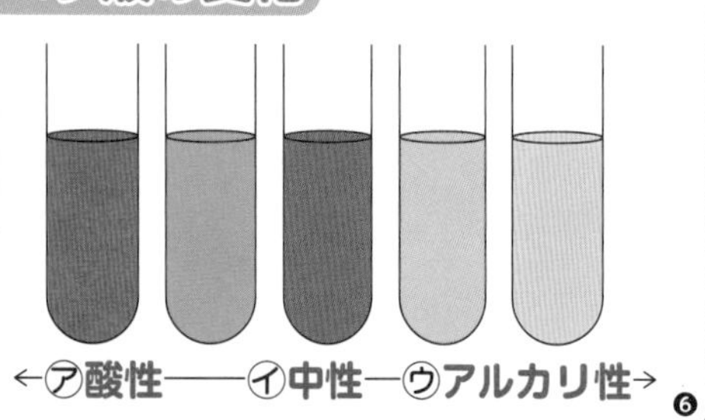

←㋐酸性——㋑中性—㋒アルカリ性→

❻

アルカリ性の水よう液

アルカリ性（赤→青）

危険な水よう液のあつかい方には注意しよう。

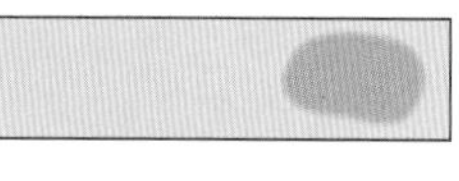

例
石灰水
アンモニア水
重そう水
など

❺

月の表面

表面のくぼみを、クレーターというんだ。

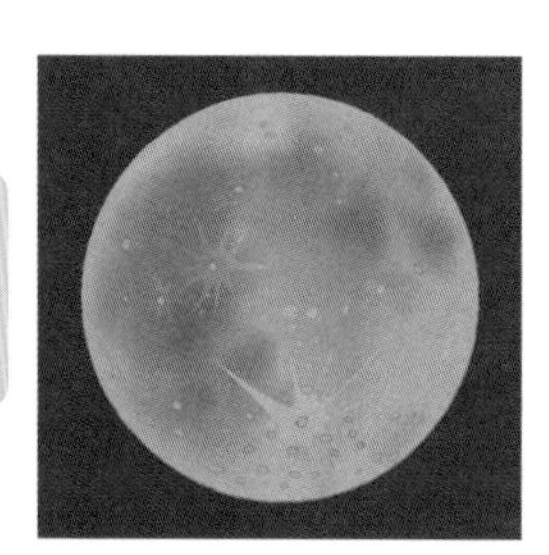

太陽の光を反射してかがやく。

満月は夕方東の空に見える。

❽

電気の利用

電気は、音や運動にも変えられているんだ。

㋐電気を光に変える。

㋑電気を熱に変える。

信号機

電気ストーブ

❼

火山灰のつぶ

火山がふん火すると、よう岩も流れ出るんだ。

角ばっている。

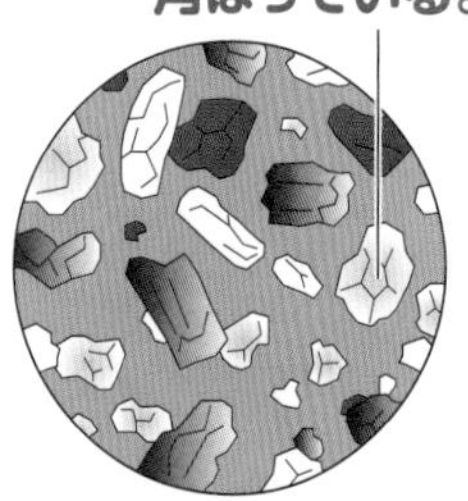

火山のはたらきでできた。

❿

地層のつぶ

同じ地層から、化石が見つかることもあるんだ。

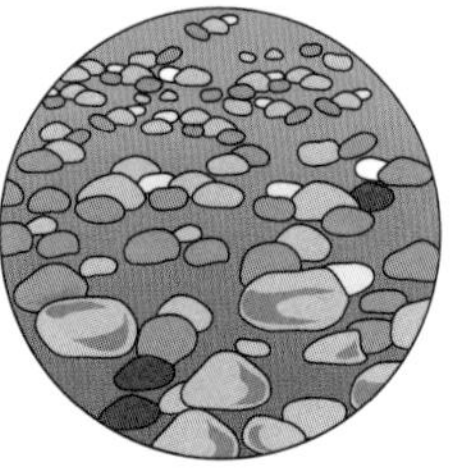

丸みを帯びている。

小さい順にどろ・砂・れき

❾

空気中の気体の割合

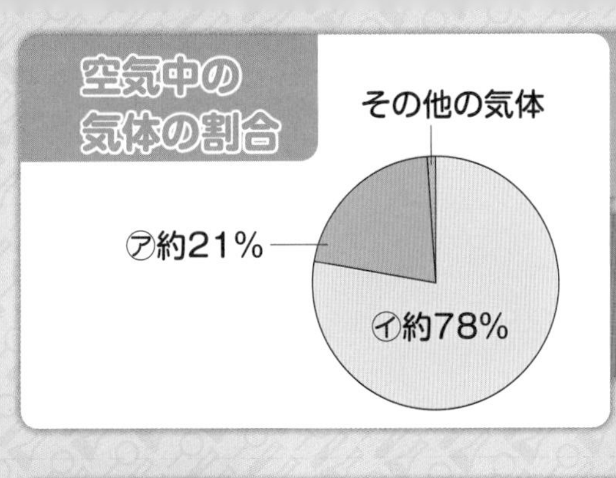

㋐の気体は？

㋑の気体は？

⓫

酸素の中でろうそくを燃やす

ろうそくの燃え方は？

酸素のはたらきは？

⓬

人の臓器①

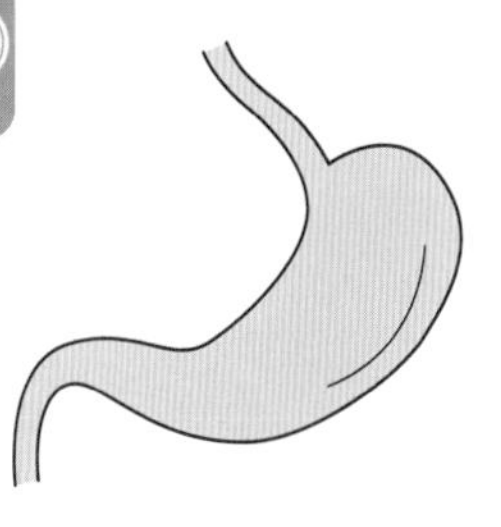

この臓器の名前は？

この臓器のはたらきは？

⓭

人の臓器②

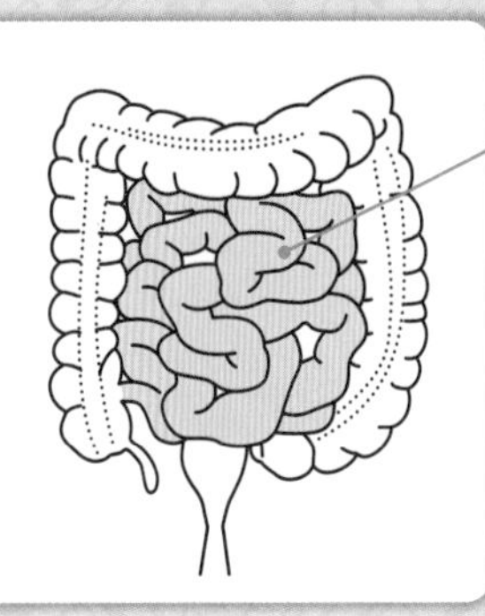

この臓器の名前は？

この臓器のはたらきは？

⓮

人の臓器③

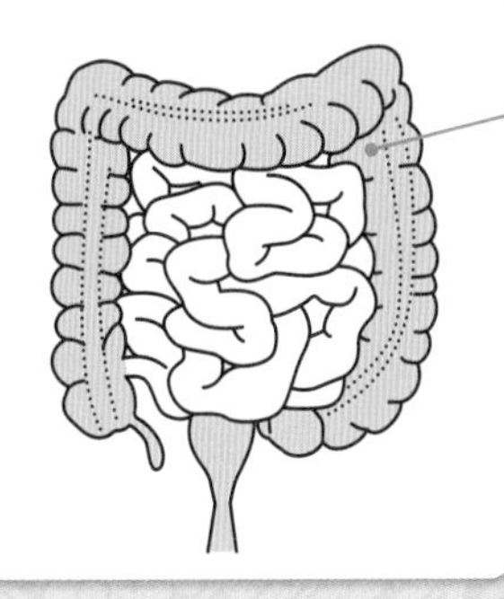

この臓器の名前は？

この臓器のはたらきは？

⓯

人の臓器④

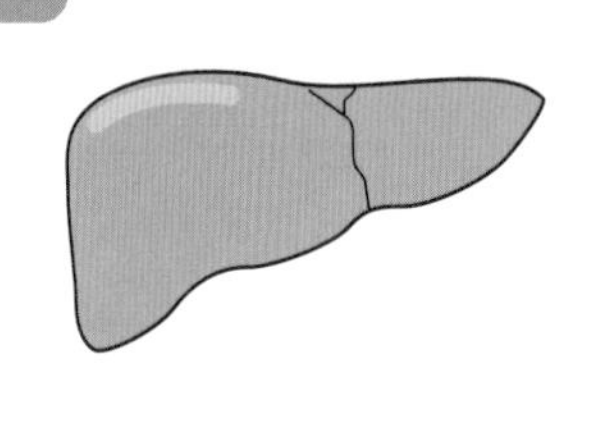

この臓器の名前は？

この臓器のはたらきは？

⓰

人の臓器⑤

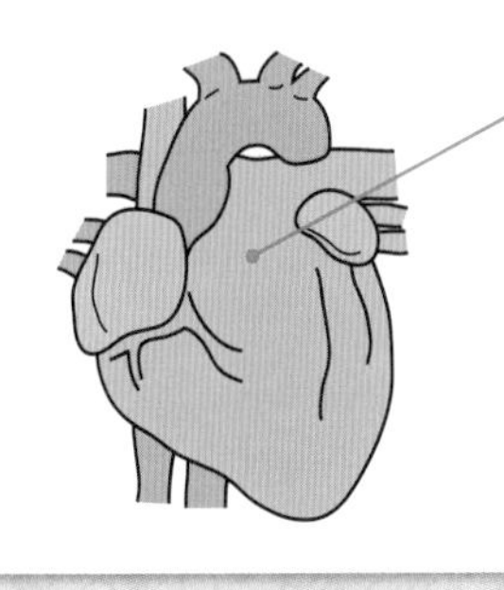

この臓器の名前は？

この臓器のはたらきは？

⓱

人の臓器⑥

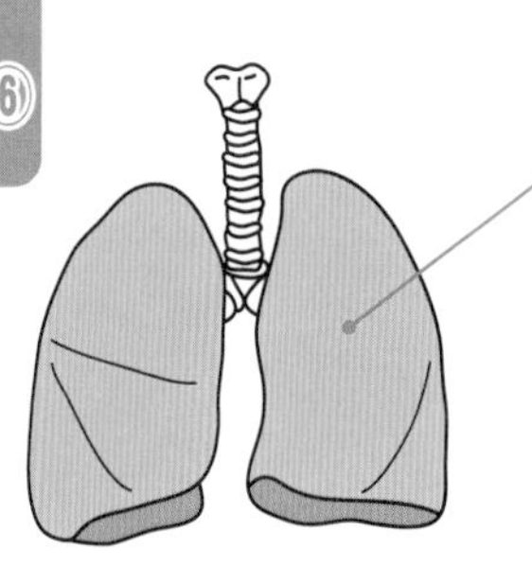

この臓器の名前は？

この臓器のはたらきは？

⓲

人の臓器⑦

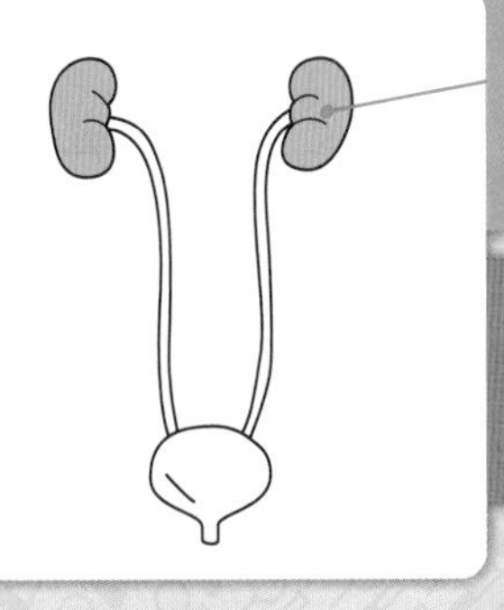

この臓器の名前は？

この臓器のはたらきは？

⓳

ピンセット

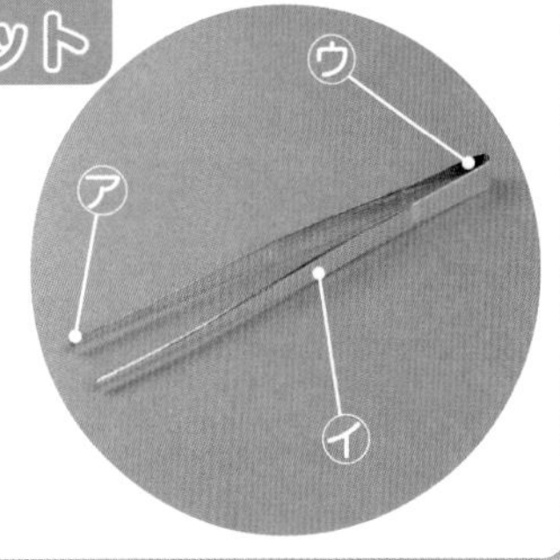

支点は？

力点は？

作用点は？

⓴

はさみ

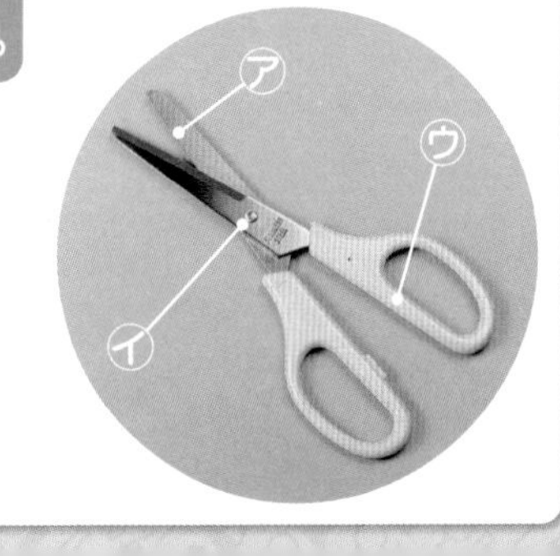

支点は？

力点は？

作用点は？

㉑

せんぬき

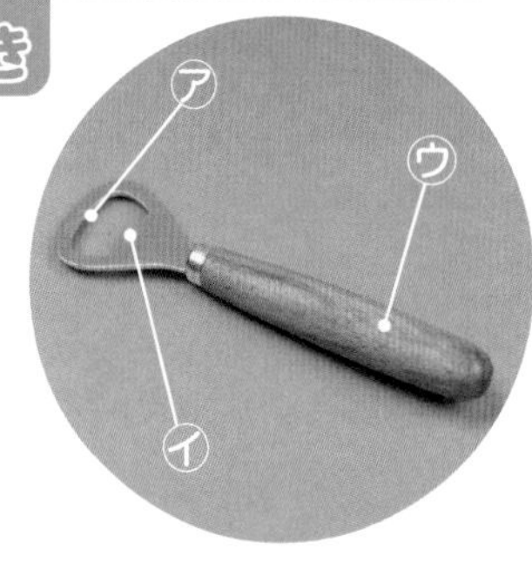

支点は？

力点は？

作用点は？

㉒

酸素の中でろうそくを燃やす

酸素の体積の割合が減ると、火は消えてしまうんだ。

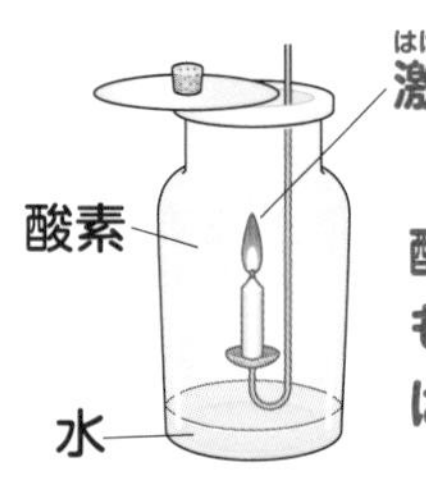

酸素には、ものを燃やすはたらきがある。

12

空気中の気体の割合

その他の気体には、二酸化炭素などがあるんだ。

その他の気体
㋐酸素 約21%
約78%
㋑ちっ素

11

小腸

小腸の内側はひだになっているんだ。

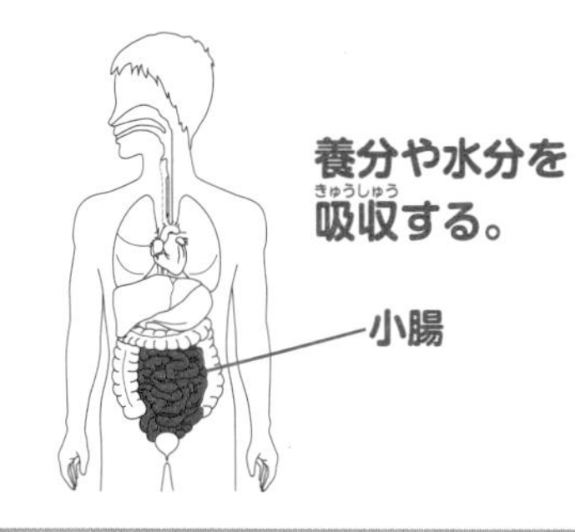

養分や水分を吸収する。

14

胃

だ液や胃液などのことを消化液というんだ。

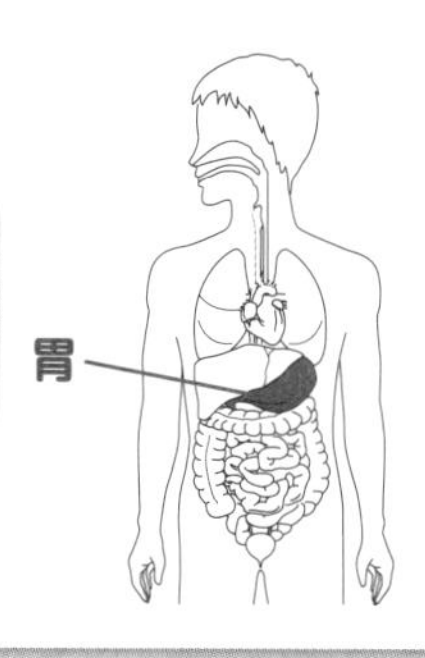

胃液が出される。食べ物を消化する。

13

かん臓

かん臓にはたくさんのはたらきがあるんだ。

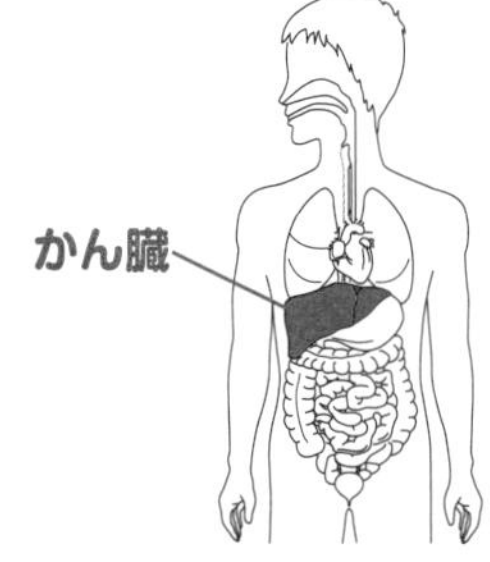

吸収された養分の一部をたくわえ、必要なときに送り出す。

16

大腸

残ったものは便としてこう門から出されるよ。

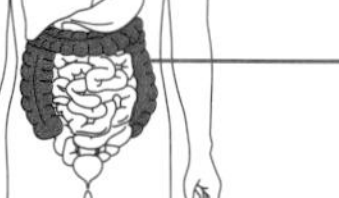

水分などを吸収する。

大腸

15

肺

人は肺で、魚はえらで呼吸しているんだ。

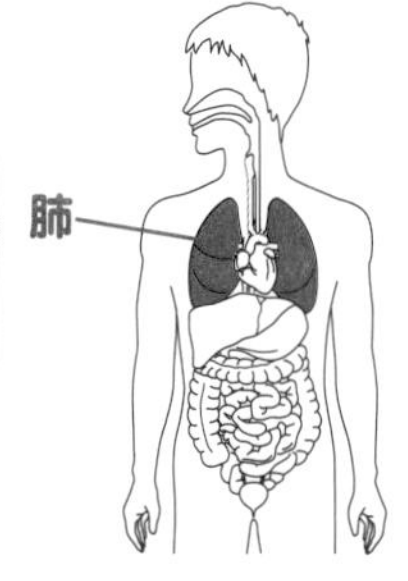

血液中に酸素をとり入れる。

血液中から二酸化炭素を出す。

18

心臓

血液は、酸素や養分を全身に運んでいるんだ。

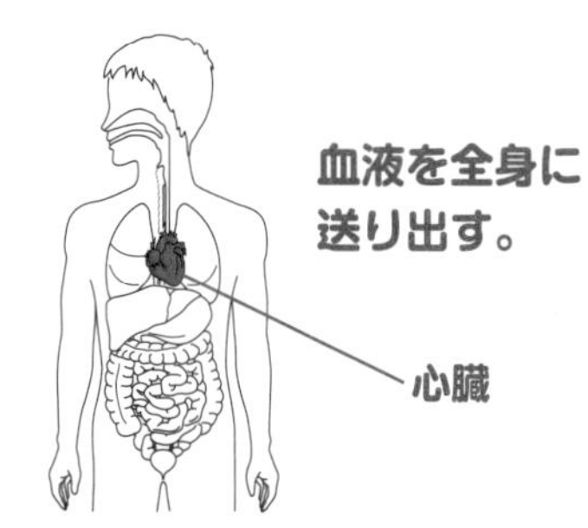

血液を全身に送り出す。

17

ピンセット

力点が作用点と支点の間にあると、はたらく力を小さくできるんだ。

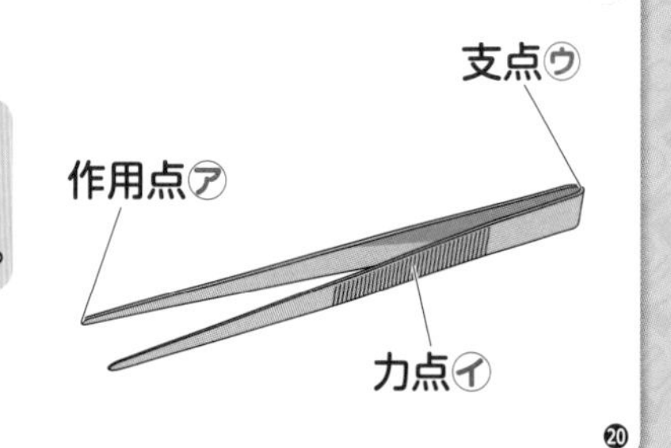

20

じん臓

にょうは、ぼうこうにためられるんだ。

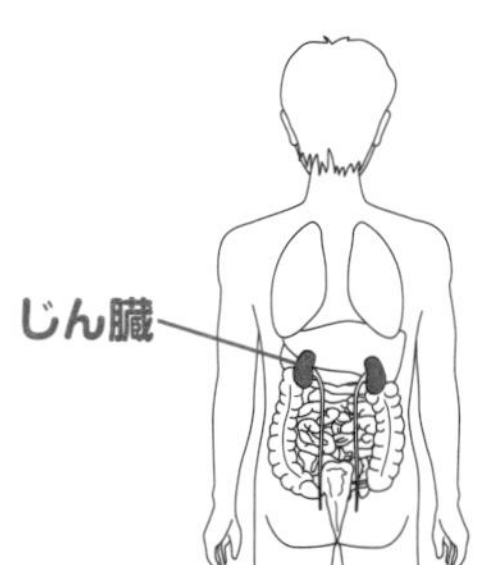

血液中の不要なものをこし出し、にょうをつくる。

19

せんぬき

作用点が支点と力点の間にあるから、小さな力でせんをあけられるんだ。

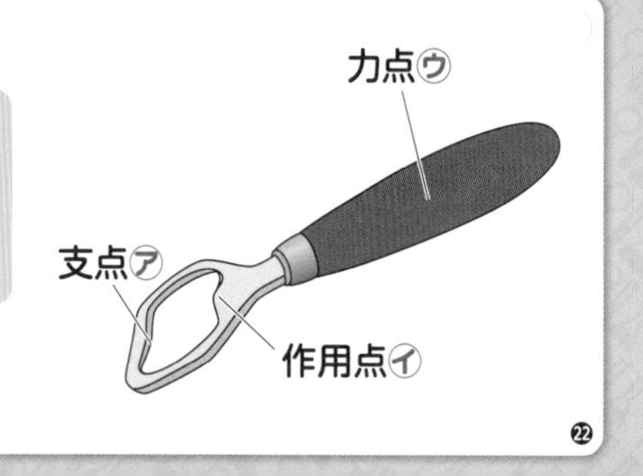

22

はさみ

支点から作用点までを短くすると、小さな力で切れるんだ。

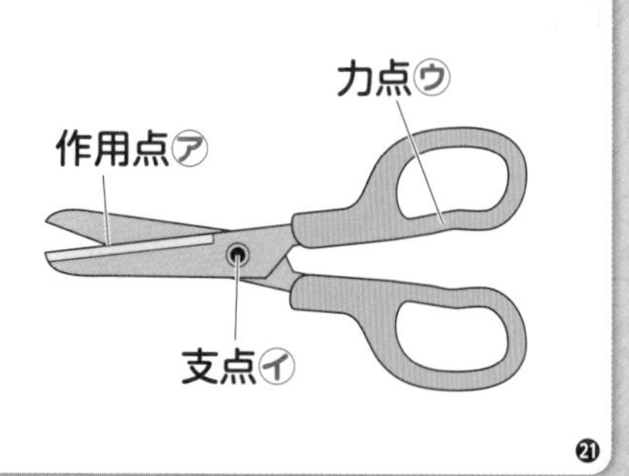

21

わくわくシール

★学習が終わったら、ページの上に好きなふせんシールをはろう。
がんばったページやあとで見直したいページなどにはってもいいよ。
★実力判定テストが終わったら、まんてんシールをはろう。

まんてんシール

ばっちり!
おめでとう!
かんぺき!

ふせんシール

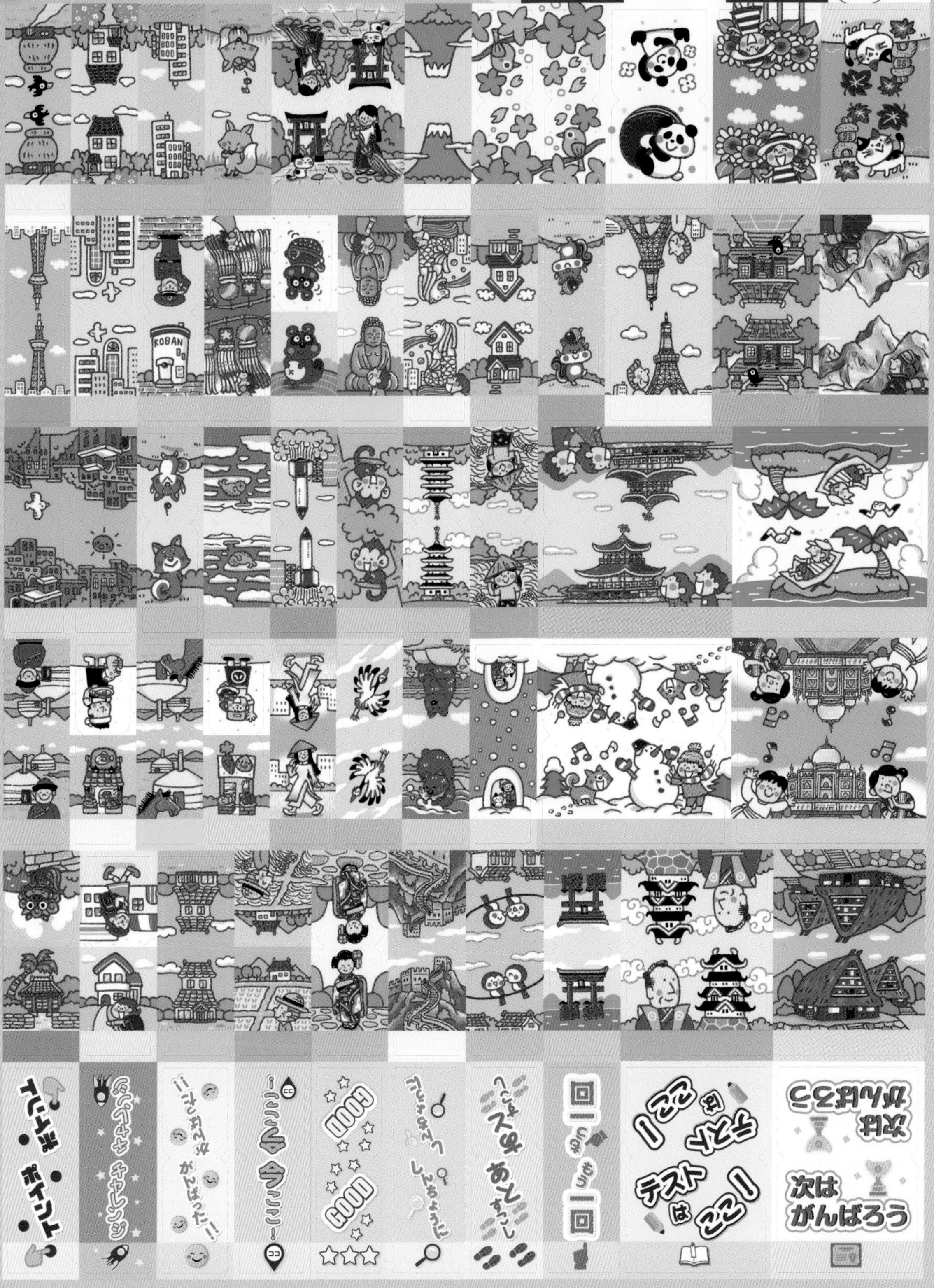

KOBAN

ポイント
チャレンジ
がんばった!!
今ここ!
GOOD
しんちょうに
あとすこし
もう一回
テストはここ!
次はがんばろう

食べたものの旅

※おとなのおよその数字です。

口
消化 でんぷん
消化液：だ液

食道
長さ：25cm

30秒～１分後

胃
消化 たんぱく質
消化液：胃液

2～5時間後

小腸
消化 でんぷん、しぼう、たんぱく質
吸収 養分、水分
長さ：6～7ｍ

吸収する表面の面積はおよそ200㎡。
テニスコートくらい！

7～15時間後

大腸
吸収 水分
長さ：1.5m

24～48時間後

トイレ

こう門
1日の便の量：100～200g

消化管（口からこう門まで）の長さ：8～9ｍ（身長の5～6倍）

体温のふしぎ

体温計では42℃までしか測れないよ。
体温が42℃をこえると…？？

人の体は、たんぱく質というものでできています。

42℃

人の体のたんぱく質は、
42℃になると固まってしまいます。

危険

体温が42℃に近くなったら、すぐに病院へ！！

※おとなのおよその数字です。

いちばん太い血管

3cm（心臓の近くの血管）

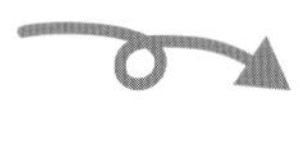

このくらい。

いちばん細い血管

0.01mm（毛細血管（もうさいけっかん））

いちばん重い「〇〇臓」

かん臓（ぞう）：1～1.5kg

500mLペットボトル
2～3本くらい。

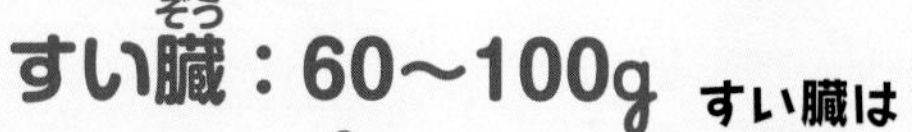

いちばん軽い「〇〇臓」

すい臓（ぞう）：60～100g

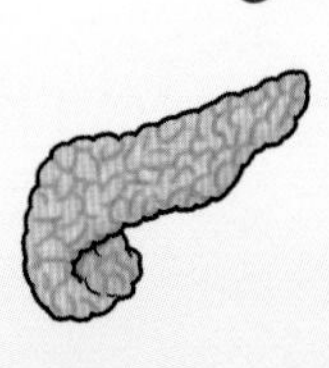

すい臓は
胃の近くにあるよ。

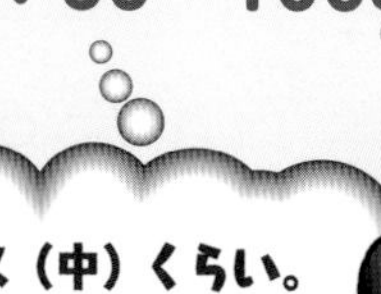

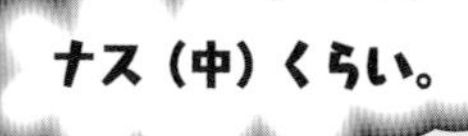

わくわくポスター 理科 6年

人の体

たんこぶのふしぎ

頭をぶつけると…

たんこぶができる。

手や足などを
ぶつけたときは、
「あざ」ができるね。

頭の骨と皮ふの間に
血液の成分がたまって
できるよ。

たんこぶ

皮ふ

骨

血管

皮ふと骨が近くて
すき間がないから、
皮ふがふくらむんだ。

血管が傷(きず)ついていて、
血液が出ているんだ。

心臓のふしぎ

心臓(しんぞう)は筋肉(きんにく)でできているよ。
心臓の筋肉は、自由に動かせる??

筋肉には、2種類あります。

①

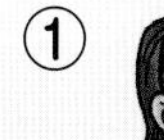

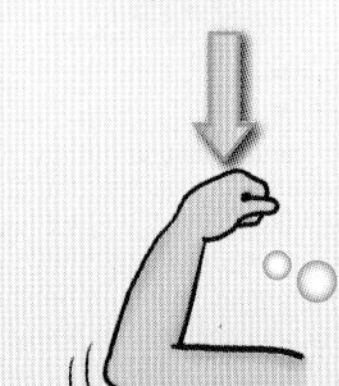

うでの筋肉は①だよ。

②

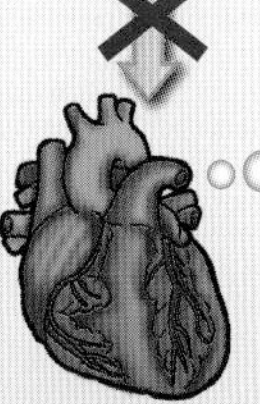

心臓の筋肉は②だよ。

心臓の筋肉の動きは、自動的に調節されているんだ。

本のふしぎ①

教科書ワーク

胃はたんぱく質でできているよ。

胃液はたんぱく質を消化するよ。

胃液は胃を消化してしまう？？

消化するぞ！

胃液には塩酸がふくまれているんだ。

だいじょうぶ！！

消化するぞ！

胃を守るぞ！

胃は、ねん液で守られています。

骨（ほね）がのびると、背（せ）がのびるんだって。
骨は、いつのびる？？

子どもの骨は、
「成長ホルモン」というものの命令で成長します。

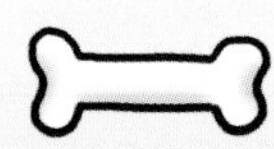

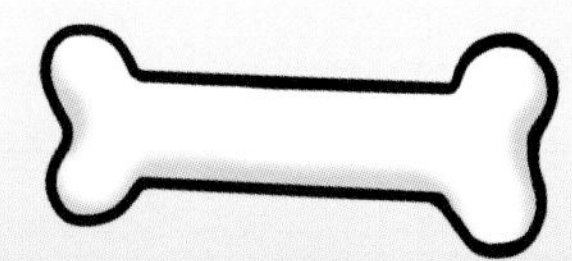

バランスのよい食事や適度な運動も大切だよ。

成長ホルモンは、夜、寝ているときにたくさん出ます。

ということは…

夜、しっかり寝ましょう。

「寝る子は育つ」というよね。

啓林館版

理科6年

動画 コードを読みとって、下の番号の動画を見てみよう。

●写真提供：アーテファクトリー、アフロ、PIXTA

1 ものの燃え方と空気の動き

基本のワーク

学習の目標 ものが燃え続けるには新しい空気が必要であることを理解しよう。

教科書 10〜14ページ 答え 1ページ

図を見て、あとの問いに答えましょう。

1 キャンドルランタンの中でのろうそくの燃え方

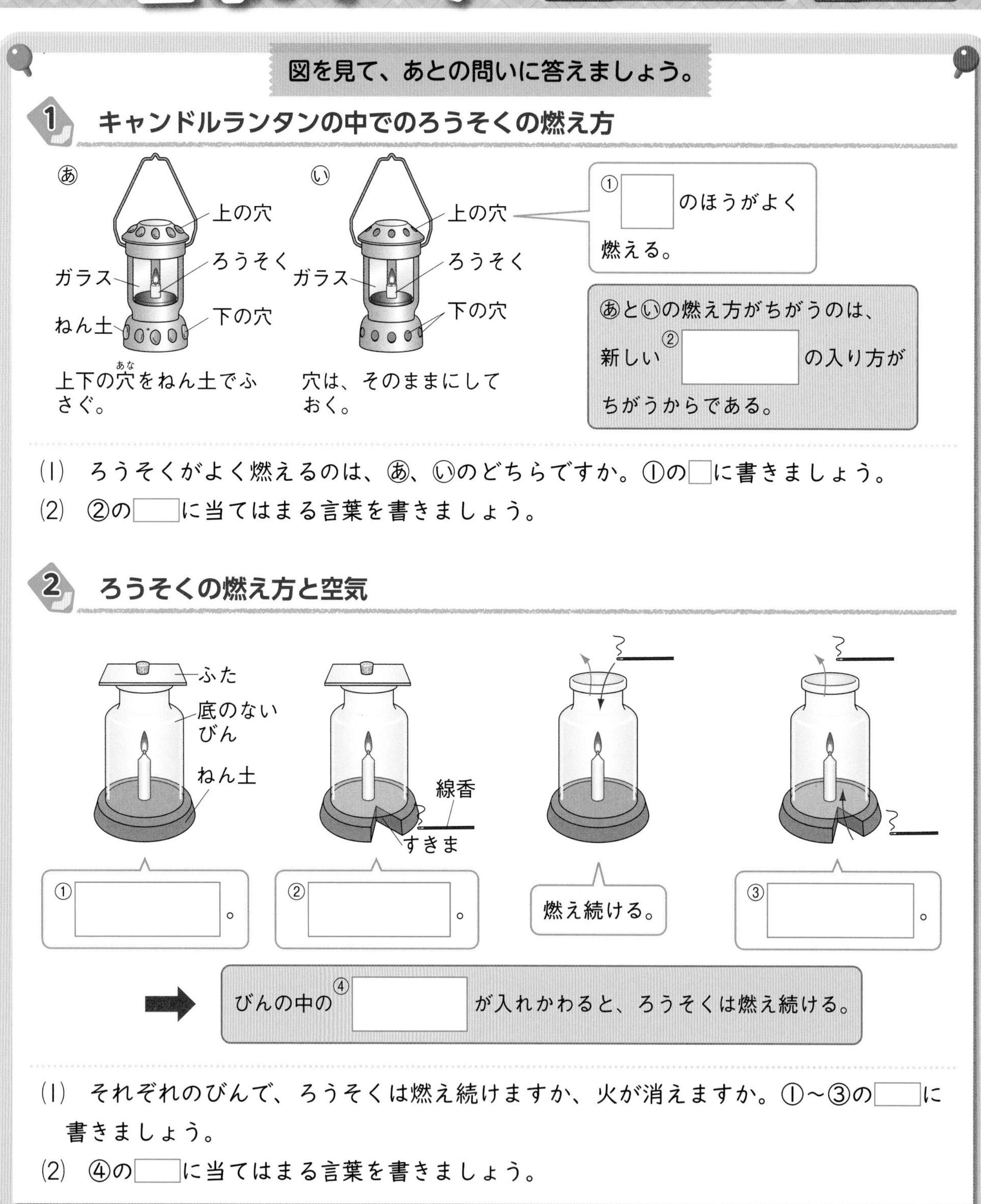

(1) ろうそくがよく燃えるのは、あ、いのどちらですか。①の□に書きましょう。

(2) ②の□に当てはまる言葉を書きましょう。

2 ろうそくの燃え方と空気

(1) それぞれのびんで、ろうそくは燃え続けますか、火が消えますか。①〜③の□に書きましょう。

(2) ④の□に当てはまる言葉を書きましょう。

まとめ 〔 空気　入れかわらない 〕から選んで（　）に書きましょう。

- 空気が①（　　　　）と、火は消える。
- ものが燃え続けるには、新しい②（　　　　）にふれることが必要である。

かまどでまきがよく燃えるようにするために、うちわを使うことがあります。これは、うちわであおいで新しい空気を送り、空気の入れかわりを助けるためです。

練習のワーク

教科書 10〜14ページ　答え 1ページ

1 右の図のように、キャンドルランタンを2つ用意し、その中でろうそくを燃やしました。次の問いに答えましょう。

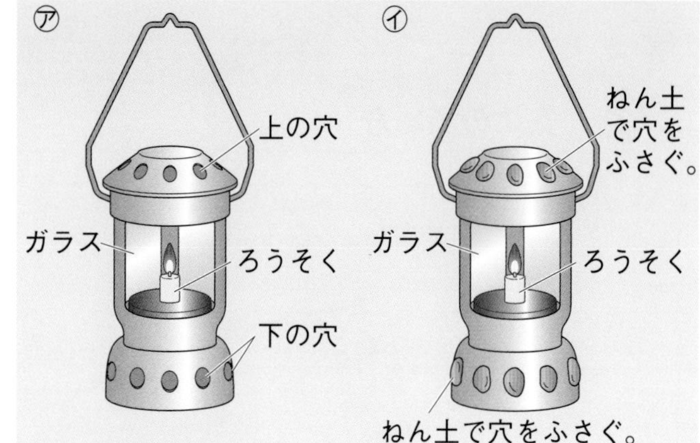

(1) ろうそくがよく燃えるほうを、㋐、㋑から選びましょう。（　　）

(2) ろうそくが先に燃えつきてなくなるほうを、㋐、㋑から選びましょう。（　　）

(3) ㋐のキャンドルランタンの中の空気は、どのように動いていますか。ア〜ウから選びましょう。（　　）

ア 上や下の穴から空気が入りこみ、燃えた後の空気は出ていかない。
イ 上の穴から空気が入りこみ、下の穴から燃えた後の空気が出ていく。
ウ 下の穴から空気が入りこみ、上の穴から燃えた後の空気が出ていく。

2 次の図のような3つのびんを用意し、ろうそくの燃え方を調べました。あとの問いに答えましょう。

(1) ろうそくが燃え続けるものを、図の㋐〜㋒から選びましょう。（　　）

(2) ㋑の下のすきまに、線香のけむりを近づけました。けむりはびんの中に流れこみますか。（　　）

(3) ㋒の上と下のすきまに、線香のけむりを近づけました。けむりはどのように動きますか。次のア〜ウから選びましょう。（　　）

ア びんの中には流れこまない。
イ 上からびんの中に流れこみ、下から出ていく。
ウ 下からびんの中に流れこみ、上から出ていく。

(4) 線香のけむりの動きから、何の動きを調べることができますか。（　　）

(5) ろうそくが燃え続けるためには、空気がどのようになることが必要ですか。（　　）

(6) 空気の中に、体積の割合（わりあい）で約78％ふくまれている気体は何ですか。（　　）

(7) 空気の中に、体積の割合で約21％ふくまれている気体は何ですか。（　　）

勉強した日　月　日

2　燃やすはたらきのある気体

基本のワーク

学習の目標

ものを燃やすはたらきがある気体について確認しよう。

教科書 15〜16ページ　答え 1ページ

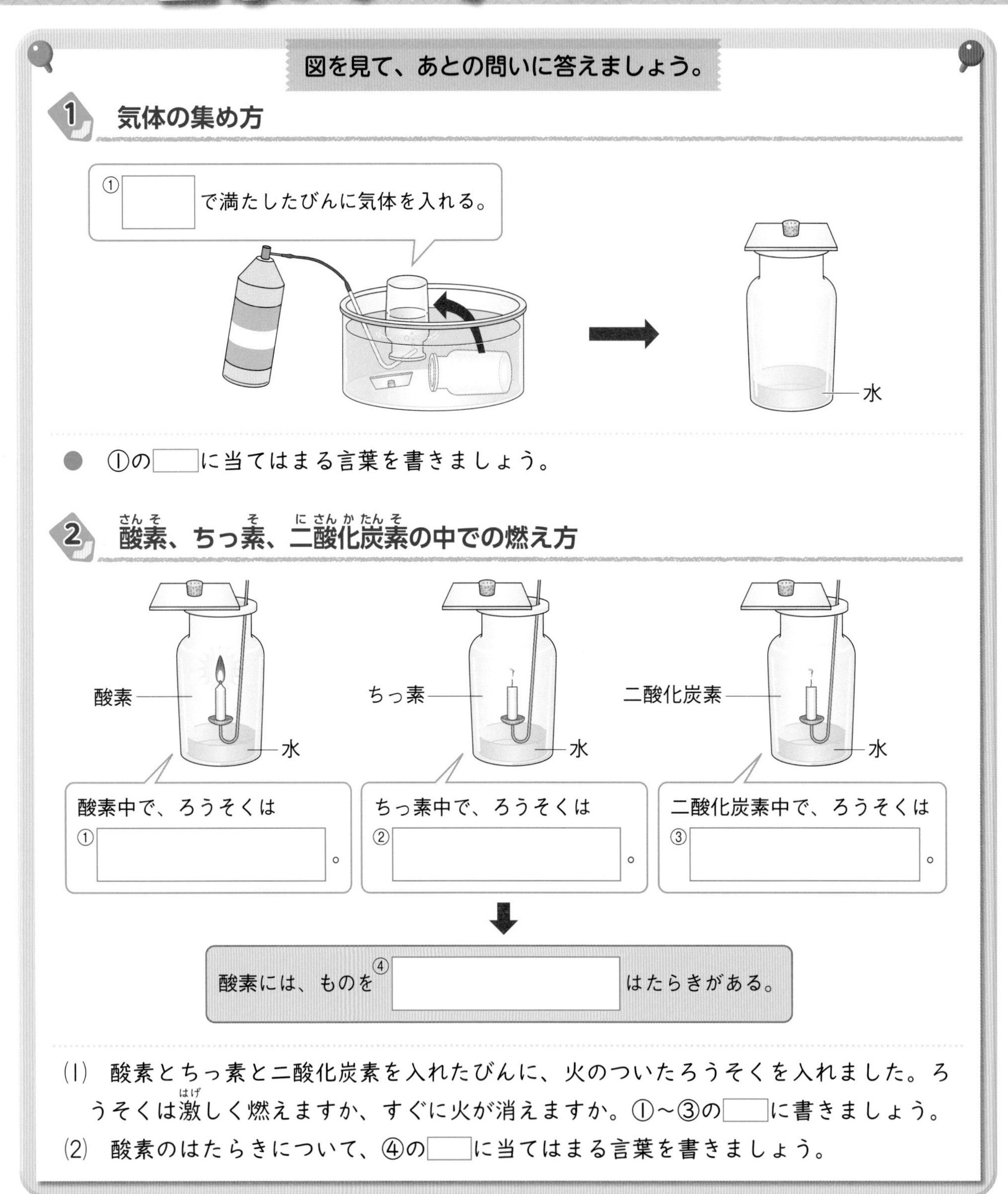

● ①の□に当てはまる言葉を書きましょう。

(1) 酸素とちっ素と二酸化炭素を入れたびんに、火のついたろうそくを入れました。ろうそくは激しく燃えますか、すぐに火が消えますか。①〜③の□に書きましょう。

(2) 酸素のはたらきについて、④の□に当てはまる言葉を書きましょう。

まとめ　〔 ある　ない 〕から選んで(　)に書きましょう。

● ちっ素や二酸化炭素には、ものを燃やすはたらきが①(　　　)。

● 酸素には、ものを燃やすはたらきが②(　　　)。

わくわくたんてい団　ものが燃えるためには、燃えやすいもの(燃料)、酸素、温度の３つが必要です。消火器は、この３つのうちの１つ以上をなくすことで、火を消しています。

練習のワーク

教科書 15〜16ページ　答え 1ページ

1 次の図のように、気体を入れたびんの中に、火のついたろうそくを入れて、燃え方を調べました。あとの問いに答えましょう。

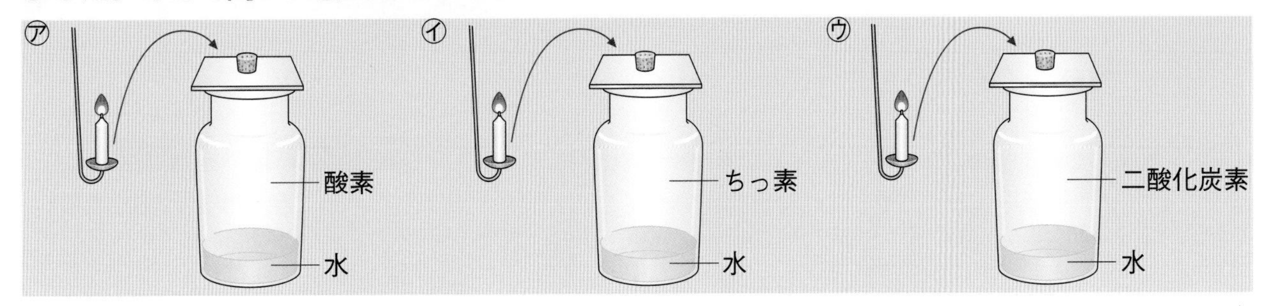

(1) ろうそくが激しく燃えるのは、どれですか。図の㋐〜㋒から選びましょう。（　　）

(2) ろうそくの火がすぐに消えてしまうのは、どれですか。図の㋐〜㋒から2つ選びましょう。
（　　）（　　）

(3) 酸素、ちっ素、二酸化炭素には、それぞれものを燃やすはたらきがありますか。
酸素（　　）　ちっ素（　　）　二酸化炭素（　　）

2 次の図のように、びんに酸素を入れた後、びんの中に火のついたろうそくを入れて燃え方を調べました。あとの問いに答えましょう。

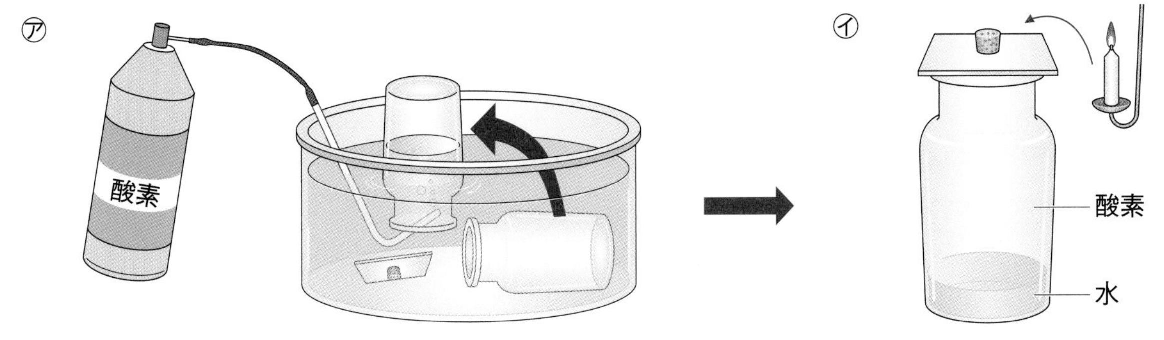

(1) ㋐のように、ボンベを使ってびんの中に酸素を入れます。入れ方として、正しいものには○、まちがっているものには×をつけましょう。

①（　　）水で満たしたびんに、酸素を入れる。
②（　　）空気を少し残したびんに、酸素を入れる。
③（　　）びんには、7〜8分めまで酸素を入れる。
④（　　）酸素を入れたびんは、水中から出し、ふたをする。
⑤（　　）酸素を入れたびんは、水中でふたをしてから取り出す。

(2) ㋑のように、火のついたろうそくを酸素の中に入れました。どのように燃えますか。次のア、イから選びましょう。（　　）

ア　空気中より激しく燃える。　　イ　空気中と同じように燃える。

(3) (2)の後、しばらくするとろうそくはどのようになりますか。次のア、イから選びましょう。（　　）

ア　ずっと燃え続ける。　　イ　やがて火が消える。

勉強した日　月　日

3　ものが燃えるときの空気の変化

基本のワーク

学習の目標：ものが燃えたときの空気中の気体の変化を理解しよう。

教科書 17～25ページ　答え 2ページ

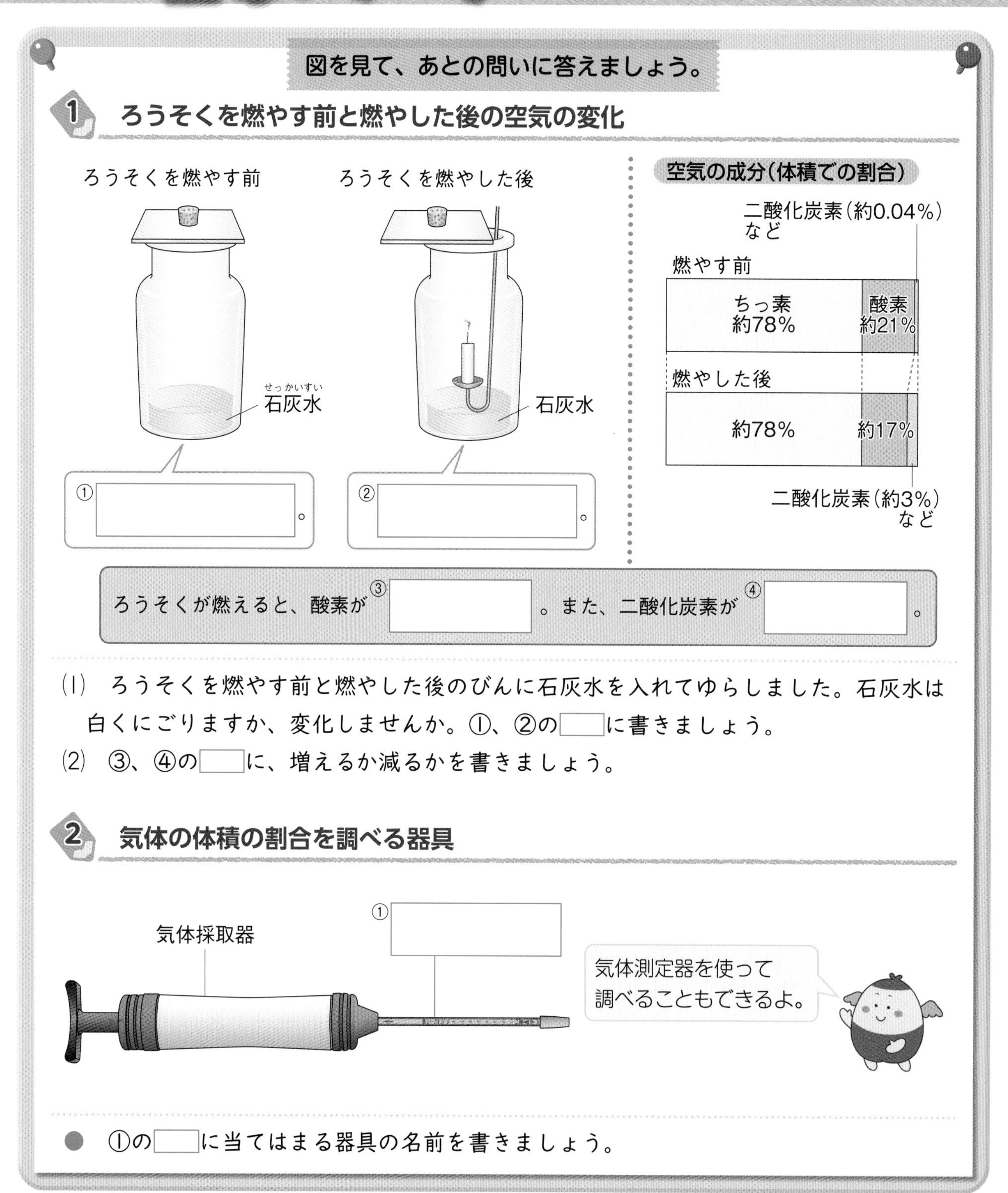

(1)　ろうそくを燃やす前と燃やした後のびんに石灰水を入れてゆらしました。石灰水は白くにごりますか、変化しませんか。①、②の□に書きましょう。

(2)　③、④の□に、増えるか減るかを書きましょう。

●　①の□に当てはまる器具の名前を書きましょう。

まとめ　〔 石灰水　二酸化炭素　酸素 〕から選んで（　）に書きましょう。

●①（　　　　）は、二酸化炭素にふれると白くにごる。

●ろうそくが燃えると、空気中の②（　　　　）が減り、③（　　　　）が増える。

<鉄が燃える>スチールウールという糸状の鉄を熱してから酸素中に入れると、火花を出して燃えます。このとき、酸素は使われて減りますが、二酸化炭素は発生しません。

練習のワーク

できた数　/12問中

教科書　17～25ページ　答え　2ページ

1 **びんの中でろうそくを燃やし、燃やす前と燃やした後の空気を、石灰水を使って調べました。次の問いに答えましょう。**

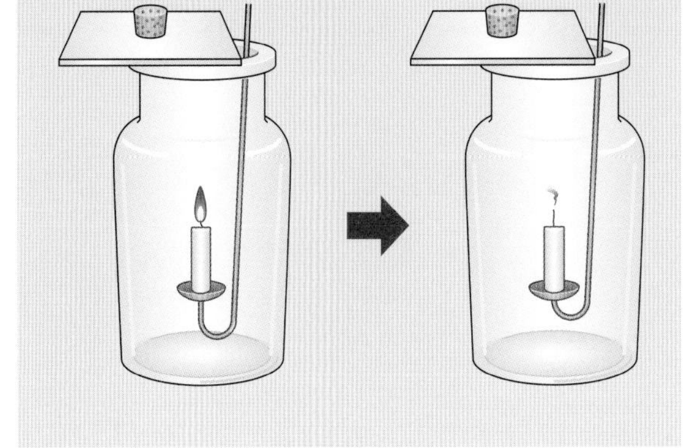

(1)　ろうそくを燃やす前のびんで、空気中の体積の割合が約21％である気体は何ですか。
（　　　　　）

(2)　ろうそくを燃やす前のびんに石灰水を入れてゆらしました。石灰水はどのようになりますか。ア、イから選びましょう。（　　　）

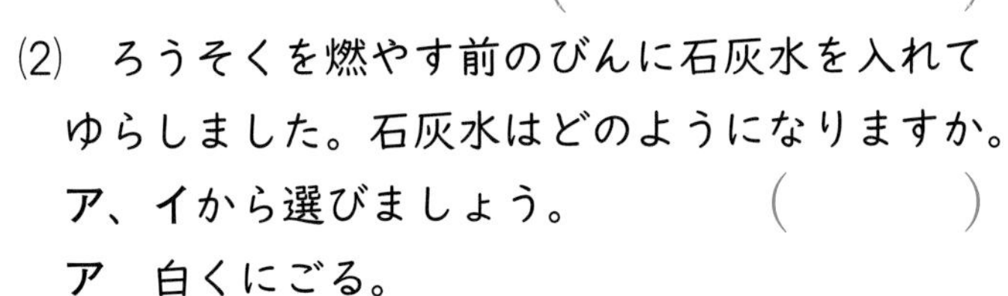

ア　白くにごる。

イ　変化しない。

(3)　ろうそくを燃やした後のびんに石灰水を入れてゆらしました。石灰水はどのようになりますか。(2)のア、イから選びましょう。（　　　）

(4)　ろうそくが燃えると、びんの中の空気にふくまれる二酸化炭素、酸素、ちっ素の体積の割合はどのようになりますか。それぞれア～ウから選びましょう。

二酸化炭素（　　　）　酸素（　　　）　ちっ素（　　　）

ア　増える。　　イ　減る。　　ウ　変わらない。

2 **ろうそくをびんの中で燃やし、燃やす前の空気と燃やした後の空気を、酸素用気体検知管と二酸化炭素用気体検知管を使って調べました。次の問いに答えましょう。**

(1)　気体検知管の使い方として正しいものに2つ○をつけましょう。

①（　　）気体検知管を使うと、気体の体積（mL）を調べることができる。

②（　　）気体検知管の両はしは、チップホルダで折り取る。

③（　　）酸素用気体検知管は、使用後熱くなるので、冷めるまでさわってはいけない。

④（　　）気体検知管に調べる気体を取りこんだら、すぐに目盛り（めもり）を読む。

⑤（　　）気体検知管に空気を取りこむときは、ハンドルをゆっくり引く。

(2)　次の写真は、気体検知管で調べた結果です。ろうそくを燃やした後の酸素と二酸化炭素の結果を、それぞれ㋐～㋓から選びましょう。　酸素（　　　）　二酸化炭素（　　　）

㋐　㋒

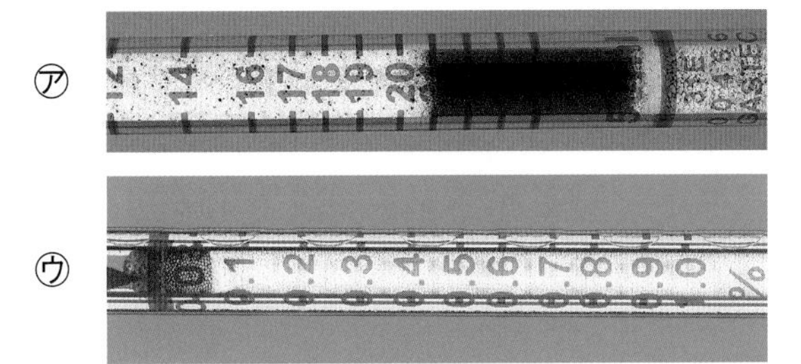

㋑　㋓

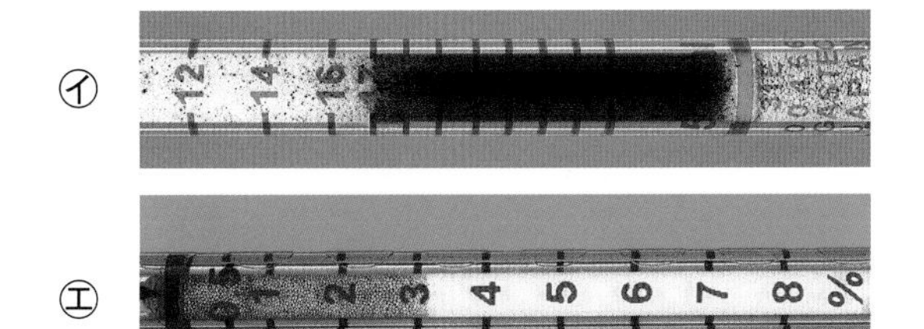

(3)　ろうそくが燃えるときに増える気体、減る気体をそれぞれ答えましょう。

増える気体（　　　　　）

減る気体（　　　　　）

勉強した日　月　日

まとめのテスト

1　ものが燃えるしくみ

時間 20分

得点　/100点

教科書 10〜25ページ　答え 2ページ

よく出る

1 **ものの燃え方と空気** **次の図のような底のないびんを３つ用意し、火をつけたろうそくにかぶせました。あとの問いに答えましょう。**

1つ5〔20点〕

(1)　㋒のびんの下のすきまに、線香のけむりを近づけました。線香のけむりはどのように動きますか。次のア〜ウから選びましょう。　（　　）

ア　けむりは、下のすきまから入り、びんの中にたまる。

イ　けむりは、下のすきまから入り、上のすきまから出ていく。

ウ　けむりは、びんの中に入っていかない。

(2)　ろうそくが燃え続けるものはどれですか。図の㋐〜㋒から２つ選びましょう。

（　　）（　　）

記述　(3)　(2)で選んだびんの中で、ろうそくが燃え続けるのはなぜですか。

（　　）

2 **酸素のはたらき** **次の図のように、㋐のびんには空気、㋑のびんにはちっ素、㋒のびんには酸素を入れ、それぞれに火をつけたろうそくを入れました。あとの問いに答えましょう。**

1つ5〔15点〕

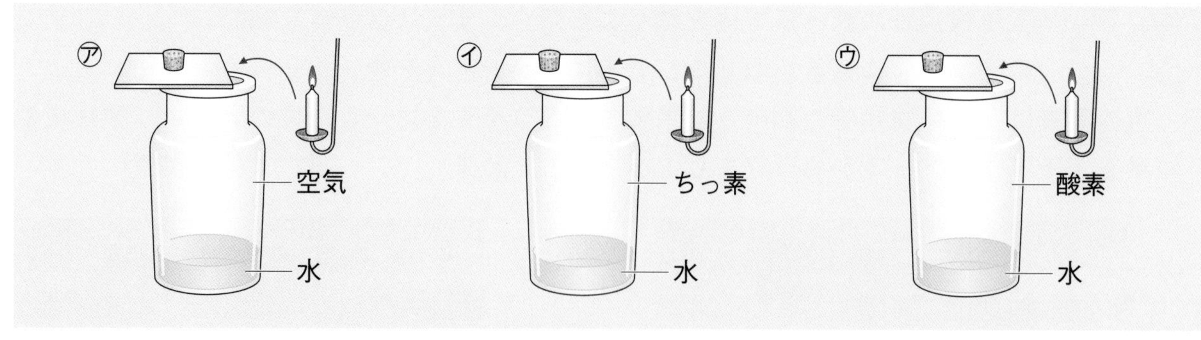

(1)　㋐のびんに火のついたろうそくを入れると、ろうそくはおだやかに燃えました。㋑、㋒のびんに火のついたろうそくを入れると、ろうそくはそれぞれどのようになりますか。

㋑（　　）

㋒（　　）

(2)　(1)の結果から、酸素にはどのようなはたらきがあることがわかりますか。

（　　）

3 ものが燃えるとき　ものが燃えるときの変化について、次の問いに答えましょう。

1つ5〔40点〕

(1)　図１は、空気中にふくまれる気体の体積の割合を表したものです。㋐、㋑の気体はそれぞれ何ですか。　㋐(　　　　　　　)　㋑(　　　　　　　)

図1

そのほかの気体

㋐　約78%　㋑　約21%

(2)　図１の気体について、正しいものには○、まちがっているものには×をつけましょう。

①(　　　)ものが燃えた後の空気では、㋑がすべてなくなっている。

②(　　　)ものが燃えても、空気中の㋐の体積の割合は変化しない。

③(　　　)ろうそくが燃えると、㋑ができる。

④(　　　)㋐を入れたびんの中に火をつけたろうそくを入れると、すぐに火が消える。

(3)　図２のように、キャンドルランタンに線香を近づけたときのけむりの動きを、ア～ウから選びましょう。　(　　　)

ア　キャンドルランタンの中には入っていかない。

イ　上の穴から中に入り、下の穴から出ていく。

ウ　下の穴から中に入り、上の穴から出ていく。

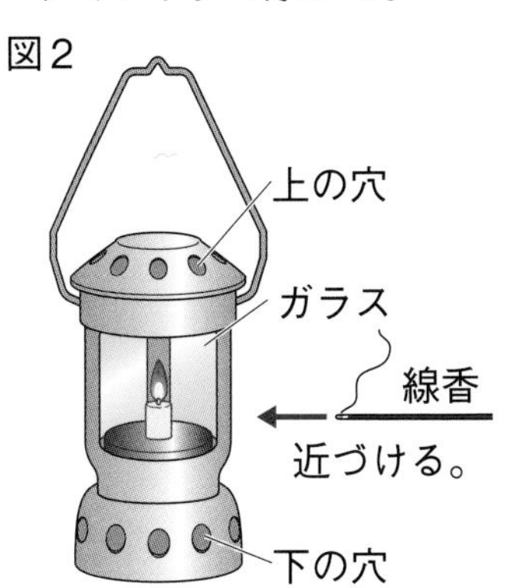

(4)　かまどなどで木が燃えるときの変化について、(　)に当てはまる言葉を書きましょう。

木が完全に燃えると、白い(　　　　　　)になる。

4 空気の変化　ろうそくを燃やす前と燃やした後に、びんの中の気体の体積の割合を、気体検知管で調べました。次の問いに答えましょう。

1つ5〔25点〕

(1)　燃やす前の酸素の体積の割合を表しているものを、㋐～㋓から選びましょう。　(　　　)

(2)　燃やした後の二酸化炭素の体積の割合を表しているものを、㋐～㋓から選びましょう。　(　　　)

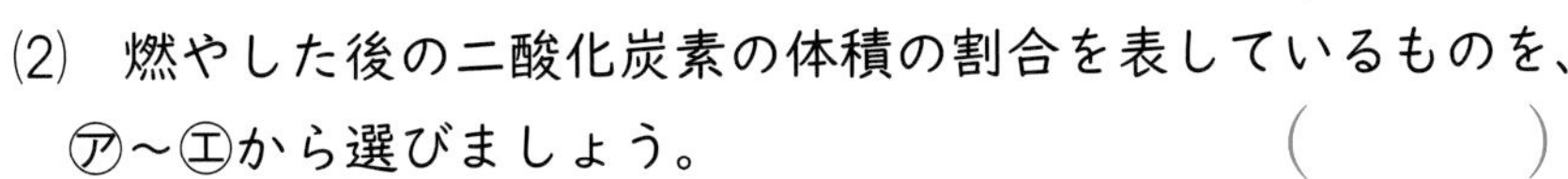

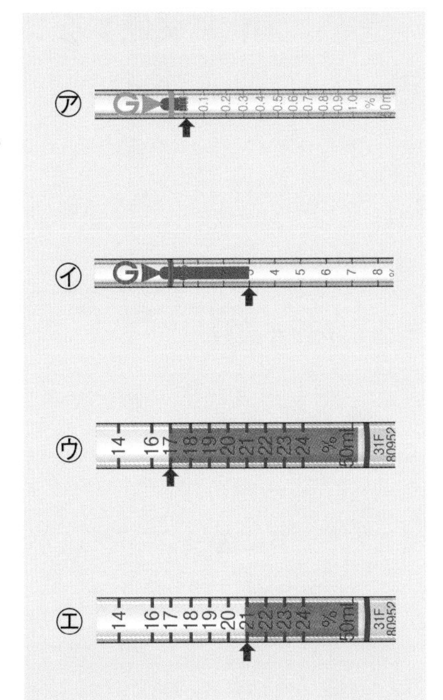

(3)　燃やした後の空気のようすを図で表すと、どのようになりますか。いちばんよいものに○をつけましょう。ただし、●は酸素、×は二酸化炭素を表し、ちっ素は省略しています。

燃やす前　①(　　)　②(　　)　③(　　)

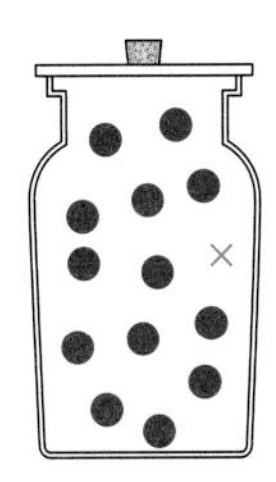

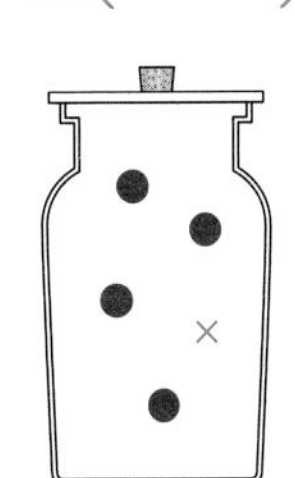

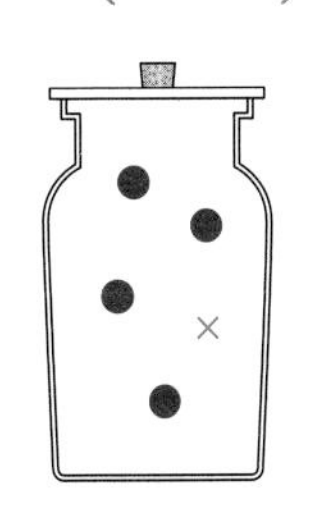

(4)　ろうそくが燃えるときの空気の変化について、次の(　)に当てはまる気体を書きましょう。

ろうそくが燃えるとき、空気中の①(　　　　　　)が使われて、②(　　　　　　　　)ができる。

1 食べ物のゆくえ

基本のワーク

学習の目標
だ液のはたらきや消化管のつくりについて理解しよう。

教科書 26〜33ページ　答え 3ページ

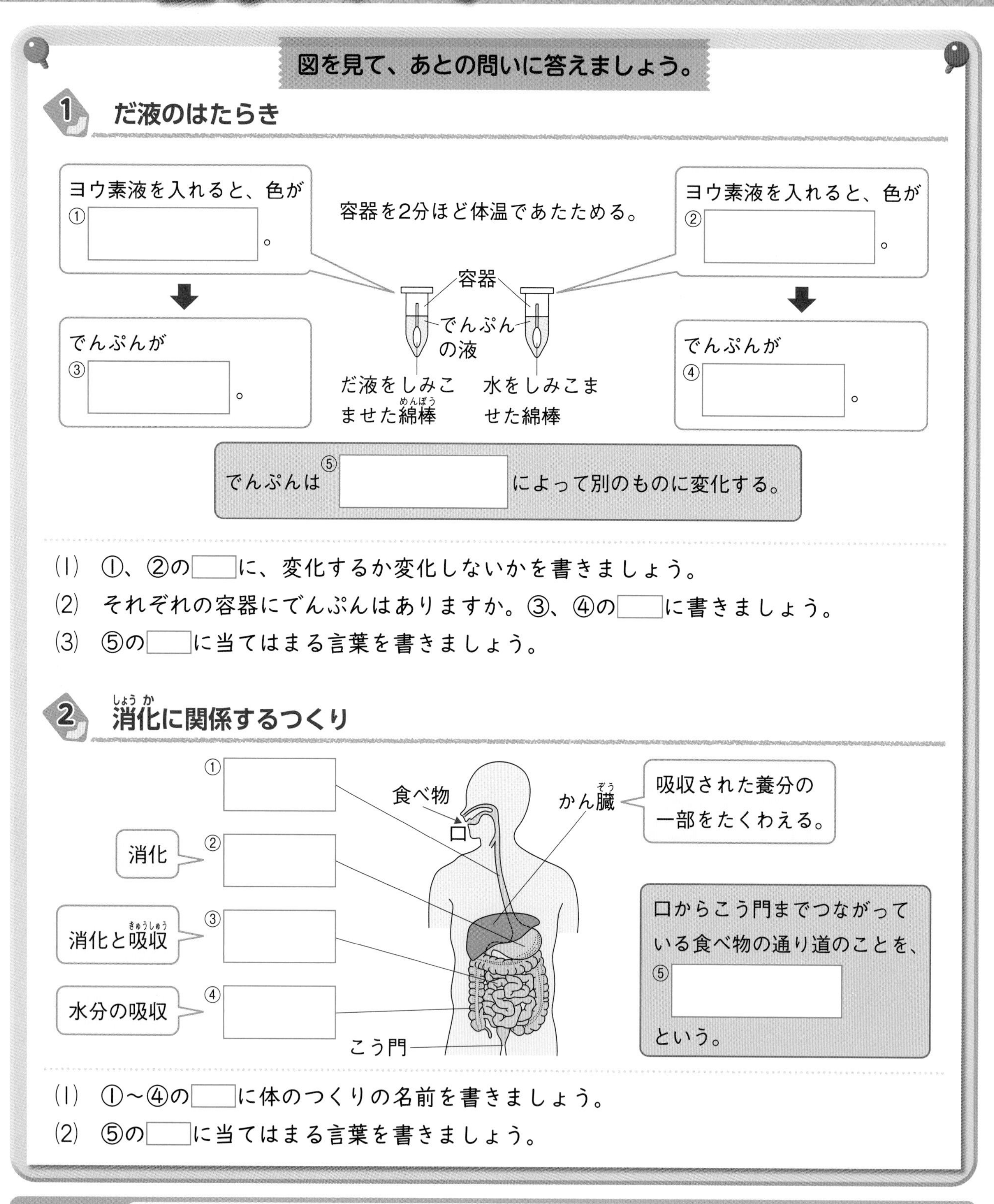

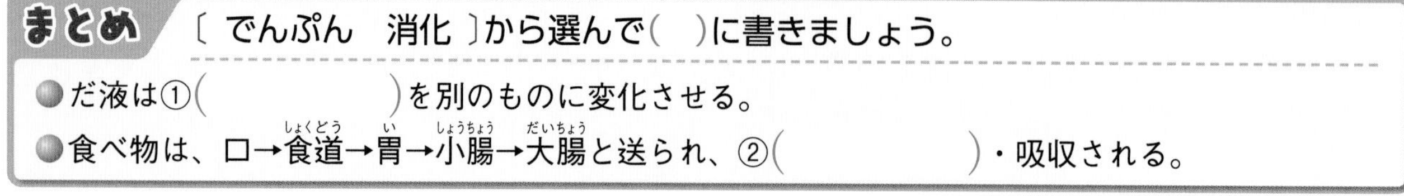

<小腸のつくり>小腸のかべにはじゅう毛という小さなでっぱりがあります。じゅう毛があるので、小腸の内側の面積が大きくなり、養分や水分が効率よく吸収されます。

教科書 26~33ページ　答え 3ページ

できた数　/9問中

1 次の図のように、うすいでんぷんの液を入れた容器㋐、㋑に、それぞれ水、だ液をしみこませた綿棒を入れました。あとの問いに答えましょう。

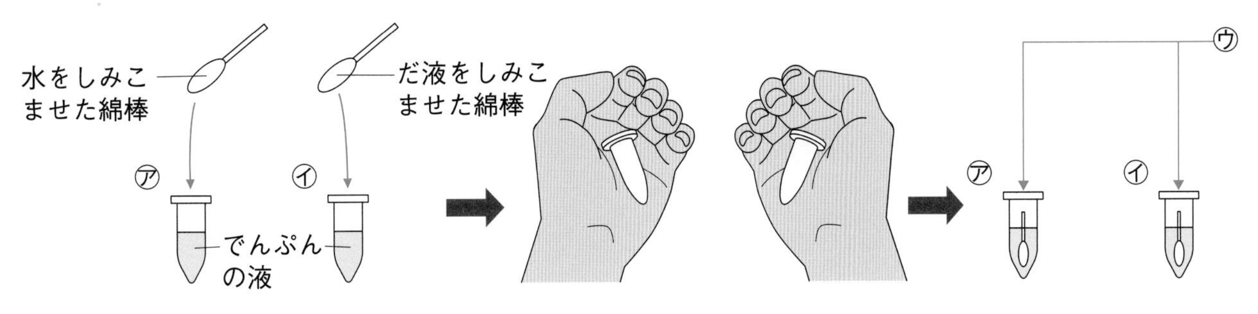

2分ほどあたためる。

(1) でんぷんがふくまれているかどうかを調べるために容器に入れた、㋒の液は何ですか。
（　　　）

(2) ㋒を入れたとき、液の色が変化したのは、㋐、㋑のどちらですか。（　　　）

(3) (2)で選ばなかったものに、でんぷんはありますか。（　　　）

(4) この実験から、だ液のはたらきについてどのようなことがわかりますか。次のア～ウから選びましょう。（　　　）

ア　だ液には、食べ物を細かくくだき、やわらかくするはたらきがある。
イ　だ液には、でんぷんを別のものに変えるはたらきがある。
ウ　だ液には、でんぷんをつくるはたらきがある。

2 右の図は、ヒトの体の食べ物の通り道などを表したものです。次の問いに答えましょう。

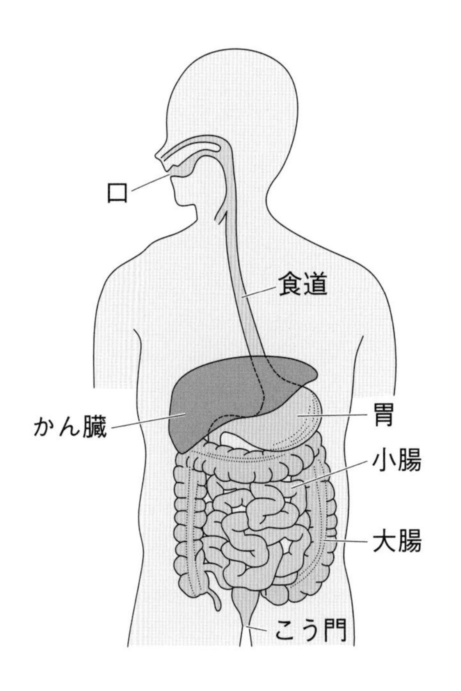

(1) 口からこう門まで続いている食べ物の通り道を、何といいますか。（　　　）

(2) 食べ物を吸収されやすいものに変える、だ液のような液体を、何といいますか。（　　　）

(3) 消化された食べ物の養分は、どこで血液に吸収されますか。（　　　）

(4) 吸収された養分の一部は、どこにたくわえられますか。
（　　　）

(5) 食べ物の通る順を正しく表したものを、ア～エから選びましょう。（　　　）

ア　口→食道→胃→大腸→小腸→こう門
イ　口→食道→かん臓→大腸→小腸→こう門
ウ　口→食道→胃→小腸→大腸→こう門
エ　口→食道→胃→かん臓→大腸→こう門

2 吸う空気とはき出した息

基本のワーク

学習の目標
吸う空気とはき出した息のちがいや呼吸について理解しよう。

教科書 34～37ページ　答え 3ページ

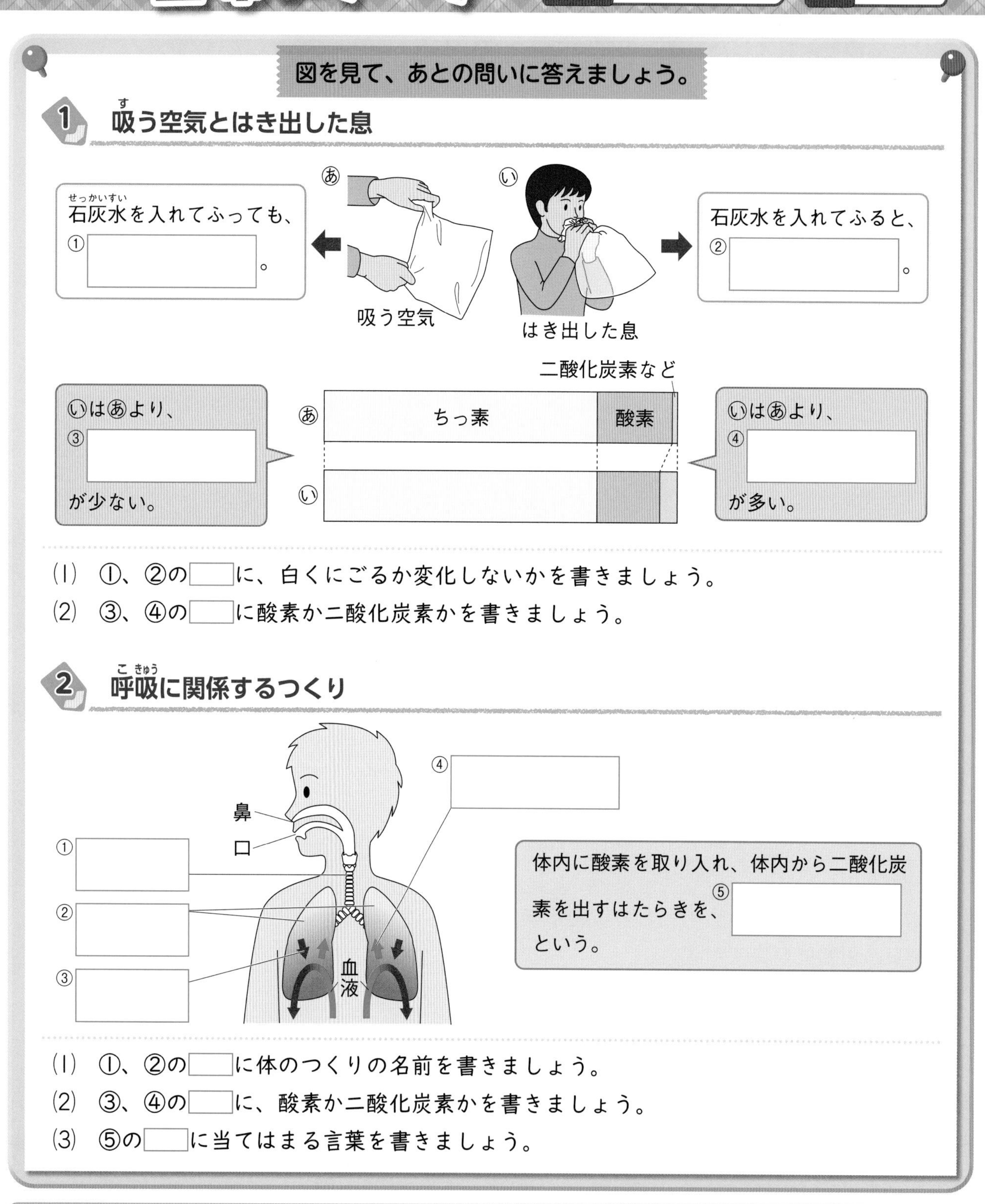

イヌは、ヒトと同じように肺で呼吸をしていますが、フナなどの魚はえらで呼吸をしています。水にとけた酸素をえらで取り入れ、二酸化炭素をえらから水中へ出しています。

練習のワーク

教科書 34～37ページ　答え 3ページ

できた数　/14問中

1 右の図のように、㋐、㋑のポリエチレンのふくろを用意し、㋐には息をふきこみ、㋑には周りの空気を入れてから、石灰水を入れました。次の問いに答えましょう。

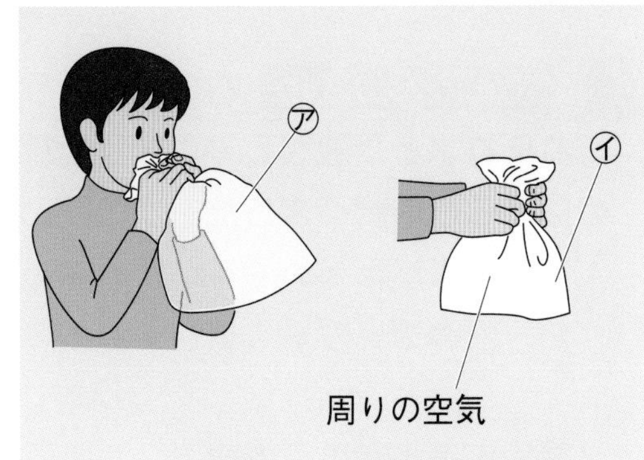

(1) ふくろに石灰水を入れたのは、何という気体があるかどうかを調べるためですか。次のア～ウから選びましょう。（　　）

ア　二酸化炭素

イ　酸素

ウ　ちっ素

(2) ㋐、㋑のふくろに石灰水を入れて軽くふると、石灰水はそれぞれどのようになりますか。

㋐（　　）　㋑（　　）

(3) (2)の結果から、周りの空気と比べて、はき出した息には何という気体が多くふくまれていることがわかりますか。（　　）

2 右の図１はヒトの呼吸を行う体のつくり、図２は魚の呼吸を行う体のつくりを表しています。次の問いに答えましょう。

図１

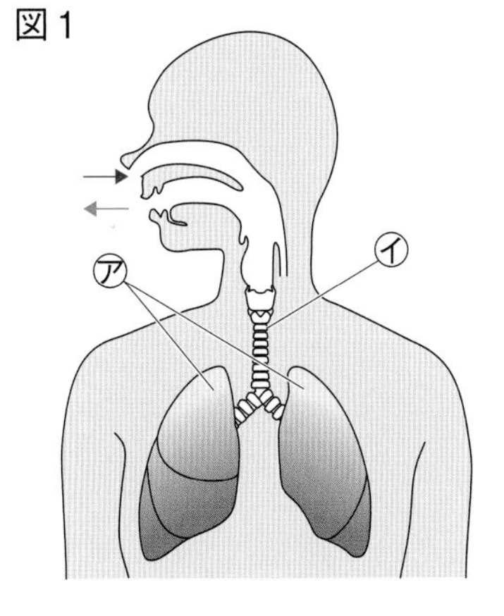

(1) 図１の㋐、㋑のつくりをそれぞれ何といいますか。

㋐（　　）

㋑（　　）

(2) ヒトの呼吸について、次の文の（　）に当てはまる言葉を書きましょう。

鼻や口から吸いこんだ空気は、①（　　）を通って②（　　）に入る。②では、空気中の③（　　）の一部が血液中に取り入れられて、全身へ運ばれる。全身でできた④（　　）は、血液によって運ばれて、②ではき出す息によって体外に出される。

図２

(3) 図２の㋒のつくりを何といいますか。（　　）

(4) 図２の㋒のつくりは、図１の㋐、㋑のどちらと同じはたらきをしますか。（　　）

(5) 魚が、図２の㋒で水中から取り入れているものと、水中へ出しているものは、それぞれ何ですか。

取り入れているもの（　　）

出しているもの（　　）

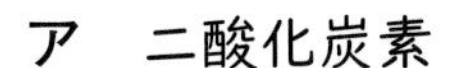

まとめのテスト①

2　ヒトや動物の体

勉強した日　月　日

時間 20分

得点　/100点

教科書　26～37ページ　　答え　4ページ

1 **でんぷんの変化** **右の図のように、うすいでんぷんの液の入った２本の試験管㋐、㋑に、それぞれ水とだ液をしみこませた綿棒を入れました。そして、２分ほど㋒の水に入れて、だ液のはたらきを調べました。次の問いに答えましょう。**　1つ4〔16点〕

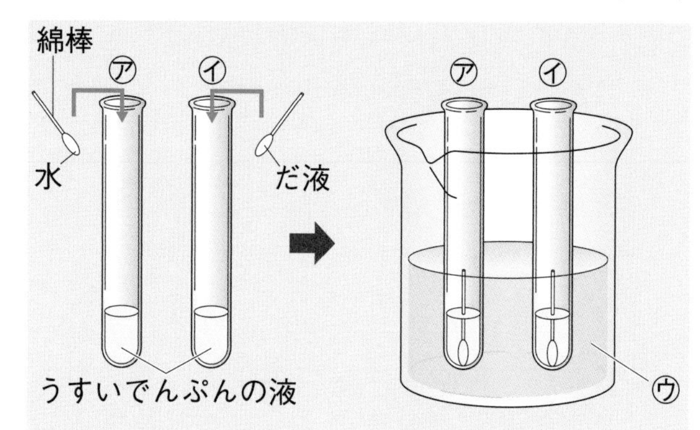

(1)　㋒の温度はどのぐらいにするのがよいですか。次のア～ウから選びましょう。（　　）

ア　水道水に近い温度
イ　ヒトの体温に近い温度
ウ　水がふっとうする温度

(2)　㋒の水に入れた後の２本の試験管㋐、㋑にヨウ素液を入れたとき、こい青むらさき色に変化するのはどちらですか。（　　）

(3)　でんぷんがふくまれていなかったのは、㋐、㋑のどちらですか。（　　）

記述　(4)　(3)で選んだものにでんぷんがふくまれていなかったのは、なぜですか。
（　　）

2 **消化や吸収に関係するつくり** **右の図は、ヒトの体の、消化や吸収に関係するつくりを表したものです。次の問いに答えましょう。**　1つ2〔20点〕

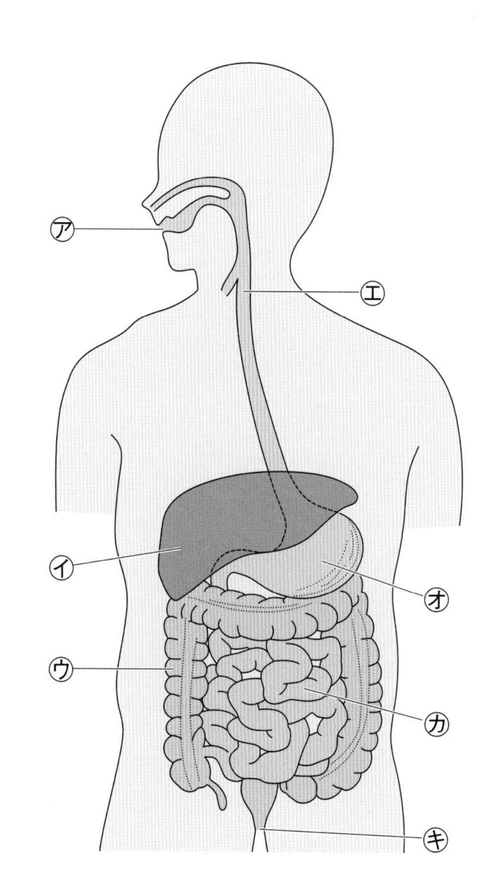

(1)　次のはたらきをしているのは、体のどのつくりですか。図の記号とつくりの名前を答えましょう。

①　食べ物が胃液（いえき）と混ざって、消化される。
　記号（　　）　名前（　　）

②　食べ物がかみくだかれ、だ液と混ざる。
　記号（　　）　名前（　　）

③　吸収した養分をたくわえる。
　記号（　　）　名前（　　）

④　消化された養分を吸収する。
　記号（　　）　名前（　　）

チャレンジ!　(2)　食べ物は、㋐から入った後、㋖までどのような順に送られますか。㋐～㋖を正しい順に並（なら）べましょう。ただし、すべてのつくりを通るとは限りません。
（㋐ →　　　　→ ㋖）

記述　(3)　消化・吸収されずに残ったものは、どのようになりますか。
（　　）

よく出る

3 吸う空気とはき出した息のちがい

次の図のように、㋐のふくろには吸う空気を、㋑のふくろにははき出した息を入れ、それぞれ気体検知管で酸素と二酸化炭素の体積の割合を調べました。あとの問いに答えましょう。

1つ6〔36点〕

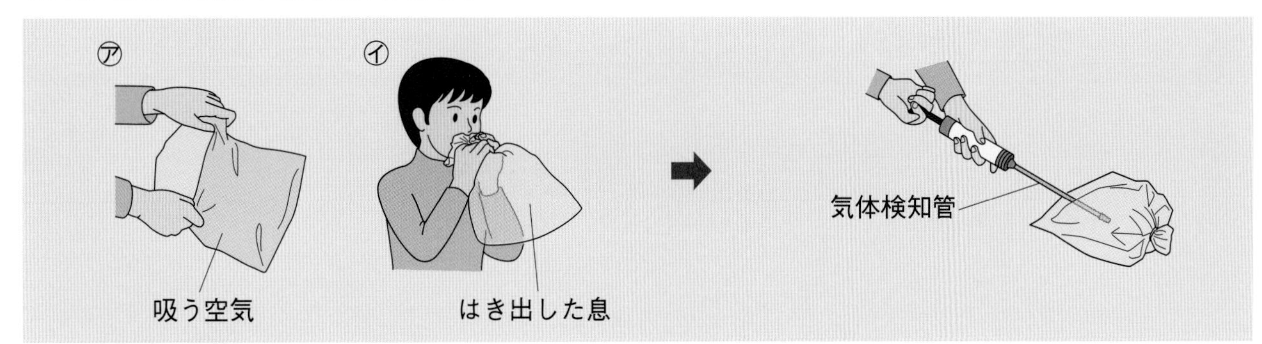

(1) 気体検知管を使うとき、熱くなるので注意するのは、酸素用検知管と二酸化炭素用検知管のどちらですか。
（　　　　　　　）

(2) 右の表は、気体検知管で調べた結果を表したものです。はき出した息の結果を表しているのは、㋐、㋑のどちらですか。
（　　　）

	㋐	㋑
酸素	17%	21%
二酸化炭素	4%	0.04%

(3) 吸う空気とはき出した息にふくまれる気体にちがいがあるのは、あるはたらきが行われたためです。このはたらきを何といいますか。
（　　　　　　）

(4) ㋐、㋑のふくろに石灰水を入れて軽くふりました。石灰水はそれぞれどのようになりますか。
㋐（　　　　　　）
㋑（　　　　　　）

記述 (5) ㋑のふくろに入れた石灰水が、(4)のようになるのはなぜですか。
（　　　　　　　　　　　　　　　　）

4 呼吸に関係するつくりとはたらき

右の図は、ヒトの体の、呼吸に関係するつくりを表したものです。次の問いに答えましょう。

1つ4〔28点〕

(1) ㋐のつくりを何といいますか。（　　　　　）

(2) ㋑のつくりを何といいますか。（　　　　　）

(3) ㋒は血液中に取り入れられる気体、㋓は血液中から出される気体です。㋒、㋓はそれぞれ何ですか。
㋒（　　　　　）
㋓（　　　　　）

(4) 呼吸について、正しいものには○、まちがっているものには×をつけましょう。

①（　　）吸う空気とはき出した息にふくまれるちっ素の体積の割合は、同じである。

②（　　）はき出した息には、酸素がふくまれていない。

③（　　）はき出した息にふくまれている二酸化炭素の体積の割合は、吸う空気にふくまれている二酸化炭素の体積の割合より多い。

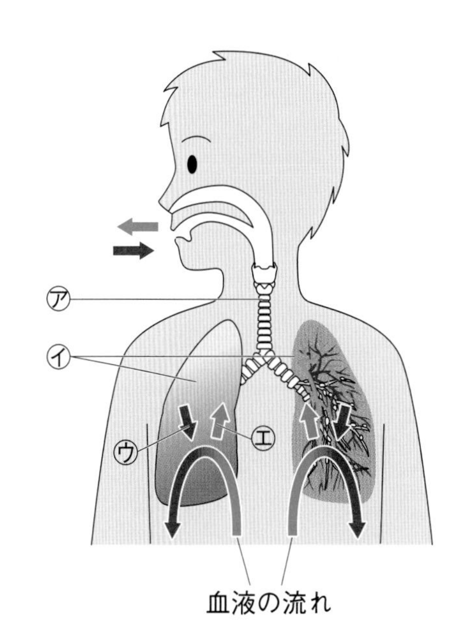

血液の流れ

勉強した日　月　日

3　体をめぐる血液

基本のワーク

学習の目標
血液のめぐりや心臓、じん臓のはたらきについて理解しよう。

教科書 38～42ページ　答え 4ページ

図を見て、あとの問いに答えましょう。

1 血液(けつえき)の流れとはたらき

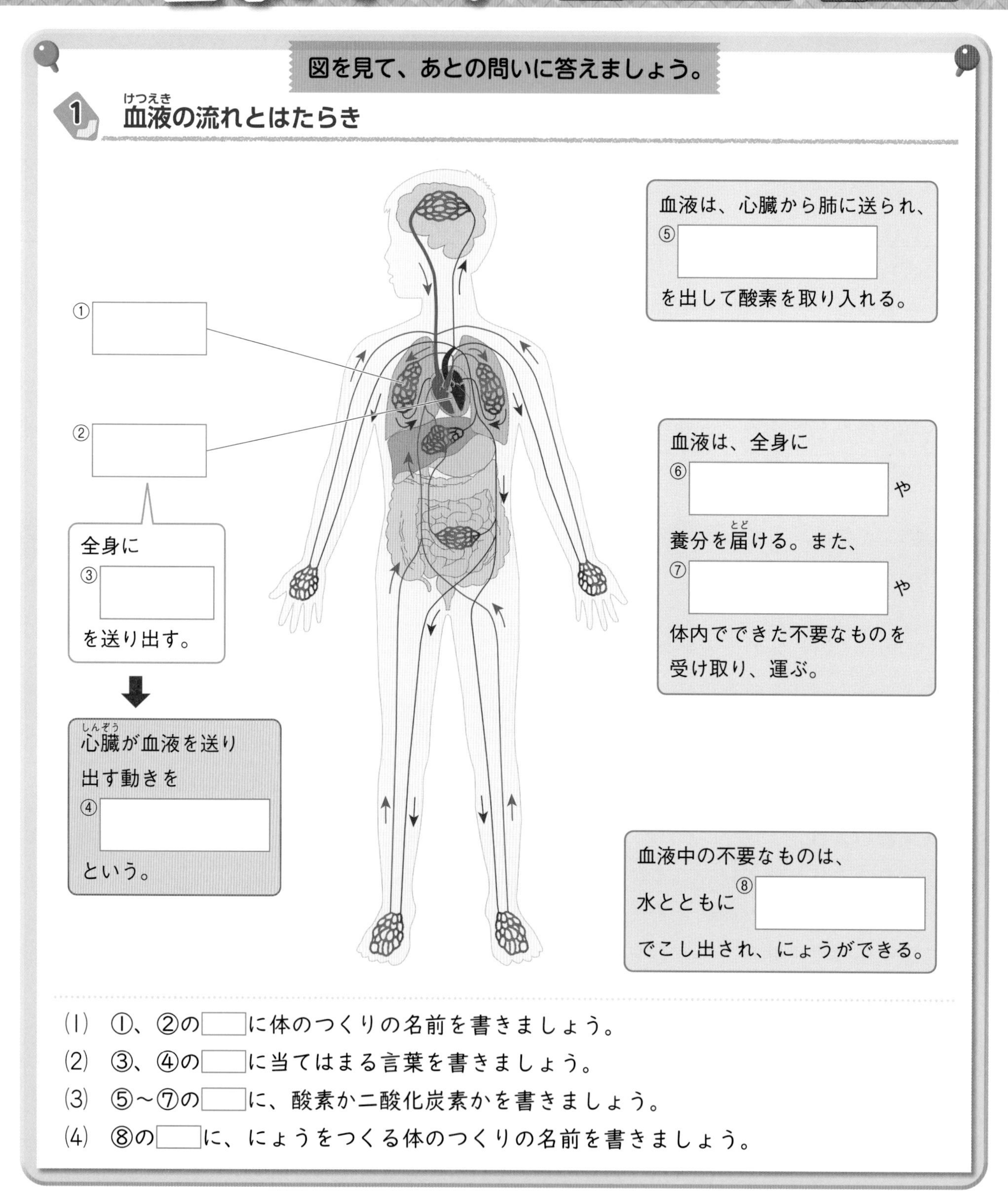

(1)　①、②の□に体のつくりの名前を書きましょう。
(2)　③、④の□に当てはまる言葉を書きましょう。
(3)　⑤～⑦の□に、酸素か二酸化炭素かを書きましょう。
(4)　⑧の□に、にょうをつくる体のつくりの名前を書きましょう。

まとめ　〔 酸素　心臓 〕から選んで(　)に書きましょう。

- ①(　　　　)は血液を全身に送り出すはたらきをする。
- 血液は、全身に②(　　　　)や養分を届け、二酸化炭素や不要なものを受け取る。

心臓は４つの部屋(へや)に分かれています。心臓から送り出される血液が流れる血管を動脈(どうみゃく)、心臓にもどる血液が流れる血管を静脈(じょうみゃく)といいます。

練習のワーク

できた数 /17問中

教科書 38～42ページ 答え 4ページ

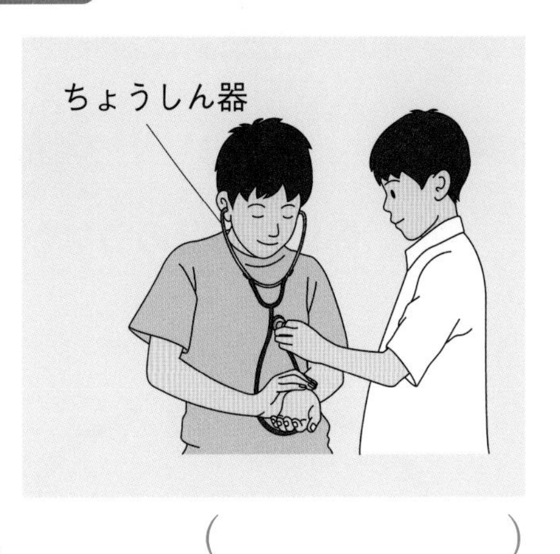

1 右の図のように、胸(むね)にちょうしん器を当てると、音が聞こえました。次の問いに答えましょう。

(1) 聞こえた音は、心臓の動きによるものです。この心臓の動きを何といいますか。 （ ）

(2) (1)が血管を伝わり、手首に指を当てたときに感じられる動きを何といいますか。 （ ）

(3) 1分間の(1)と(2)の回数は同じですか、ちがいますか。 （ ）

(4) 心臓は、手首など全身の血管に何を送り出していますか。 （ ）

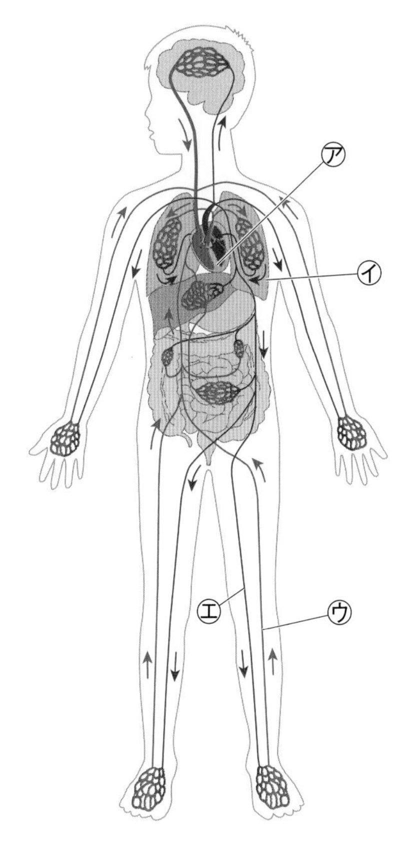

2 右の図は、全身をめぐる血液の流れを表したものです。次の問いに答えましょう。

(1) ㋐、㋑のつくりをそれぞれ何といいますか。
㋐（ ） ㋑（ ）

(2) 血液が通る管を何といいますか。 （ ）

(3) 血液は、どこから送り出されて全身をめぐっていますか。 （ ）

(4) 酸素が多い血液の流れは、㋒、㋓のどちらですか。 （ ）

(5) 二酸化炭素が多い血液の流れは、㋒、㋓のどちらですか。 （ ）

(6) 血液が全身に届けているものは何ですか。次のア～エから2つ選びましょう。 （ ）（ ）

ア 二酸化炭素　　イ 酸素
ウ 養分　　エ 不要なもの

(7) 血液が全身から受け取っているものは何ですか。(6)のア～エから2つ選びましょう。 （ ）（ ）

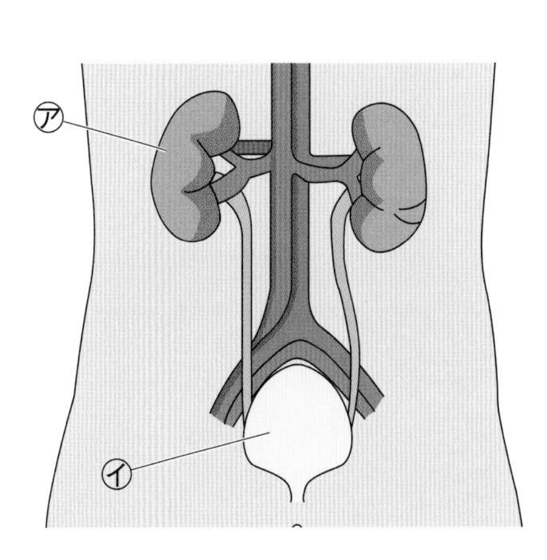

3 右の図の㋐は、背中側(せなかがわ)に2つあるつくりです。次の問いに答えましょう。

(1) ㋐のつくりを何といいますか。 （ ）

(2) ㋐では、血液中から不要なものと余分な水分がこし出されます。こし出されたものから何ができますか。 （ ）

(3) (2)は、㋑にしばらくためられます。㋑のつくりを何といいますか。 （ ）

勉強した日 月 日

4 生命を支えるしくみ

基本のワーク

学習の目標
臓器が血液を通してつながり合っていることを理解しよう。

教科書 43〜47ページ　答え 5ページ

図を見て、あとの問いに答えましょう。

1 体の各部分のつながり

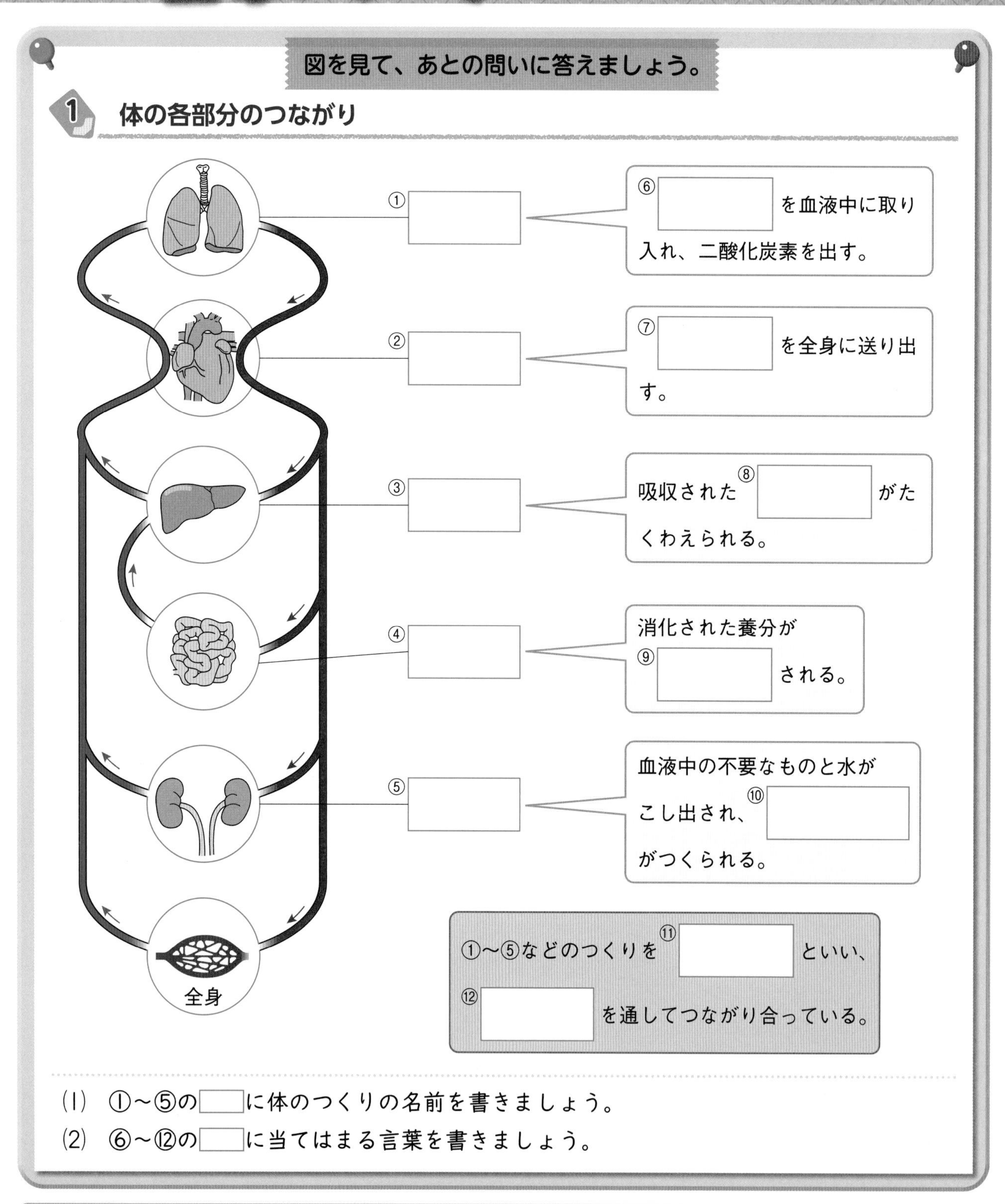

(1) ①〜⑤の□に体のつくりの名前を書きましょう。
(2) ⑥〜⑫の□に当てはまる言葉を書きましょう。

まとめ 〔臓器　血液〕から選んで(　)に書きましょう。

- 肺、心臓、かん臓、小腸、じん臓などを①(　　　)という。
- 臓器は、②(　　　)を通してつながり合ってはたらいている。

<血管の長さ>ヒトの血管を集めてつなげると、大人の場合、長さが10万kmほどになると考えられています。これは、地球を2周半するほどの長さです。

練習のワーク

できた数　/17問中

教科書　43~47ページ　答え　5ページ

1 **右の図は、ヒトの消化と吸収、呼吸、血液の流れをまとめたものです。次の問いに答えましょう。**

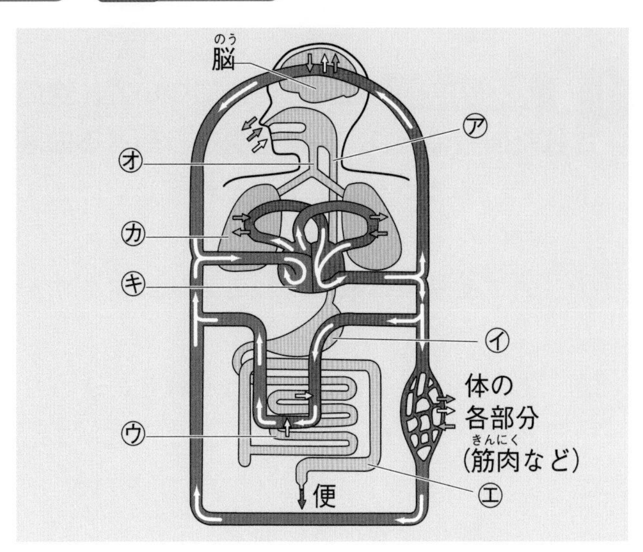

(1) ㋐~㋓は、消化や吸収に関係するつくりを表したものです。それぞれ何といいますか。

㋐(　　　　)
㋑(　　　　)
㋒(　　　　)
㋓(　　　　)

(2) ㋔、㋕は、呼吸に関係するつくりを表したものです。それぞれ何といいますか。

㋔(　　　　)
㋕(　　　　)

(3) ㋖は、血液の流れに関係するつくりを表したものです。何といいますか。

(　　　　)

それぞれのつくりのはたらきを確認しよう。

(4) 図のように、体の中でたがいにつながり合ってはたらいているつくりを、まとめて何といいますか。(　　　　)

(5) 消化された食べ物の中の養分は、何というつくりで血液中に吸収されますか。

(　　　　)

(6) 吸収された養分を一時的にたくわえるはたらきがあるのは、何というつくりですか。

(　　　　)

(7) 血液中の不要なものを余分な水分とともにこし出すのは、何というつくりですか。

(　　　　)

(8) (7)では、こし出したものから何がつくられますか。(　　　　)

(9) 血液中に酸素を取り入れ、二酸化炭素を出しているのは、何というつくりですか。

(　　　　)

2 **次の文のうち、正しいものに4つ○をつけましょう。**

①(　　)心臓は、血液を全身に送り出すはたらきをしている。
②(　　)体の中で不要になった二酸化炭素は、心臓で血液から体外に出される。
③(　　)血液は、いつも決まった方向に流れている。
④(　　)肺から心臓にもどる血液は、酸素を多くふくんでいる。
⑤(　　)消化液は、胃では出されるが、口では出されない。
⑥(　　)臓器は、血液を通してつながり合って、はたらいている。
⑦(　　)にょうは、しばらくかん臓にためられた後、体外に出される。

まとめのテスト②

2　ヒトや動物の体

勉強した日　月　日

時間20分　得点　/100点

教科書 38〜47ページ　答え 5ページ

よく出る

1 **血液の流れ** **血液の流れについて、次の問いに答えましょう。ただし、→は全身へ送り出された血液の流れ、→は全身からもどる血液の流れを表しています。** 1つ4〔20点〕

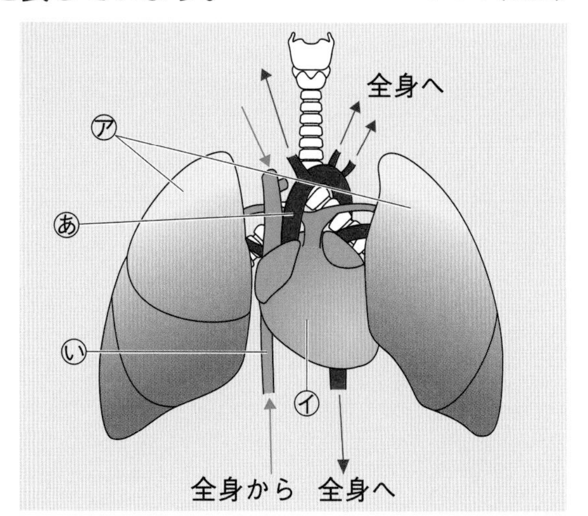

(1)　㋐、㋑のつくりをそれぞれ何といいますか。

㋐(　　　　)　㋑(　　　　)

(2)　㋐で血液中に取り入れる気体は何ですか。

(　　　　)

(3)　あ、いの血管には、それぞれどのような血液が流れていますか。次のア〜ウから選びましょう。

あ(　　　)　い(　　　)

ア　二酸化炭素が多い血液

イ　酸素が多い血液

ウ　ちっ素が多い血液

2 **心臓の動き** **右の図のように、胸にちょうしん器を当て、1分間に聞こえる音を数えました。次の問いに答えましょう。** 1つ4〔12点〕

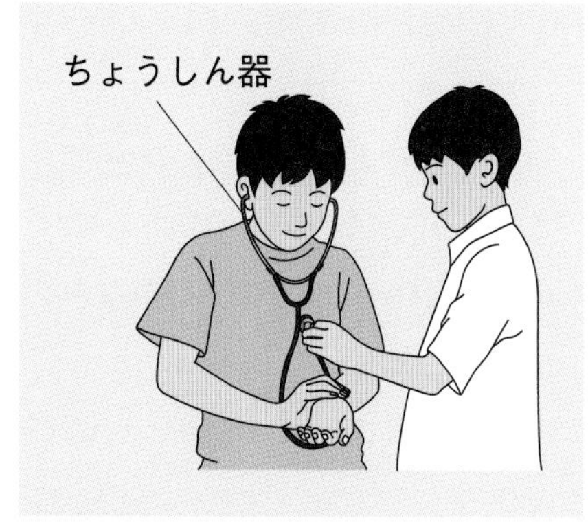

(1)　ちょうしん器から聞こえた音は、心臓の動きによるものです。この心臓の動きを何といいますか。

(　　　　)

(2)　(1)が血管を伝わり、手首に指を当てたときに感じられる動きを何といいますか。　(　　　　)

(3)　心臓が激(はげ)しく動いているとき、(2)の回数はどのようになりますか。　(　　　　)

3 **メダカの血液の流れ** **右の写真は、メダカのおびれをけんび鏡で観察したときのようすです。次の問いに答えましょう。** 1つ4〔12点〕

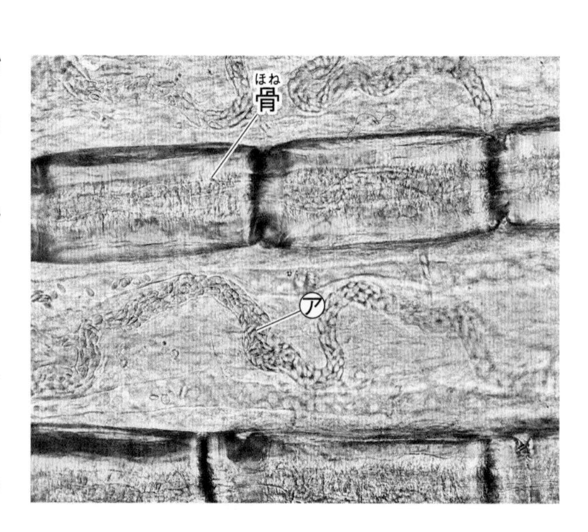

(1)　メダカのおびれをけんび鏡で観察するとき、メダカをどのようにしますか。正しいほうに○をつけましょう。

①(　　)スライドガラスの上にメダカを直接のせて、観察する。

②(　　)ポリエチレンのふくろにメダカと少量の水を入れて、観察する。

(2)　写真に見られる㋐の管を何といいますか。　(　　　　)

(3)　㋐の管を流れているものを何といいますか。　(　　　　)

4 **体をめぐる血液** **右の図は、ヒトの血液の流れを表したものです。次の問いに答えましょう。ただし、→は血液が流れる向きを表しています。**

1つ4〔24点〕

記述 (1) ㋐はどのようなはたらきをしていますか。

(　　　　　　　　　　　　　　　　　　　　)

(2) ㋑と㋒の血管を流れる血液を比べたとき、㋑に多くふくまれているものは何ですか。次のア～エから選びましょう。(　　　)

ア　酸素

イ　養分

ウ　にょう

エ　ちっ素

(3) 次のうち、二酸化炭素が多い血液はどちらですか。正しいほうに○をつけましょう。

①(　　　)㋐から全身に送り出される血液

②(　　　)全身から㋐にもどる血液

(4) 血液が運ぶものについて、(　)に当てはまる言葉を書きましょう。

・肺で取り入れた①(　　　　　)や、小腸で吸収した②(　　　　　)を全身に運ぶ。

・全身から受け取った③(　　　　　　)を肺に運び、体外に出す。

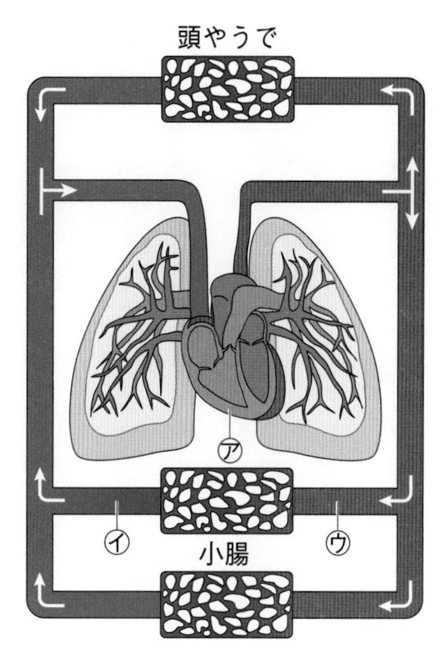

5 **体の各部分のつながり** **右の図は、血液の流れを通した体の各部分のつながりを表したものです。次の問いに答えましょう。**

1つ4〔32点〕

(1) 肺や心臓、かん臓、小腸、じん臓などのつくりをまとめて何といいますか。(　　　　　)

(2) 次の文は、どのつくりについて説明したものですか。図から選んで書きましょう。

① 血液中から、不要なものが余分な水分とともにこし出される。(　　　　　)

② 呼吸が行われる。(　　　　　)

③ 食べ物が消化され、また、養分が吸収される。

(　　　　　)

(3) 次の文のうち、正しいものには○、まちがっているものには×をつけましょう。

①(　　　)㋐の血液は、㋑の血液よりもふくまれる酸素が多い。

②(　　　)㋑の血液は、㋐の血液よりもふくまれる酸素が多い。

③(　　　)じん臓を通った後の血液は、じん臓を通る前の血液よりも不要なものが少ない。

④(　　　)かん臓では、小腸から運ばれてきた不要なものからにょうがつくられる。

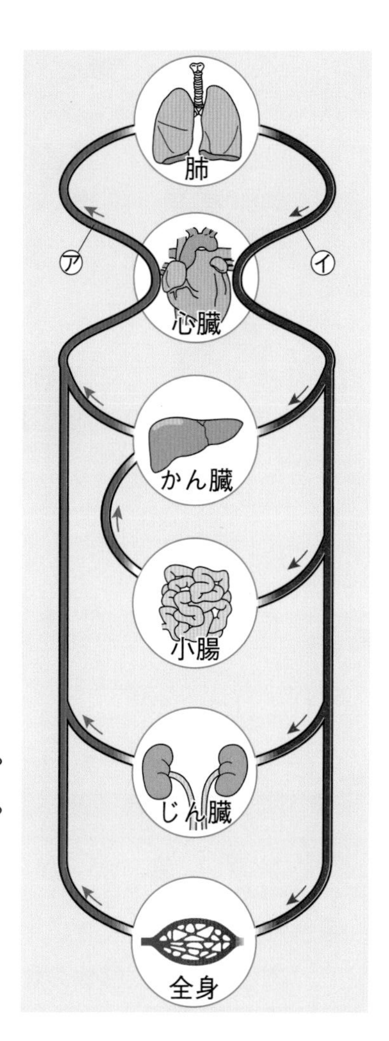

勉強した日　月　日

1　植物と水①

基本のワーク

学習の目標
植物の根・くき・葉には、水の通り道があることを理解しよう。

教科書 48〜52ページ　答え 6ページ

図を見て、あとの問いに答えましょう。

1 植物に取り入れられる水

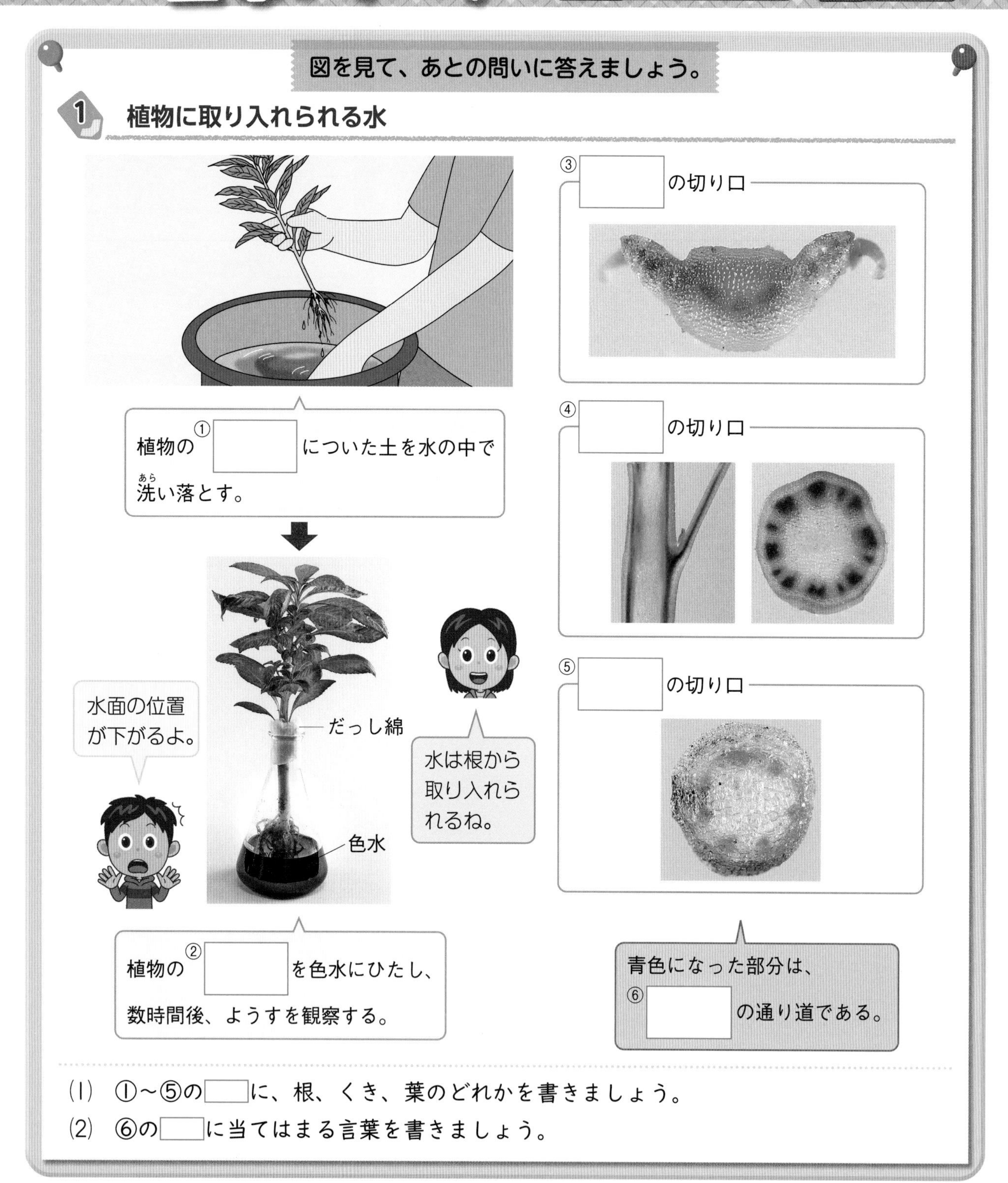

(1)　①〜⑤の□に、根、くき、葉のどれかを書きましょう。
(2)　⑥の□に当てはまる言葉を書きましょう。

まとめ　〔 葉　水 〕から選んで（　）に書きましょう。

●植物には、根、くき、そして①（　　　　）へ続く②（　　　　）の通り道があり、この通り道を通って、植物の体全体に水が行きわたる。

植物の体の中の水は、決まった管を通って移動します。葉や花びらの表面に見られるすじにも水の通り道があるので、根を色水につけると、葉や花のすじに色がつきます。

練習のワーク

教科書　48～52ページ　答え　6ページ

できた数　　／8問中

1　右の図のように、色水にほり出したホウセンカの根をひたしました。数時間後、くきと葉を切り、切り口を観察しました。次の問いに答えましょう。

(1)　この実験で使うホウセンカの根は、どのようにして色水にひたしますか。ア、イから選びましょう。　（　　　）

ア　ホウセンカの根についた土を洗い落とす。

イ　ホウセンカの根に土がついたままにする。

(2)　色水の水面の位置は、数時間後、どのようになっていますか。ア～ウから選びましょう。　（　　　）

ア　上がっている。

イ　下がっている。

ウ　変化していない。

(3)　数時間後、くきや葉の切り口はどのようになっていますか。ア～ウから選びましょう。　（　　　）

だっし綿　色水　印

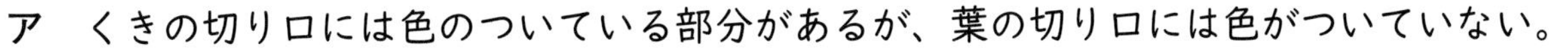

ア　くきの切り口には色のついている部分があるが、葉の切り口には色がついていない。

イ　葉の切り口には色のついている部分があるが、くきの切り口には色がついていない。

ウ　くきの切り口にも葉の切り口にも、色のついている部分がある。

(4)　(3)で、色のついている部分は、何の通り道ですか。　（　　　　　）

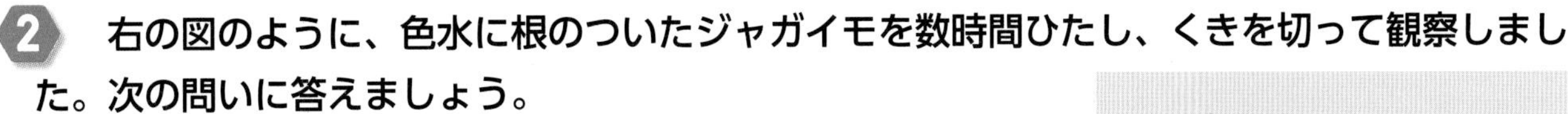

2　右の図のように、色水に根のついたジャガイモを数時間ひたし、くきを切って観察しました。次の問いに答えましょう。

(1)　くきの切り口のようすを観察すると、どのようになっていますか。横に切ったようすを㋐、㋑から、縦（たて）に切ったようすを㋒、㋓からそれぞれ選びましょう。

横（　　　）　縦（　　　）

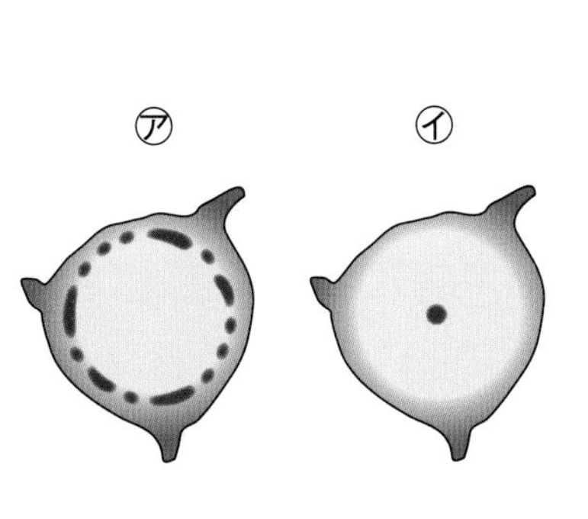

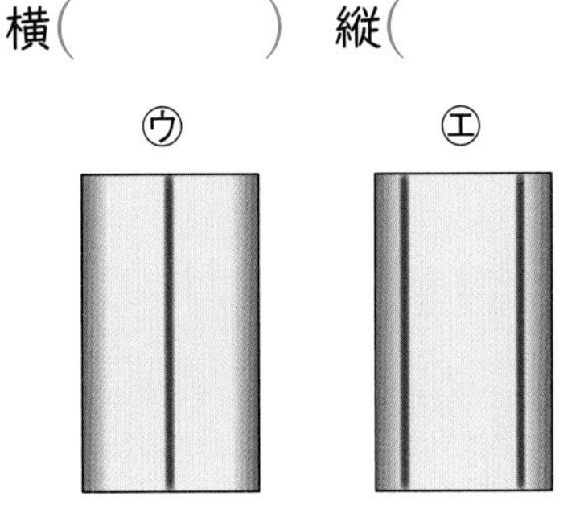

(2)　植物が根から取り入れた水について、次の（　）に当てはまる言葉を、下の〔　〕から選んで書きましょう。

根から取り入れられた水は、根、くき、葉にある①（　　　　　）を通って、植物の②（　　　　　）に運ばれる。

〔　水の通り道　　空気の通り道　　体全体　　葉だけ　〕

勉強した日　月　日

1　植物と水②

基本のワーク

学習の目標
植物の体から出ていく水のようすや気こうについて理解しよう。

教科書 53〜55ページ　答え 6ページ

図を見て、あとの問いに答えましょう。

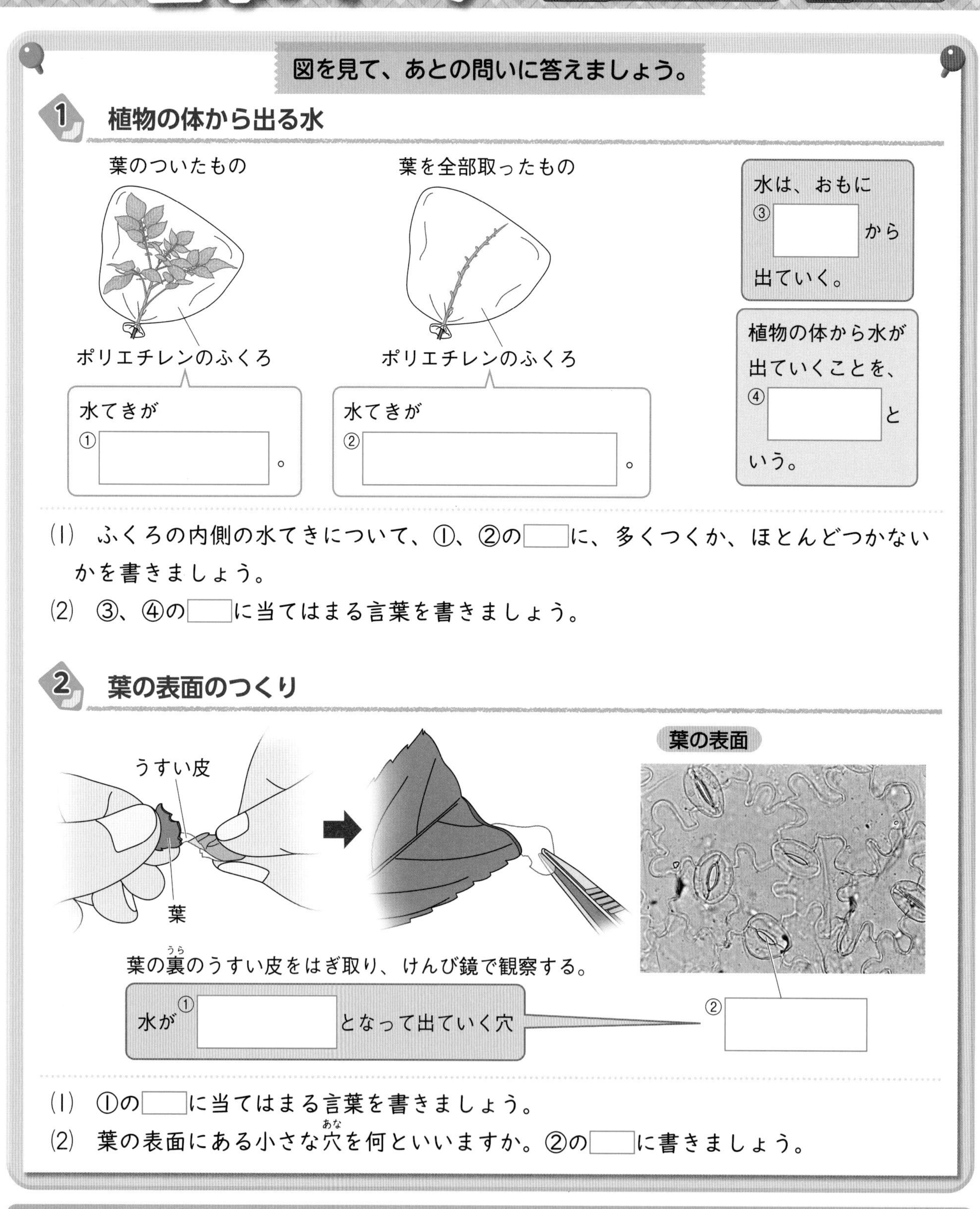

1 植物の体から出る水

(1) ふくろの内側の水てきについて、①、②の□に、多くつくか、ほとんどつかないかを書きましょう。

(2) ③、④の□に当てはまる言葉を書きましょう。

2 葉の表面のつくり

(1) ①の□に当てはまる言葉を書きましょう。

(2) 葉の表面にある小さな穴を何といいますか。②の□に書きましょう。

まとめ　〔水蒸気　蒸散　気こう〕から選んで（　）に書きましょう。

●植物の根から取り入れられた水が、①（　　　　）となって、おもに葉の表面にある②（　　　　）という穴から出ていくことを、③（　　　　）という。

気こうは、天気や空気のしめりけなどによって、閉じたり開いたりします。ふつうは、晴れの日の方が蒸散で出ていく水の量が多くなります。

練習のワーク

教科書　53～55ページ　　答え　6ページ

できた数　/11問中

1　右の図のように、同じぐらいの大きさの枝を２つ選び、㋐は葉をつけたまま、㋑は葉を全部取ってからポリエチレンのふくろをかぶせました。そして、しばらくしてから、ふくろの内側を観察し、植物の体のどこから水が出ていくのかを調べました。次の問いに答えましょう。

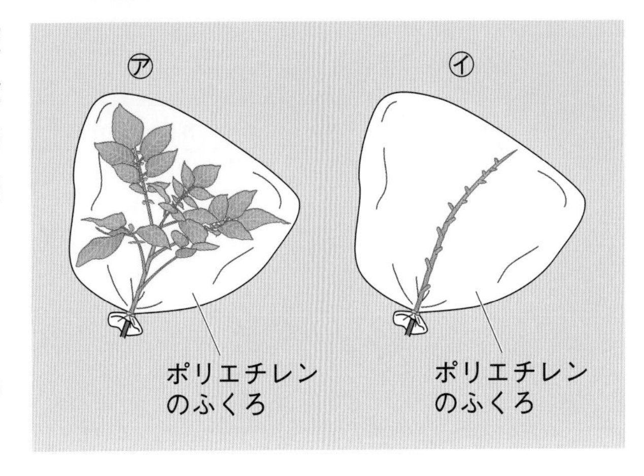

(1)　この実験は、どのような日に行いますか。次のア、イから選びましょう。（　　）

ア　晴れの日

イ　雨の日

(2)　しばらくすると、㋐、㋑のふくろの内側はどのようになりますか。次のア、イからそれぞれ選びましょう。　㋐（　　）㋑（　　）

ア　水てきが多くついている。

イ　水てきがほとんどついていない。

(3)　(2)の水てきは、植物の体のどの部分から取り入れられて、運ばれたものですか。次のア～エから選びましょう。（　　）

ア　根　　イ　くき　　ウ　葉　　エ　花

(4)　この実験の結果から、植物の体の中の水は、おもにどこから空気中へ出ていくことがわかりますか。(3)のア～エから選びましょう。（　　）

(5)　植物の体の中の水が、おもに(4)の部分から空気中へ出ていくことを何といいますか。
（　　）

2　右の図は、ホウセンカの葉の裏のうすい皮をけんび鏡で観察したときのようすです。次の問いに答えましょう。

㋐　㋑　㋒

(1)　植物の体の中の水は、どの部分から外に出ていきますか。㋐～㋒から選びましょう。
（　　）

(2)　(1)で選んだ部分を何といいますか。
（　　）

(3)　(2)の部分は、葉の表面にたくさんありますか、１つしかないですか。
（　　）

(4)　植物の体の中の水は、何になって(2)の部分から空気中へ出ていきますか。
（　　）

(5)　(4)のようになって、水が植物の体から出ていくことを何といいますか。
（　　）

まとめのテスト①

3 植物のつくりとはたらき

時間20分

得点 /100点

教科書 48〜55ページ 答え 7ページ

1 **根から取り入れられた水のゆくえ** 右の図のように、色水に、ホウセンカの根をひたしました。数時間後、葉とくきを切り、切り口のようすを観察しました。次の問いに答えましょう。

1つ5〔40点〕

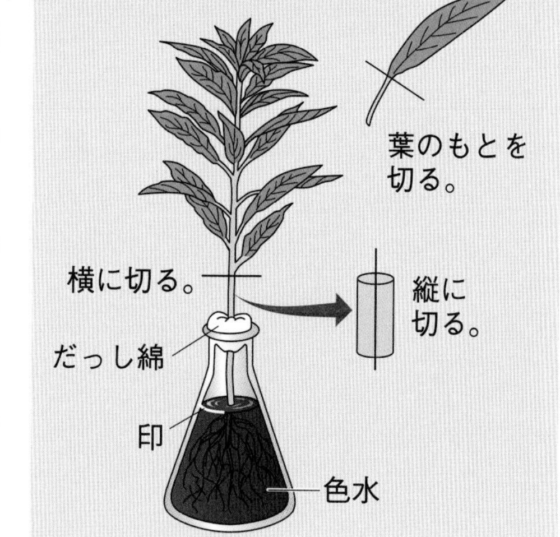

(1) 図のホウセンカはどのようにして用意しますか。ア、イから選びましょう。（　　）

ア 根が残らないように、ホウセンカをほり出す。

イ 根がついたままになるように、ホウセンカを土ごとほり出す。

記述 (2) 三角フラスコの口にだっし綿でふたをしたのはなぜですか。くきを固定する以外の理由をかんたんに書きましょう。

（　　　　　　　　　　）

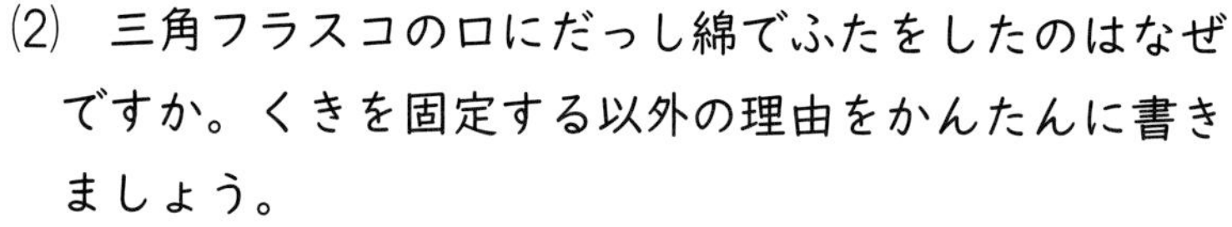

(3) 数時間後、色水の水面の位置は、どのようになっていますか。（　　　　）

(4) 葉のもとの切り口のようすとして正しいものに○をつけましょう。

①（　　）②（　　）③（　　）

  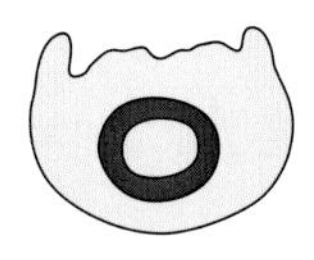

(5) くきを横に切った切り口のようすとして正しいものに○をつけましょう。

①（　　）②（　　）③（　　）

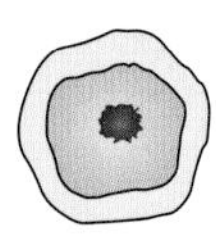 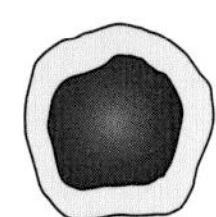 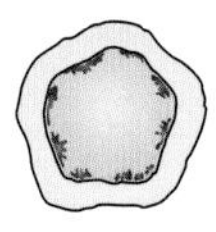

(6) くきを縦に切った切り口のようすとして正しいものに○をつけましょう。

①（　　）②（　　）③（　　）

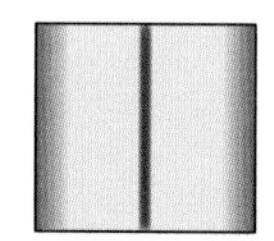 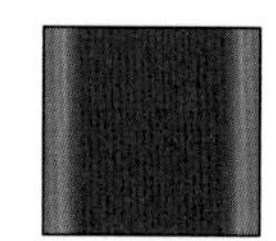 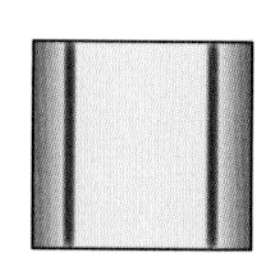

(7) この実験から、植物の根、くき、葉には、何があることがわかりますか。

（　　　　　　　　）

(8) 植物に取り入れられた水は、体の中をどの順に通っていきますか。ア〜エから選びましょう。

（　　）

ア 根→葉→くき　　イ 葉→くき→根

ウ 根→くき→葉　　エ くき→根→葉

2 植物の体から出る水 花だんに生えている、同じぐらいの大きさの２本のホウセンカを選び、右の図のように、㋐は葉をつけたままポリエチレンのふくろをかぶせ、㋑は葉を全部取ってからポリエチレンのふくろをかぶせました。次の問いに答えましょう。

１つ５〔20点〕

(1) しばらくすると、㋐、㋑のふくろはどのようになりますか。次のア～ウからそれぞれ選びましょう。

㋐(　　　　) ㋑(　　　　)

ア ふくろの外側に多くの水てきがつく。
イ ふくろの内側に多くの水てきがつく。
ウ ほとんど水てきがつかない。

(2) この実験から、ホウセンカの体から出ていく水について、どのようなことがわかりますか。かんたんに書きましょう。

(　　　　　　　　　　　　　　　　　　　　　　　　)

(3) ホウセンカなどの植物で、水が水蒸気となって体の外に出ていくことを何といいますか。

(　　　　)

よく出る 3 植物に取り入れられた水のゆくえ 図１のように、葉をねじるようにしてさき、葉の裏のうすい皮をはぎ取りました。図２は、はぎ取った皮をけんび鏡で観察したときのようすです。あとの問いに答えましょう。

１つ４〔40点〕

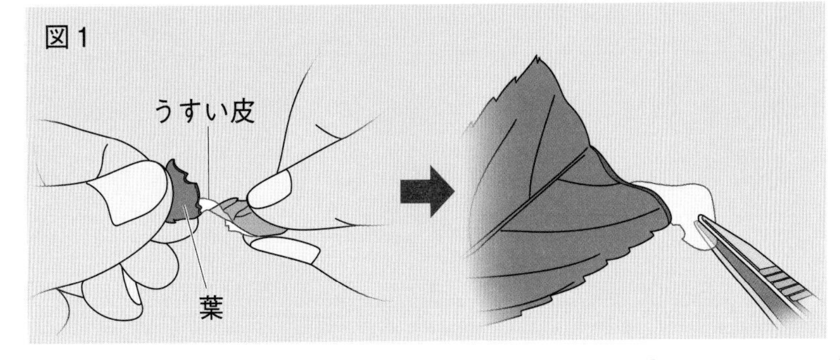

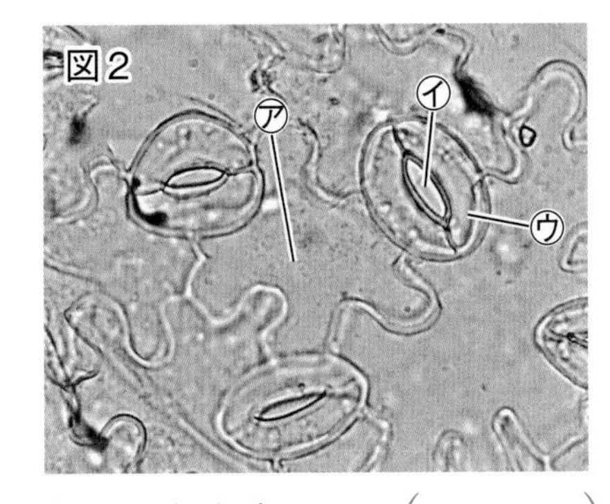

(1) 植物に取り入れられた水は、図２の㋐～㋒のどこから外へ出ていきますか。(　　　　)

(2) (1)のつくりを何といいますか。(　　　　)

(3) 植物に取り入れられた水について、次の(　)に当てはまる言葉を書きましょう。

植物の①(　　　　)から取り入れられた水は、くきを通り、②(　　　　)まで運ばれる。そして、③(　　　　)となって植物の体から外へ出ていく。

(4) 植物に取り入れられた水について、正しいものには○、まちがっているものには×をつけましょう。

①(　　　)(1)のつくりは、根に多く見られる。
②(　　　)(1)のつくりは、くきに多く見られる。
③(　　　)(1)のつくりは、葉に多く見られる。
④(　　　)取り入れられた水は、決まった通り道を通って、体全体に行きわたる。
⑤(　　　)取り入れられた水は、くき全体にしみこみながら、体全体に行きわたる。

勉強した日　月　日

2　植物と空気

基本のワーク

学習の目標
葉に日光が当たったときに出入りする気体について理解しよう。

教科書 56～58ページ　答え 7ページ

図を見て、あとの問いに答えましょう。

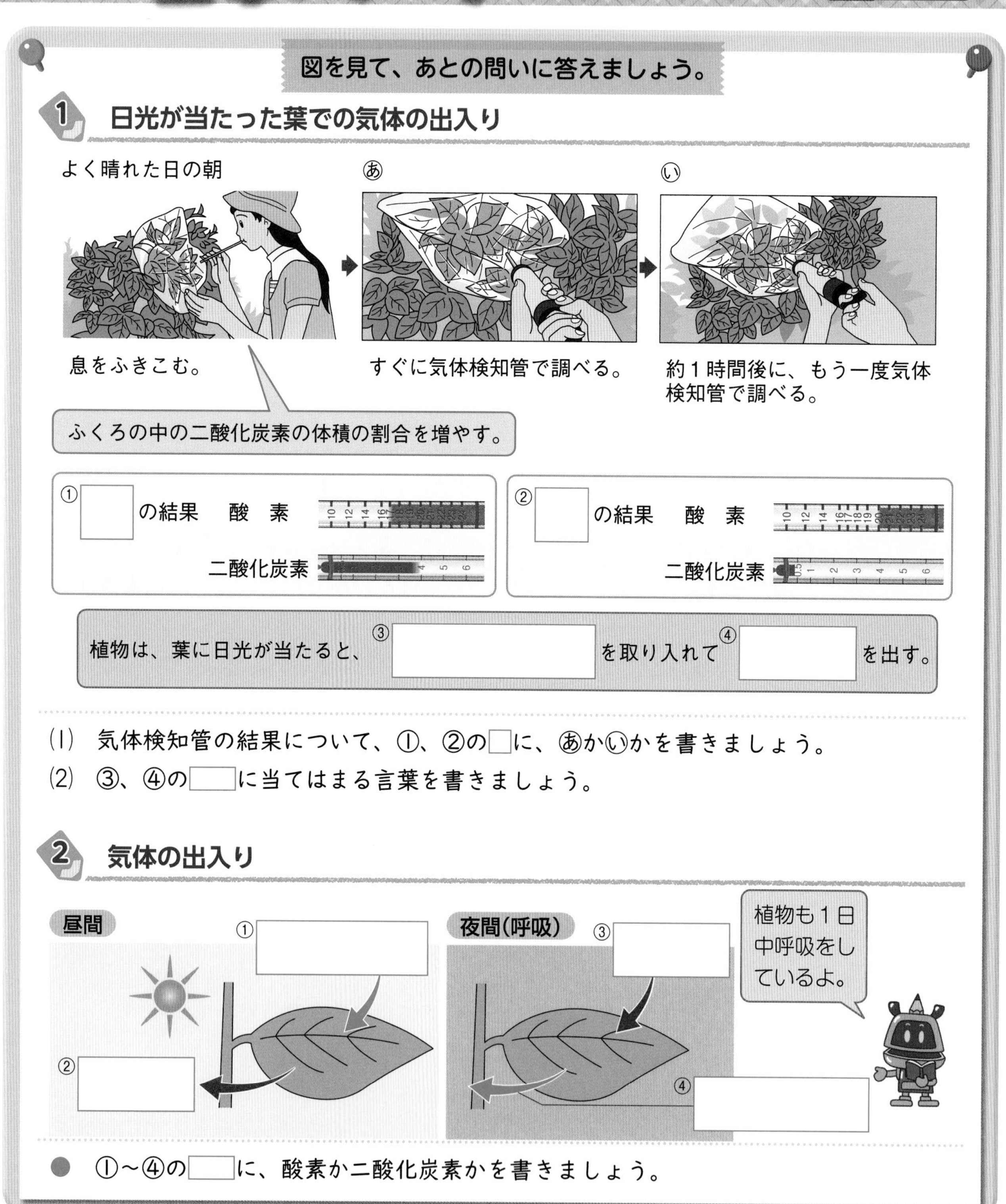

まとめ　〔 日光　呼吸　二酸化炭素 〕から選んで(　)に書きましょう。

● 植物は、葉に①(　　　)が当たると、②(　　　)を取り入れ、酸素を出す。
● 植物は昼も夜も③(　　　)をしていて、酸素を取り入れ、二酸化炭素を出す。

植物も動物と同じように１日中呼吸をしています。昼は呼吸で取り入れる酸素よりも多くの酸素を出しているので、全体としては二酸化炭素を取り入れて酸素を出しています。

練習のワーク

教科書 56～58ページ　答え 7ページ

できた数 /11問中

1 **図1のように、植物の葉にポリエチレンのふくろをかぶせ、その中に息をふきこみ、ふくろの中の酸素と二酸化炭素の体積の割合を気体検知管で調べました。この植物を約1時間日光に当てた後、もう一度、ふくろの中の酸素と二酸化炭素の体積の割合を気体検知管で調べました。次の問いに答えましょう。**

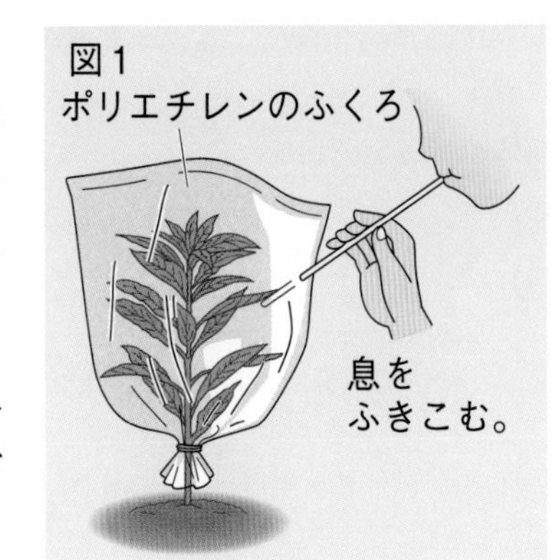

(1) 図１のように、ふくろの中に息をふきこむと、何という気体の体積の割合を増やすことができますか。次のア～ウから選びましょう。（　　）

ア 酸素　イ ちっ素　ウ 二酸化炭素

(2) 図2、図3は、気体検知管で調べた結果を表したものです。二酸化炭素の結果は、㋐、㋑のどちらですか。（　　）

図2

図3

(3) 植物を日光に当てた後の結果を表しているのは、図2、図3のどちらですか。（　　）

(4) 次の（　）に当てはまる言葉を、下の〔　〕から選んで書きましょう。

この実験から、植物に①（　　）が当たると、植物は②（　　）を取り入れ、③（　　）を出すことがわかる。

〔 酸素　二酸化炭素　ちっ素　日光　空気　水 〕

2 **右の図は、葉に日光が当たっているときの、気体の出入りのようすを表したものです。次の問いに答えましょう。**

(1) 葉に日光が当たっているとき、葉に取り入れられる㋐の気体は何ですか。（　　）

(2) 葉に日光が当たっているとき、葉から出される㋑の気体は何ですか。（　　）

(3) 葉に日光が当たっていないとき、葉に取り入れられる気体は何ですか。（　　）

(4) 葉に日光が当たっていないとき、葉から出される気体は何ですか。（　　）

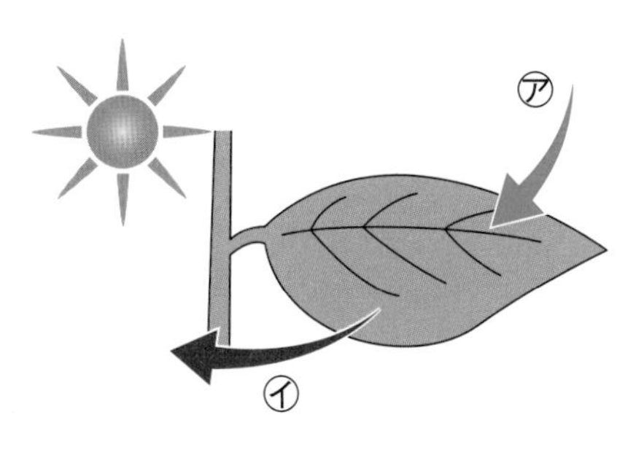

(5) 日光が当たっているときの植物の呼吸について、次のア～ウから正しいものを選びましょう。（　　）

ア 日光が当たっているとき、呼吸をしていない。

イ 日光が当たっているとき、呼吸で取り入れるよりも多くの量の酸素を出している。

ウ 日光が当たっているとき、呼吸で取り入れるよりも少ない量の酸素を出している。

3　植物と養分

基本のワーク

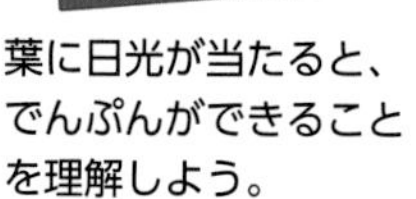

葉に日光が当たると、でんぷんができることを理解しよう。

教科書 59~67ページ　答え 8ページ

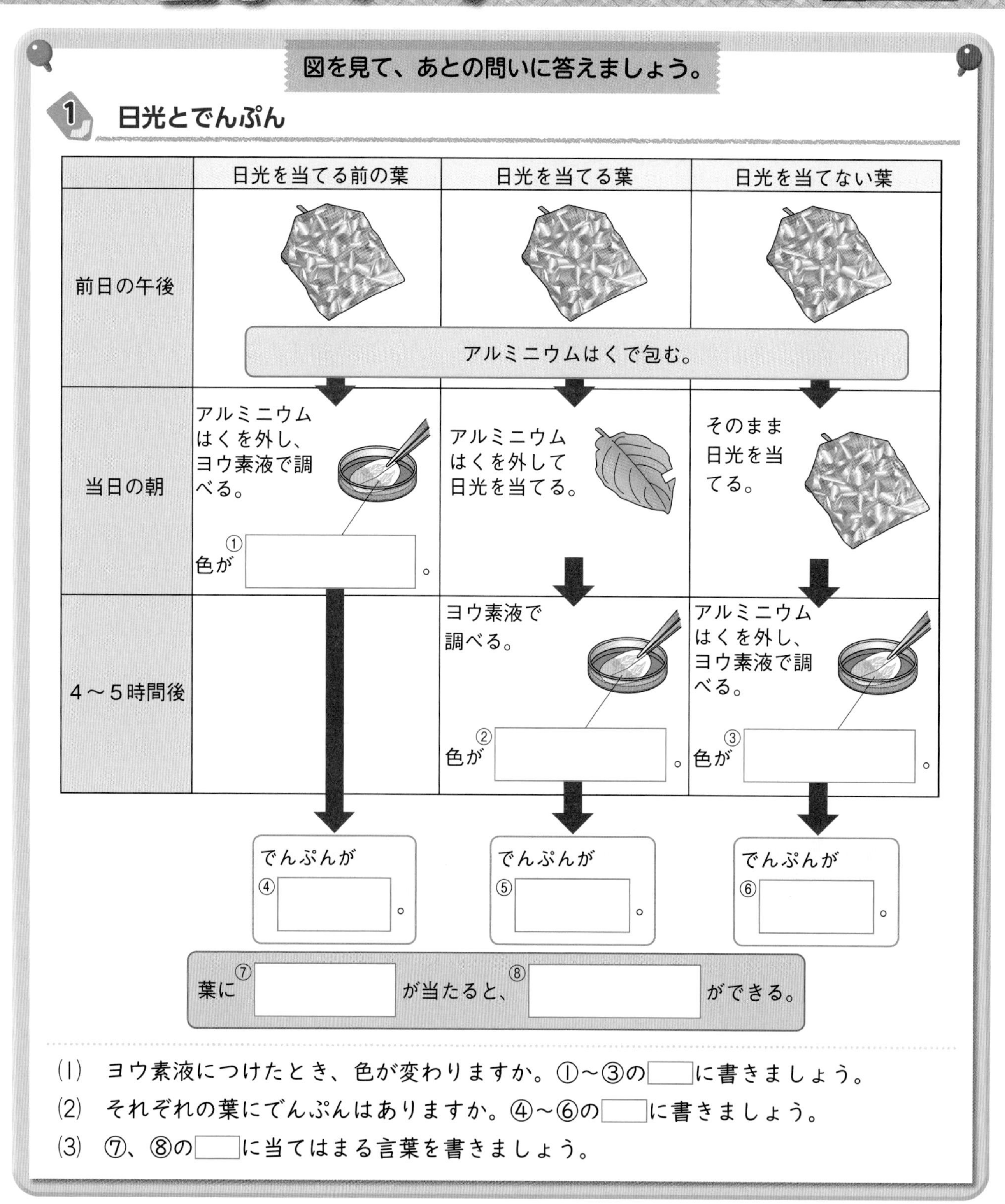

(1) ヨウ素液につけたとき、色が変わりますか。①～③の□に書きましょう。

(2) それぞれの葉にでんぷんはありますか。④～⑥の□に書きましょう。

(3) ⑦、⑧の□に当てはまる言葉を書きましょう。

まとめ　〔でんぷん　日光　青むらさき〕から選んで（　）に書きましょう。

- 植物の葉に①（　　　）が当たると、②（　　　）ができる。
- でんぷんがあるとヨウ素液は、こい③（　　　）色に変わる。

<植物のくわしいつくりとはたらき>植物の葉などで行われる、水と二酸化炭素をもとに、光を使って、でんぷんなどをつくり、酸素を出すはたらきを、光合成（こうごうせい）といいます。

練習のワーク

教科書 59〜67ページ　答え 8ページ

できた数　／8問中

1 次の図１は、葉のでんぷんを調べる方法を表しています。あとの問いに答えましょう。

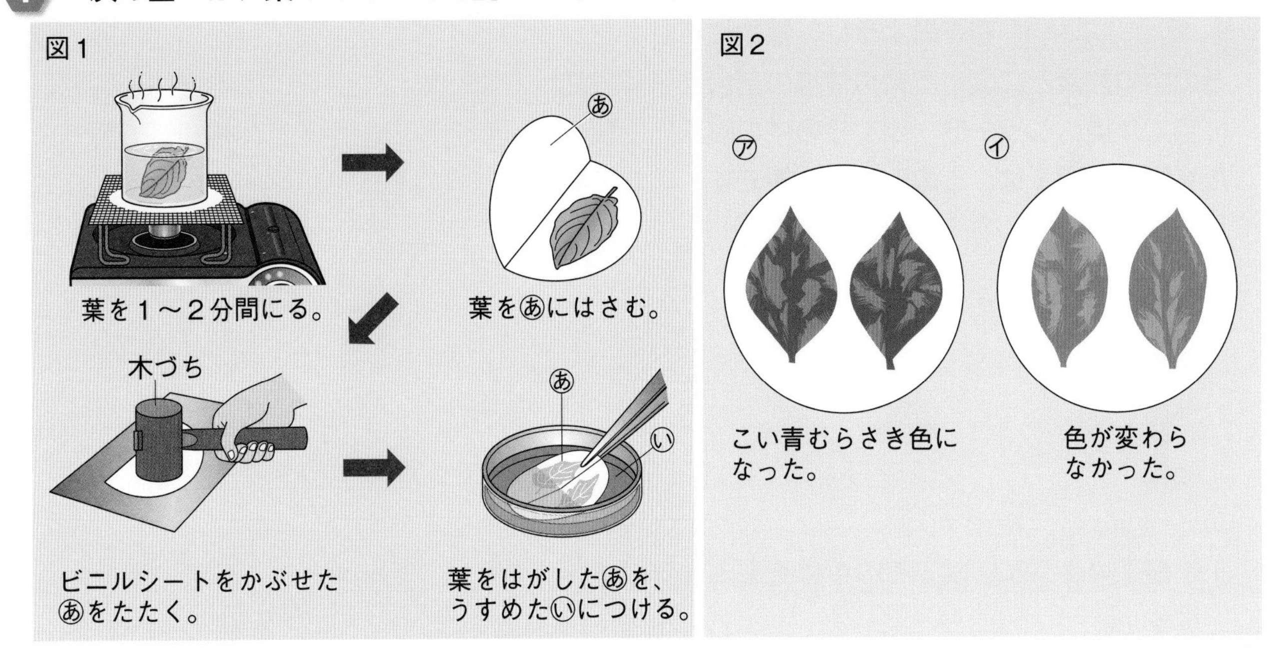

(1)　図１で、葉をはさんだあの紙を何といいますか。　（　　　）

(2)　図１で、でんぷんを調べるために使う、いの液を何といいますか。　（　　　）

(3)　図１の後、あの紙を水ですすぐと、図２のようになりました。でんぷんのある葉を調べた結果を表しているのは、ア、イのどちらですか。　（　　　）

2 日光をよく当てた葉アと、おおいをして日光を当てなかった葉イを用意して、実験しました。あとの問いに答えましょう。ただし、この実験は、前日の午後から日光に当ててない葉を用いて行いました。

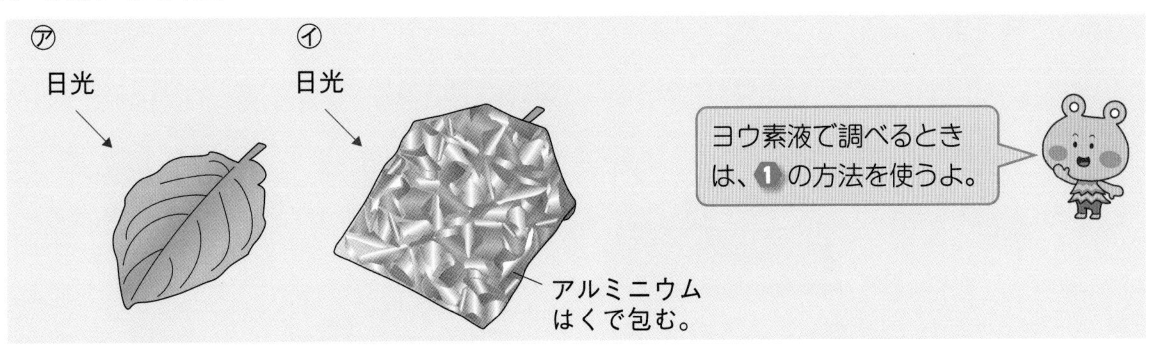

(1)　ア、イの葉をうすめたヨウ素液につけると、それぞれ色が変わりますか。

ア（　　　）　イ（　　　）

(2)　(1)で色が変わった葉には、何があることがわかりますか。　（　　　）

(3)　(2)がつくられるためには、どのようなことが必要ですか。

（　　　）

(4)　植物は、生きていくために必要な養分を自分でつくることができるといえますか。

（　　　）

まとめのテスト②

3　植物のつくりとはたらき

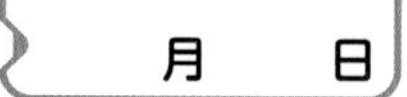

教科書　56〜67ページ　答え　8ページ

1　**植物と空気**　図1のように、植物にポリエチレンのふくろをかぶせて息をふきこみ、ふくろの中の酸素と二酸化炭素の体積の割合を気体検知管で調べました。この植物を約1時間日光に当てた後、もう一度、ふくろの中の酸素と二酸化炭素の体積の割合を気体検知管で調べました。図2、図3は、このときの結果です。あとの問いに答えましょう。　1つ7〔35点〕

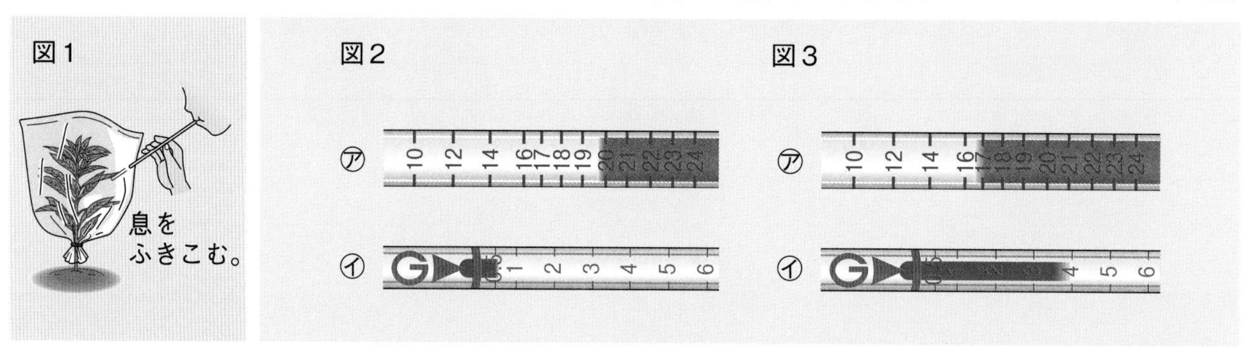

⑴　図１のように、ふくろの中に息をふきこむのは、何という気体の体積の割合を増やすためですか。（　　　）

⑵　図2、図3の㋐、㋑は、それぞれ酸素と二酸化炭素のどちらの気体を調べた結果ですか。
㋐（　　　）　㋑（　　　）

⑶　日光に当てた後の結果を表しているのは、図2、図3のどちらですか。（　　　）

記述　⑷　この実験から、植物に日光が当たったときの酸素や二酸化炭素の出入りについて、どのようなことがわかりますか。
（　　　）

2　**葉のでんぷんの調べ方**　次の図の方法で、葉にでんぷんがあるかどうかを調べました。あとの問いに答えましょう。　1つ5〔15点〕

㋐ ろ紙に葉をはさむ。　㋑ 葉を1〜2分間にる。　㋒ 葉をはがして、うすめたあの液にろ紙をつける。　㋓ ビニルシートをかぶせたろ紙をたたく。

⑴　㋒で、ろ紙をつける、あの液を何といいますか。（　　　）

チャレンジ!　⑵　㋐〜㋓を、正しい順になるように並べましょう。
（　　→　　→　　→　　）

⑶　でんぷんがある葉を調べたとき、あの液につけた後、いの部分はどうなりますか。次のア、イから選びましょう。（　　　）

ア　緑色のまま変わらない。　　イ　こい青むらさき色になる。

よく出る **3** **植物の葉と日光** **植物の葉と日光のかかわりについて調べるため、次の図のような実験をしました。あとの問いに答えましょう。**

1つ5〔50点〕

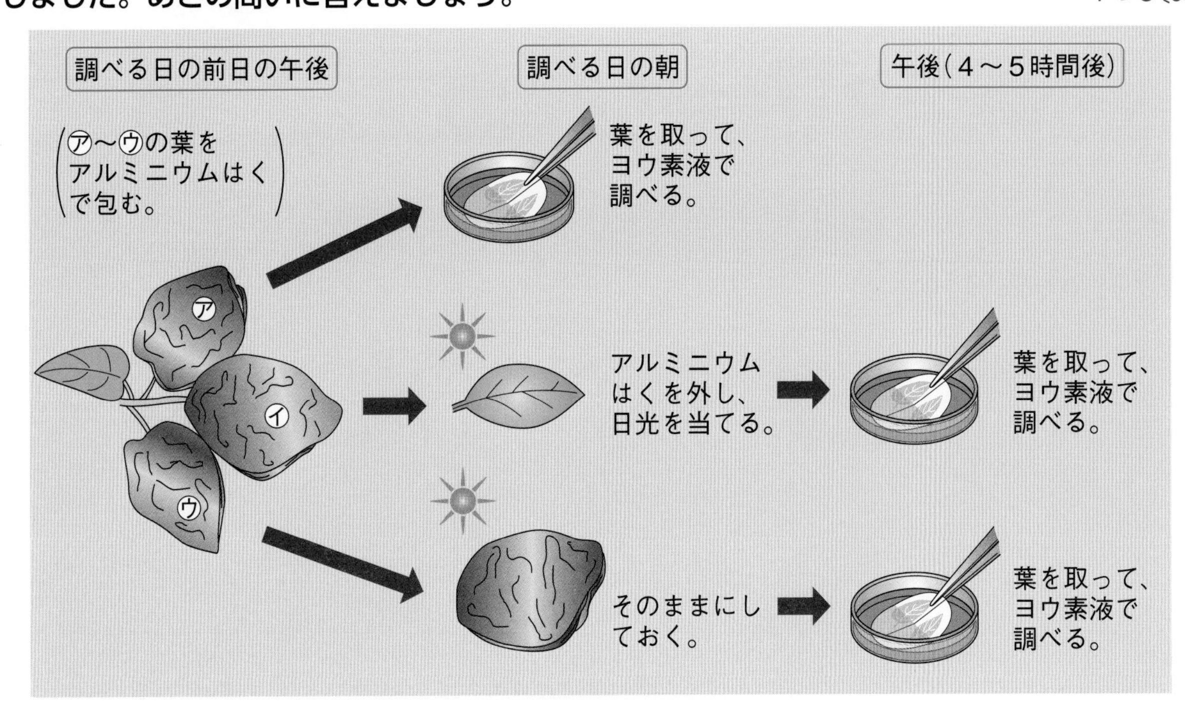

(1) 調べる日の朝に、㋐の葉をヨウ素液で調べたのはなぜですか。次のア、イから選びましょう。 (　　)

ア　朝の時点で、葉にでんぷんがあるかどうかを確かめるため。

イ　朝の時点で、葉に水が届いているかどうかを確かめるため。

(2) ㋐の葉をヨウ素液につけて、色の変化を調べました。色は変化しますか。 (　　　　)

(3) ㋐の葉に、でんぷんはありますか。 (　　　　)

(4) 調べる日の朝の時点で、㋑と㋒の葉にでんぷんはあったと考えられますか。次のア～エから選びましょう。 (　　)

ア　㋑の葉にも㋒の葉にもあったと考えられる。

イ　㋑の葉にはあったが、㋒の葉にはなかったと考えられる。

ウ　㋑の葉にはなかったが、㋒の葉にはあったと考えられる。

エ　㋑の葉にも㋒の葉にもなかったと考えられる。

(5) 午後に㋑と㋒の葉をヨウ素液につけて、色の変化を調べました。それぞれ色は変化しますか。

㋑(　　　　)

㋒(　　　　)

(6) ㋑と㋒の葉に、それぞれでんぷんはありますか。

㋑(　　　　)

㋒(　　　　)

記述 (7) この実験から何がわかりますか。「葉」と「日光」という言葉を使って答えましょう。

(　　　　　　　　　　　　)

(8) 植物が生きていくために必要な養分について、次のア、イから正しいものを選びましょう。 (　　)

ア　植物は、自分で養分をつくっている。

イ　植物は、自分で養分をつくることができない。

1 食べ物を通した生物のつながり

基本のワーク

学習の目標
食べ物のもとをたどることで生物どうしのつながりを理解しよう。

教科書 68～77ページ　答え 9ページ

図を見て、あとの問いに答えましょう。

1 水中の小さな生物

①［　　　］ → メダカ → やご（トンボの幼虫）

㋐→㋑は㋐が㋑に食べられることを示します。

生物どうしは、②［　　　］ことを通してつながり合っている。

(1) ①の□に水中の小さな生物の名前を書きましょう。
(2) ②の□に当てはまる言葉を書きましょう。

2 食べ物を通した生物のつながり

植物は、日光が当たると自分で養分をつくることが①［　　　］。

動物は、食べ物によって、②［　　　］を取り入れている。

③［　　　］　④［　　　］

生物どうしの「食べる・食べられる」のひとつながりを、⑤［　　　］という。

(1) ①の□に、できるかできないかを書きましょう。
(2) 動物は食べ物によって何を取り入れていますか。②の□に書きましょう。
(3) 食べられる生物から食べる生物へ向けて、③、④の□の矢印をなぞりましょう。
(4) ⑤の□に当てはまる言葉を書きましょう。

まとめ　〔 植物　食物連鎖 〕から選んで(　)に書きましょう。

- ①(　　　　)は自分で養分をつくり、動物はほかの生物を食べて養分を取り入れる。
- 生物どうしの「食べる・食べられる」のひとつながりの関係を②(　　　　)という。

はってん　<外来生物>人の活動によって、もともといなかった地域にすみついた生物を外来生物といいます。外来生物によって、本来保たれていた食物連鎖の関係がくずれてしまうことがあります。

練習のワーク

教科書 68～77ページ　答え 9ページ

1 次の図は、水中の生物を表しています。あとの問いに答えましょう。ただし、(　)は、観察したときの倍率を表しています。

(1) プレパラートの正しいつくり方の順になるように、次のア～ウを並べましょう。
(　→　→　)

ア　スライドガラスの水に、ピンセットを使ってカバーガラスをかける。
イ　スポイトで取った観察する水を、スライドガラスにのせる。
ウ　カバーガラスからはみ出した水をろ紙で吸い取る。

(2) 実際の大きさが大きいのは、㋐、㋑のどちらですか。(　)

(3) ㋐～㋒を、食べられる生物から食べる生物の順になるように並べましょう。
(　→　→　)

(4) 水中の生物どうしも、陸上の生物と同じように「食べる・食べられる」の関係でつながっています。このひとつながりを何といいますか。(　)

2 右の図は、ある日の食事の材料を表したものです。次の問いに答えましょう。

(1) ㋐～㋔を動物と植物に分けると、どのようになりますか。記号を書きましょう。
動物(　)
植物(　)

(2) ウシは、動物と植物のどちらを食べますか。
(　)

(3) 動物は、食べ物を食べることによって何を取り入れていますか。(　)

(4) 植物は、自分で養分をつくることができますか。
(　)

(5) 食べ物のもとをたどると、どのような生物に行きつきますか。次のア、イから選びましょう。
(　)

ア　自分で養分をつくる生物
イ　ほかの生物を食べる生物

勉強した日　　月　　日

2　空気や水を通した生物のつながり

学習の目標
生物と空気や水とのつながりを理解しよう。

基本のワーク

教科書 78〜87ページ　答え 9ページ

図を見て、あとの問いに答えましょう。

1 空気を通した生物のつながり

2 水を通した生物のつながり

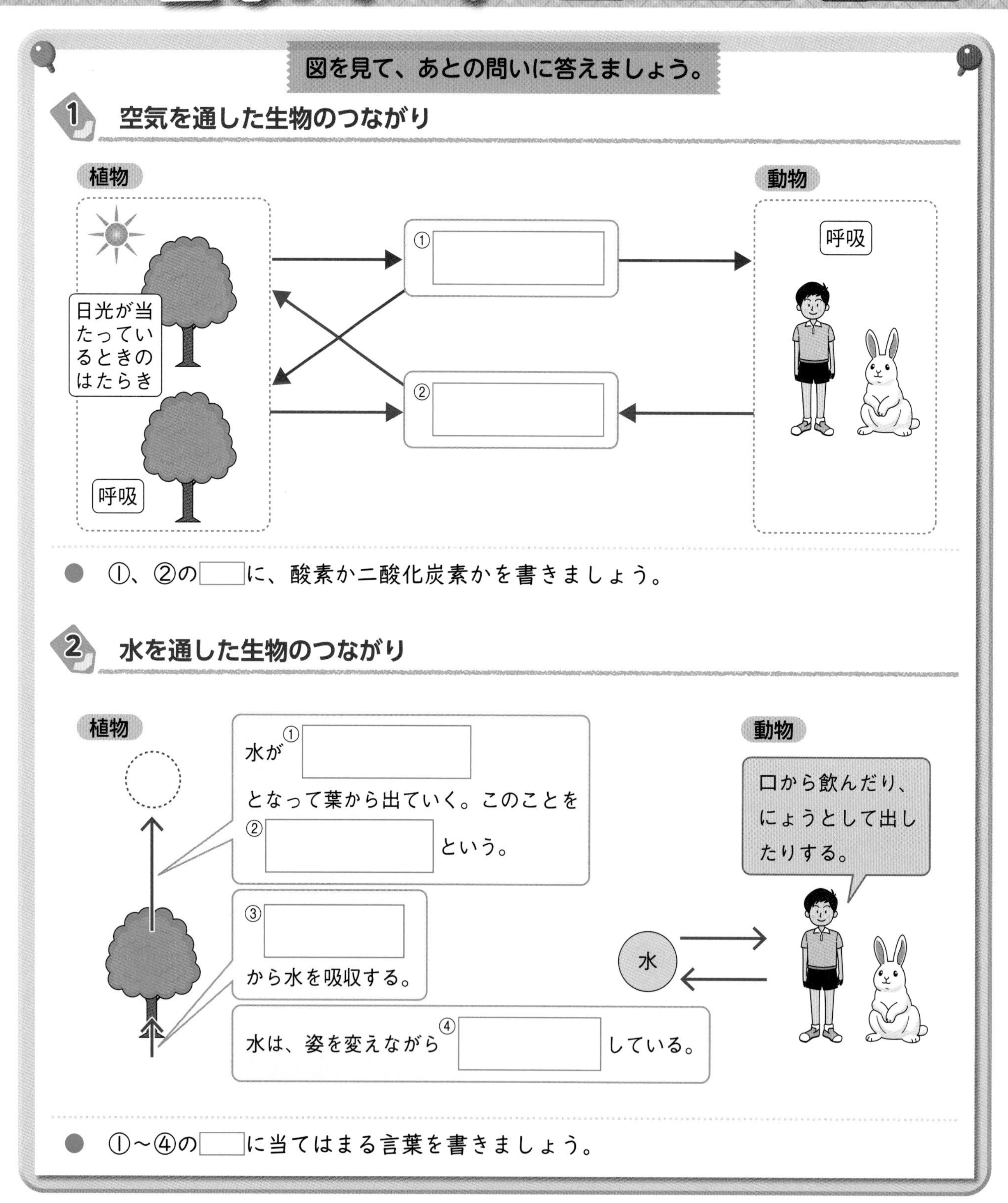

まとめ　〔 酸素　水 〕から選んで（　）に書きましょう。

- ①（　　　　）や二酸化炭素などの気体は、動物や植物の体を出たり入ったりしている。
- 動物や植物は、②（　　　　）を取り入れたり、体の外に出したりしている。

ヒトや動物が呼吸によって、また、ものを燃やして酸素を使い続けても、空気中にふくまれる酸素の割合があまり変わらないのは、植物が酸素を出しているからです。

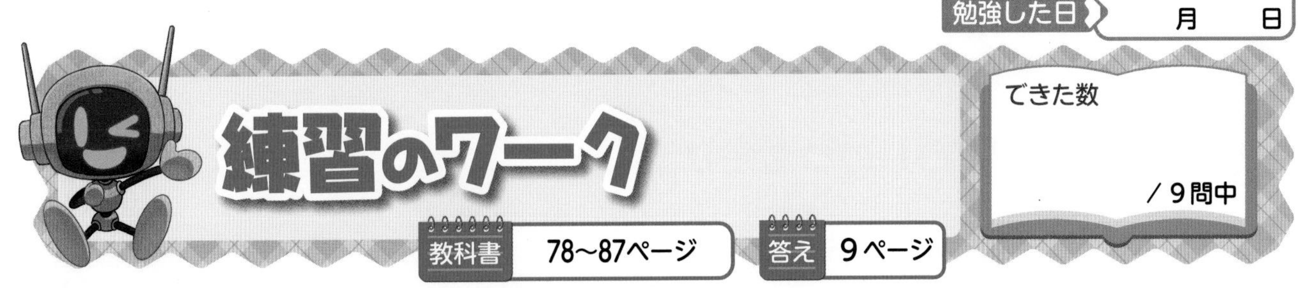

1 図1は、ヒトやほかの動物と空気とのかかわりを、図2は、日光が当たっているときの植物と空気とのかかわりを表しています。あとの問いに答えましょう。

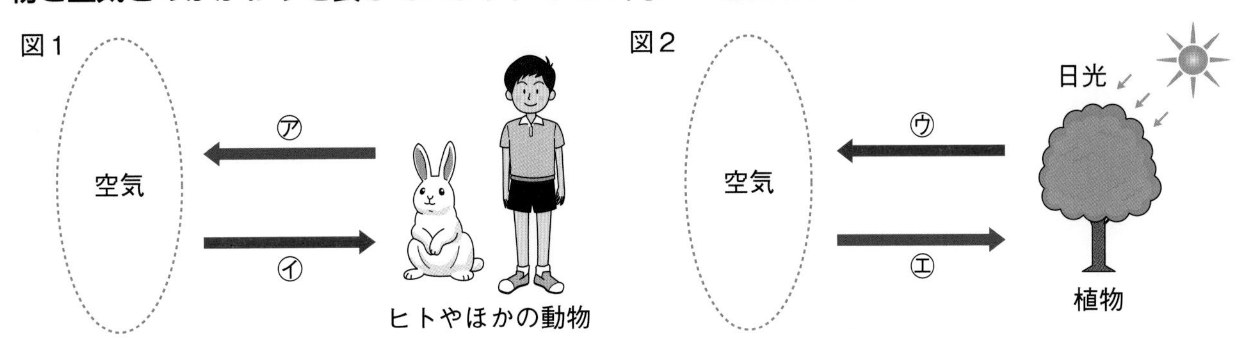

(1) 図1で、㋐、㋑は、酸素と二酸化炭素の出入りを表しています。酸素を表しているのは、㋐、㋑のどちらですか。 (　　　)

(2) ヒトやほかの動物は、空気中の㋑を体内に取り入れ、㋐を出しています。このはたらきを何といいますか。 (　　　)

(3) 植物も(2)のはたらきを行いますか。 (　　　)

(4) 図2で、㋒は日光が当たることで植物が出す気体、㋓は日光が当たることで植物が取り入れる気体を表しています。㋒、㋓はそれぞれ酸素と二酸化炭素のどちらですか。

㋒(　　　) ㋓(　　　)

(5) 植物は、空気がなくても生きていけますか、生きていけませんか。

(　　　)

2 次の図は、生物と水とのかかわりを表しています。あとの問いに答えましょう。

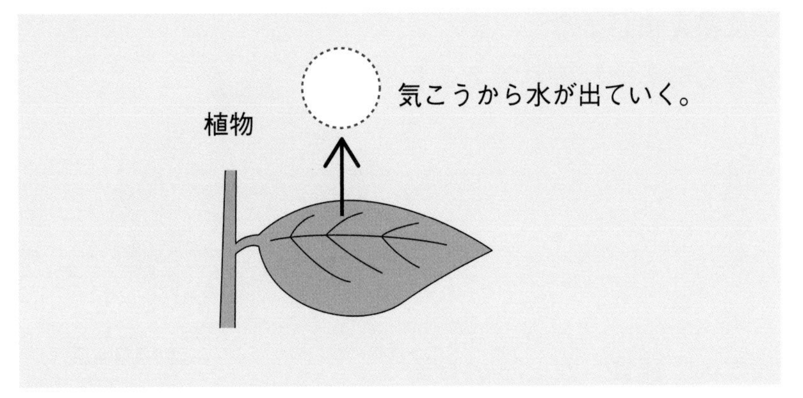

(1) 植物が根から取り入れた水は、何になって空気中に出ていきますか。

(　　　)

(2) 水が(1)になって植物の体から出ていくことを何といいますか。 (　　　)

(3) 生物の体の中の水について、正しいものをア～ウから選びましょう。 (　　　)

ア 植物の体の中には水がふくまれているが、動物の体の中には水がふくまれていない。

イ 動物の体の中には水がふくまれているが、植物の体の中には水がふくまれていない。

ウ 動物の体の中にも、植物の体の中にも、水がふくまれている。

勉強した日　月　日

まとめのテスト

4　生物どうしのつながり

時間 20分　得点　/100点

教科書 68～87ページ　答え 10ページ

よく出る

1 **食べ物を通した生物のつながり** 図1は陸上で見られる生物、図2は水中で見られる生物を表したものです。あとの問いに答えましょう。　1つ4〔20点〕

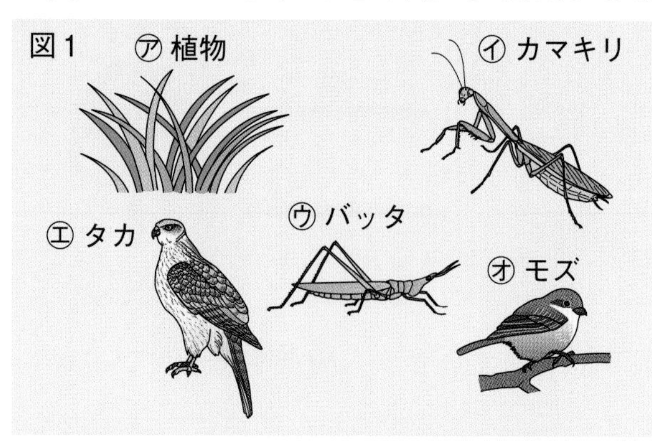

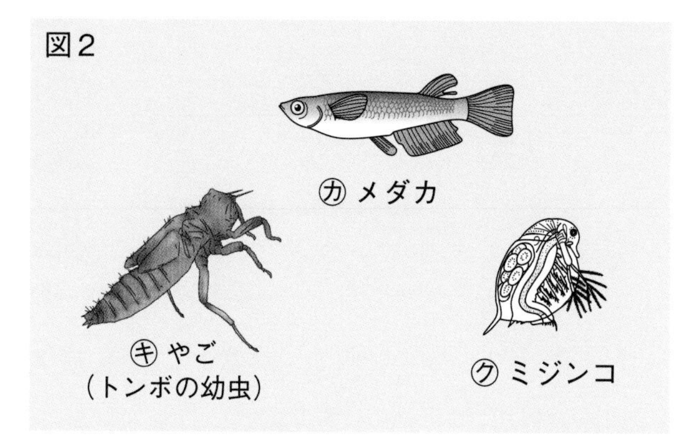

(1) 次の(　)に当てはまる生物は何ですか。図1の㋐～㋔から選びましょう。
　① バッタは、(　　　)を食べる。
　② カマキリは、(　　　)を食べる。
　③ カマキリを食べたモズは、(　　　)に食べられる。

(2) 生物どうしの「食べる・食べられる」の関係のひとつながりを、何といいますか。
(　　　　)

チャレンジ!

(3) 図2の㋕～㋗を、「食べられる生物」→「食べる生物」の順に並べましょう。
(　　→　　→　　)

2 **水中の小さな生物** 右の写真は、水中の小さな生物をけんび鏡などで観察したときのようすです。次の問いに答えましょう。　1つ4〔24点〕

(1) ㋐～㋓の生物の名前をそれぞれ答えましょう。
㋐(　　　　)
㋑(　　　　)
㋒(　　　　)
㋓(　　　　)

(2) 写真の下の数字は、観察したときのけんび鏡などの倍率を表しています。実際の大きさを比べたとき、いちばん大きい生物はどれですか。図の㋐～㋓から選びましょう。
(　　)

(3) メダカを入れたビーカーに、写真の生物を入れました。メダカはこれらの生物を食べますか。(　　　　)

㋐
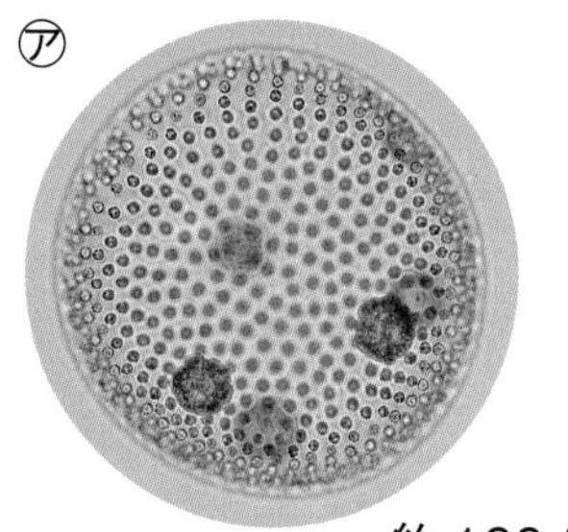
約100倍

㋑
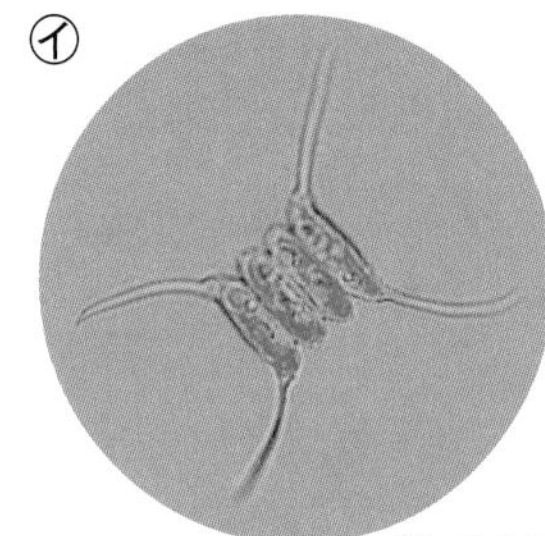
約300倍

㋒
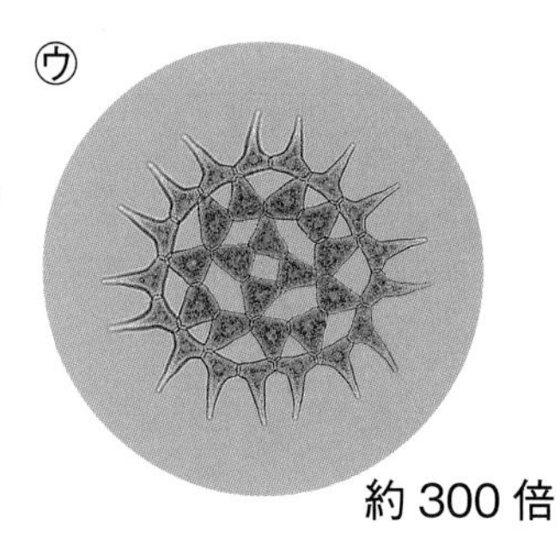
約300倍

㋓
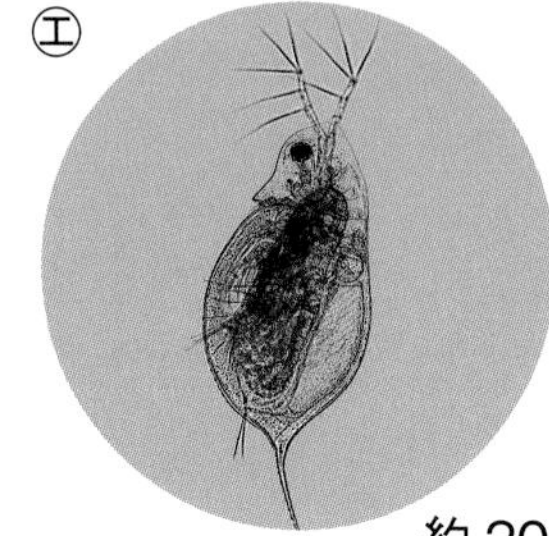
約20倍

3 **プレパラートのつくり方** 次の図は、池の水をすくい、水中の小さな生物を観察するために、プレパラートをつくろうとしているところです。あとの問いに答えましょう。 1つ4〔16点〕

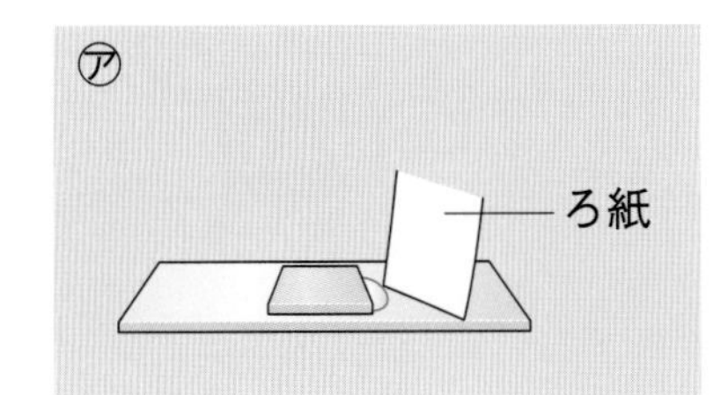

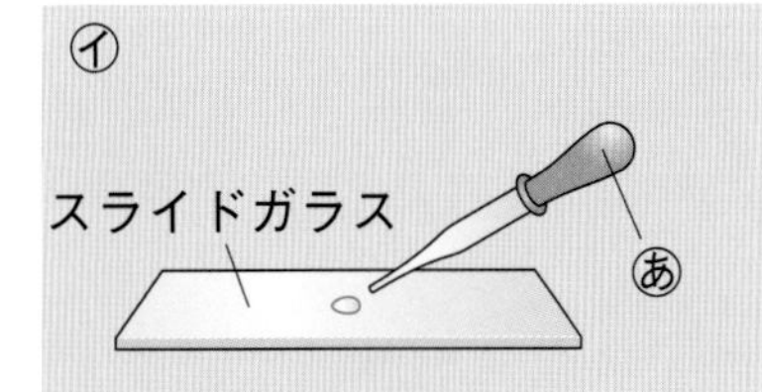

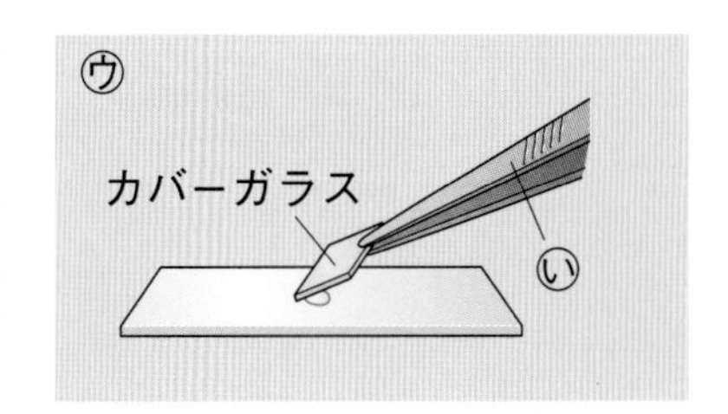

(1) ㋐～㋒を、正しい順に並べましょう。 (　　→　　→　　)

(2) あ、いの器具をそれぞれ何といいますか。

あ(　　　　) い(　　　　)

(3) ㋐のろ紙は、どのようなはたらきをしますか。次のア、イから選びましょう。(　　)

ア 水中の生物に養分をあたえる。　　イ はみ出た水を吸い取る。

よく出る **4** **空気や水を通した生物のつながり** 右の図は、生物と空気や水とのかかわりを表したものです。次の問いに答えましょう。 1つ4〔20点〕

植物　水蒸気　㋐　㋑　㋒　動物

(1) 植物や動物が空気中から取り入れたり、日光が当たった植物が空気中へ出したりしている、㋐の気体は何ですか。

(　　　　)

(2) 日光が当たった植物が空気中から取り入れたり、植物や動物が空気中へ出したりしている、㋑の気体は何ですか。

(　　　　)

(3) 植物や動物が行う、㋒のはたらきを何といいますか。 (　　　　)

(4) 植物や動物は、㋒のはたらきをいつ行っていますか。次のア～ウから選びましょう。

(　　)

ア 昼間だけ　　イ 夜間だけ　　ウ 1日中

(5) 植物から水が水蒸気となって出ていくことを、何といいますか。 (　　　　)

SDGs **5** **空気や水を通した生物のつながり** 次の文のうち、正しいものには○、まちがっているものには×をつけましょう。 1つ4〔20点〕

①(　　)植物は自分で養分をつくり出せるので、空気を必要としないが、動物はほかの生物を食べているので、空気が必要である。

②(　　)生物は、空気を通して、ほかの生物や周りの環境(かんきょう)とかかわっている。

③(　　)海や湖などの水は、蒸発(じょうはつ)すると氷になる。

④(　　)空気中の水蒸気の一部は雲をつくり、雨や雪を降(ふ)らせる。

⑤(　　)地球上の水はじゅんかんしていて、植物や動物はそのじゅんかんしている水を利用して生きている。

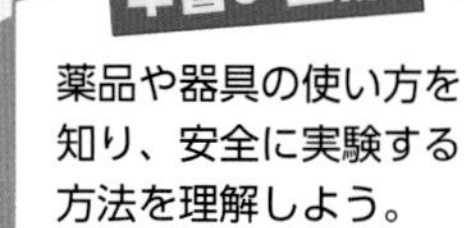

みんなで使う理科室
基本のワーク

学習の目標
薬品や器具の使い方を知り、安全に実験する方法を理解しよう。

教科書 90～93、96、101ページ　答え 11ページ

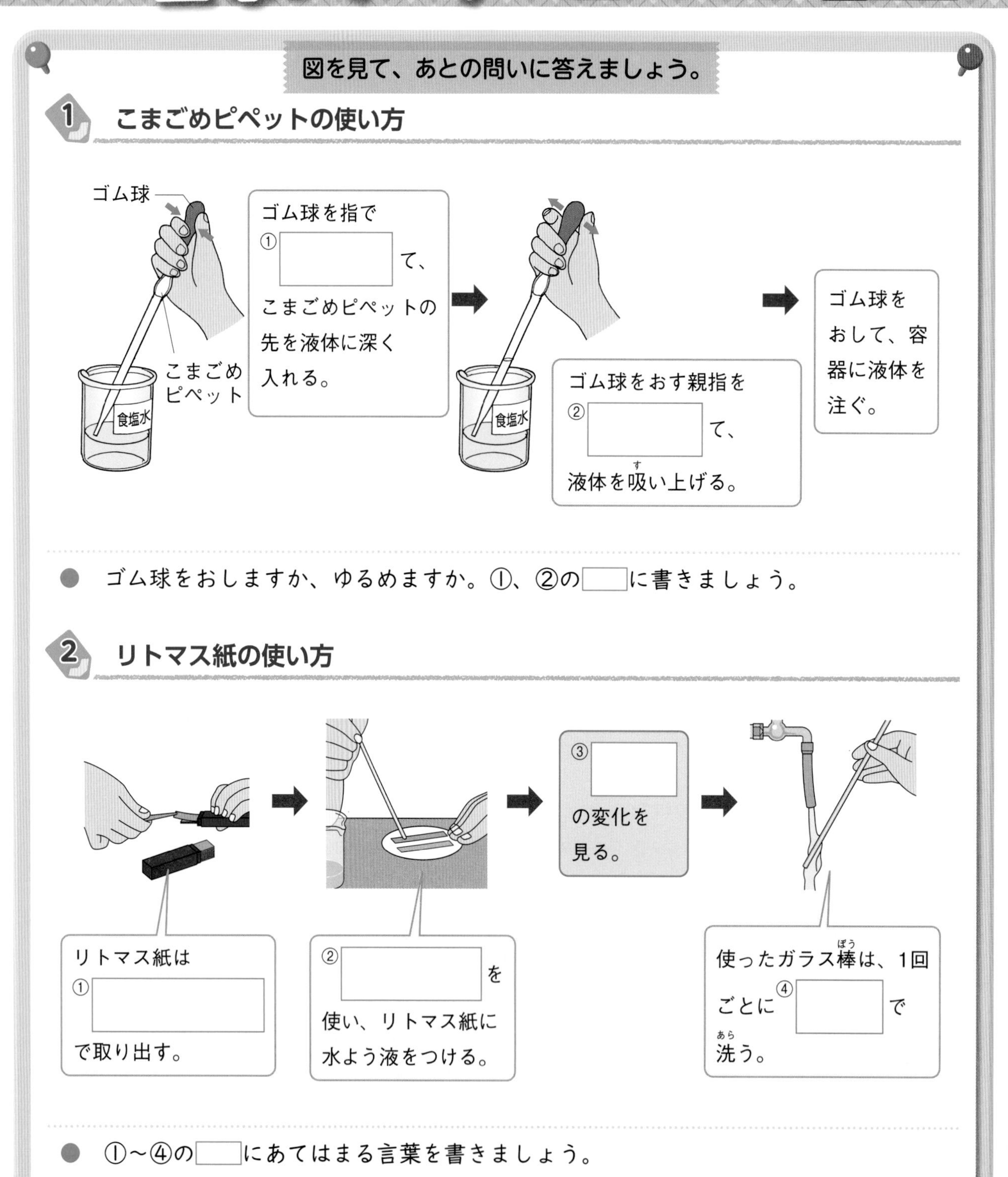

まとめ　〔 リトマス紙　こまごめピペット 〕から選んで(　)に書きましょう。

●①(　　　　　　　　)を使うと、水よう液を移すことができる。

●②(　　　　　　　　)を使うと、水よう液を仲間分けすることができる。

身の回りにはたくさんの液体がありますが、すべてが水よう液というわけではありません。例えば、食用油、牛乳、石油などの液体は、水よう液ではありません。

練習のワーク

教科書 90～93、96、101ページ　答え 11ページ

できた数　/11問中

1 薬品や器具の使い方について、あとの問いに〔　〕の中から選んで、記号で答えましょう。

(1) 図1のように、水よう液をビーカーや試験管に入れるとき、中の液がわかるように、容器にはっておくものは何ですか。（　　）

(2) ビーカーに入れる水よう液の量は、どのぐらいにしますか。（　　）

(3) 図2で、水よう液のにおいを調べるとき、どのようにしますか。（　　）

(4) 水よう液が手や服についたら、すぐに何でよく洗い流しますか。（　　）

(5) 図3で、残った水よう液や、使い終わった水よう液は、どこに集めますか。（　　）

(6) 使った器具は、実験が終わったら、どのようにしておきますか。（　　）

〔 ア ラベル　イ $\frac{2}{3}$以下　ウ $\frac{1}{3}$以下　エ 決められた容器　オ 湯
カ 水　キ あいている容器　ク 手であおぐ。　ケ 直接鼻を近づける。
コ 洗って片(かた)づける。　サ そのままにする。 〕

2 リトマス紙について、次の問いに答えましょう。

(1) リトマス紙には、色のちがう2種類のものがあります。何色と何色ですか。

（　　）（　　）

(2) 下の図は、リトマス紙の使い方を表したものです。それぞれ正しいものを選び、記号で答えましょう。

① リトマス紙を取り出すとき　（　　）

② 水よう液をつけるとき　（　　）

①
㋐

直接手で取り出す。

㋑
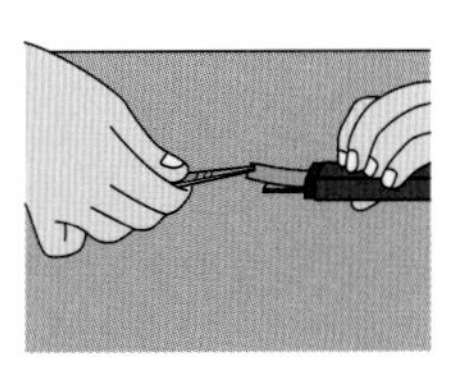
ピンセットで取り出す。

②
㋐
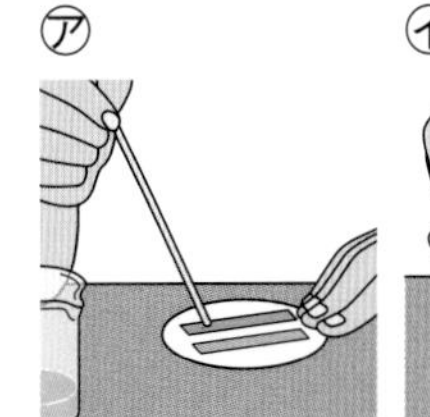
ガラス棒でつける。

㋑

水よう液の中に入れる。

㋒

こまごめピペットでつける。

(3) リトマス紙は、何の変化によって水よう液を仲間分けすることができますか。

（　　）

勉強した日　月　日

1　水よう液の区別①

基本のワーク

学習の目標
水よう液は、見た目やにおいで区別できることを理解しよう。

教科書 94～98ページ　答え 11ページ

図を見て、あとの問いに答えましょう。

1 水よう液のちがい

	うすい塩酸	炭酸水	食塩水	うすいアンモニア水	重そう水
見た目	水と変わらない。	①	水と変わらない。	水と変わらない。	②
におい	③	ない。	④	つんとしたにおいがする。	ない。
蒸発皿（じょうはつざら）に残ったもの	何も残らない。	何も残らない。	⑤	⑥	白い固体が残る。

水を蒸発させたとき、何も残らない水よう液と、⑦［　　］が残る水よう液がある。

水よう液を５つに区別することはできなかったよ。

(1)　水よう液の見た目について、表の①、②に、水と変わらないか、あわが出ているかを書きましょう。

(2)　水よう液のにおいについて、表の③、④に、においがないか、つんとしたにおいがするかを書きましょう。

(3)　水よう液を蒸発させたときのようすについて、表の⑤、⑥に、何も残らないか、白い固体が残るかを書きましょう。

(4)　⑦の［　］に、液体か固体かを書きましょう。

まとめ　〔 区別できる　固体 〕から選んで（　）に書きましょう。

●水よう液には、見た目、におい、蒸発させたときのようすで①（　　　　）ものがある。

●水よう液を蒸発させると、何も残らないものと、②（　　　　）が残るものがある。

重そうには、食用やそうじ用などの種類があり、そうじ用のものは、風呂（ふろ）、トイレ、フローリングのゆかなどに使うことができます。

練習のワーク

教科書 94~98ページ　答え 11ページ

できた数　/8問中

1 次の図のように、㋐～㋔の試験管にそれぞれ、うすい塩酸、炭酸水、食塩水、うすいアンモニア水、重そう水が入っています。あとの問いに答えましょう。

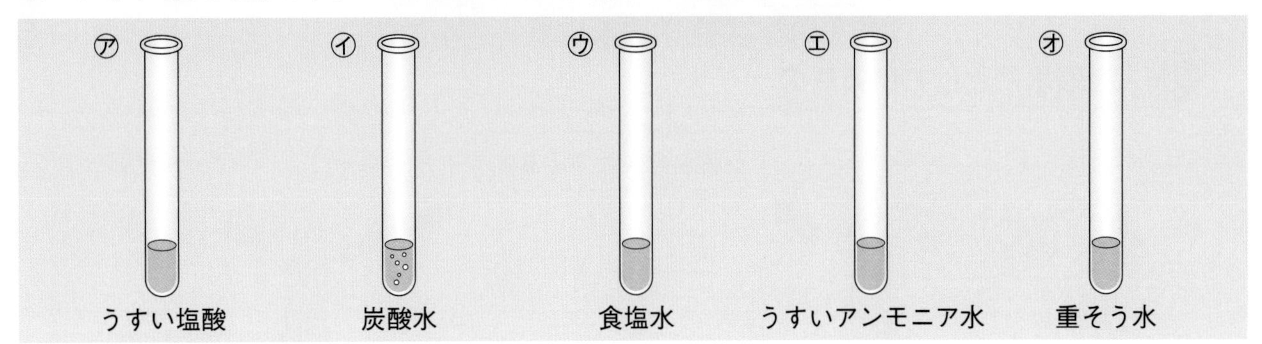

(1) ㋐～㋔の水よう液のうち、見た目でほかの4つの水よう液と区別できるものを選びましょう。（　　）

記述 (2) (1)の水よう液は、ほかの水よう液とは見た目にどのようなちがいがありますか。
（　　）

(3) 水よう液のにおいをかぐとき、どのようにしますか。次のア、イから選びましょう。（　　）

ア　試験管の口に鼻を近づけて直接かぐ。
イ　手であおぐようにしてかぐ。

(4) においをかぐと、うすいアンモニア水と重そう水を区別することができますか。
（　　）

(5) うすい塩酸と食塩水をそれぞれ蒸発皿に取り、加熱して水を蒸発させました。蒸発皿のようすから、2つの水よう液を区別することはできますか。（　　）

(6) うすい塩酸とうすいアンモニア水をそれぞれ蒸発皿に取り、加熱して水を蒸発させました。蒸発皿のようすから、2つの水よう液を区別することはできますか。（　　）

2 右の図のように、蒸発皿に取った水よう液を加熱し、水を蒸発させました。次の問いに答えましょう。

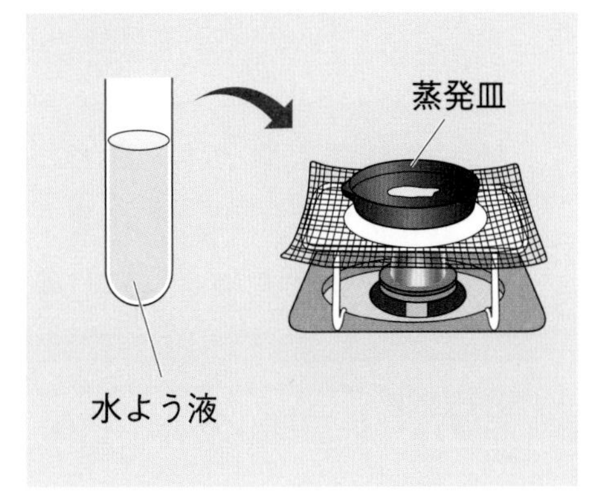

(1) 水よう液を蒸発させたとき、蒸発皿に固体が残るものを、ア～オからすべて選びましょう。
（　　）

ア　食塩水
イ　うすいアンモニア水
ウ　重そう水
エ　炭酸水
オ　うすい塩酸

(2) 水よう液の水を蒸発させたとき、何も残らないものを、(1)のア～オからすべて選びましょう。（　　）

1 水よう液の区別②

基本のワーク

学習の目標
水よう液には、気体がとけているものがあることを理解しよう。

教科書 99〜100ページ 答え 11ページ

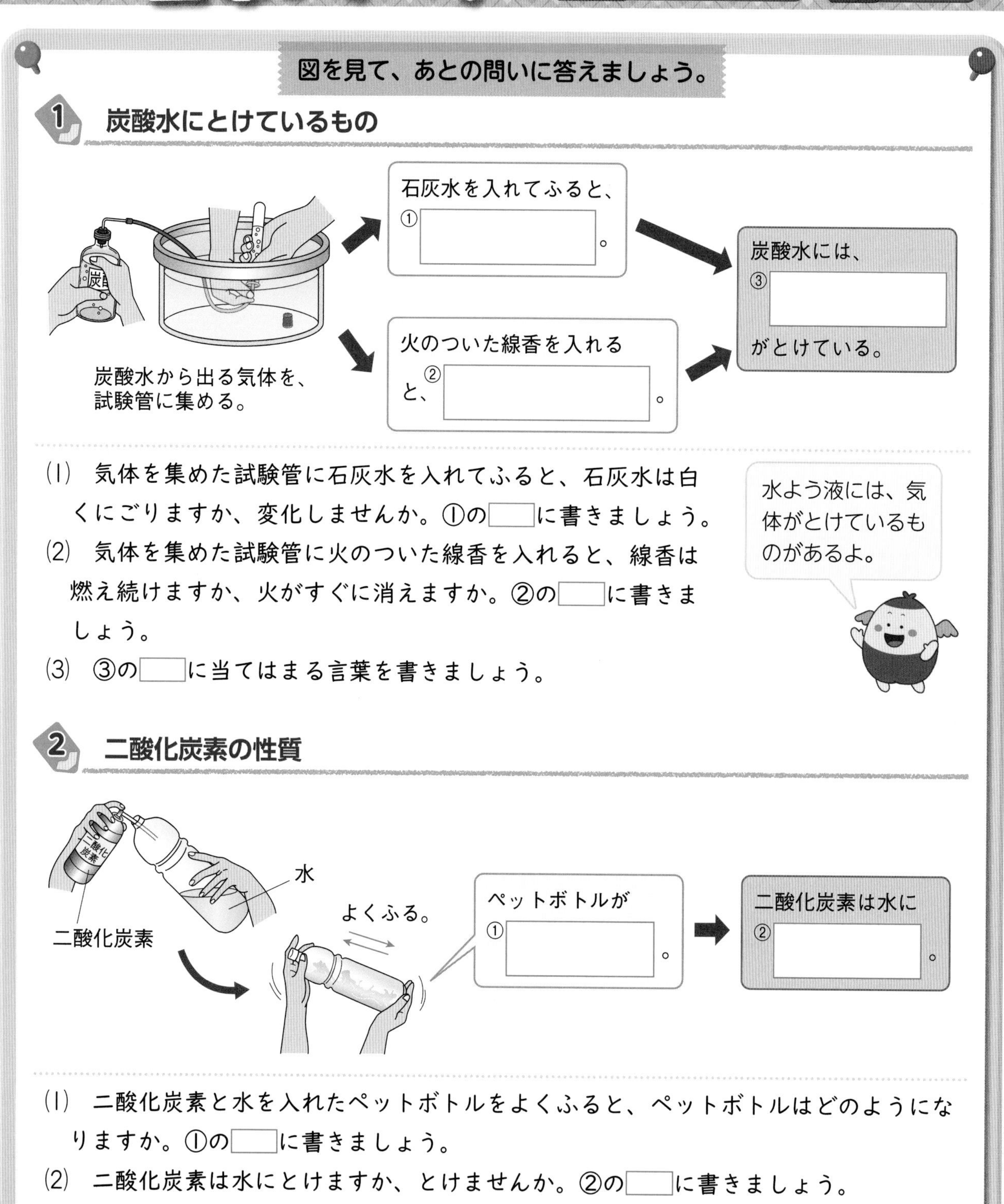

(1) 気体を集めた試験管に石灰水を入れてふると、石灰水は白くにごりますか、変化しませんか。①の□に書きましょう。

(2) 気体を集めた試験管に火のついた線香を入れると、線香は燃え続けますか、火がすぐに消えますか。②の□に書きましょう。

(3) ③の□に当てはまる言葉を書きましょう。

(1) 二酸化炭素と水を入れたペットボトルをよくふると、ペットボトルはどのようになりますか。①の□に書きましょう。

(2) 二酸化炭素は水にとけますか、とけませんか。②の□に書きましょう。

まとめ 〔 二酸化炭素　気体 〕から選んで（　）に書きましょう。

- 炭酸水には、①（　　　　）がとけている。
- 水よう液には、固体だけではなく、②（　　　　）がとけているものがある。

気体の種類によって、水へのとけ方がちがいます。二酸化炭素は水にとけますが、ちっ素や酸素は水にほとんどとけません。

練習のワーク

教科書 99～100ページ　答え 11ページ

1 右の図のようにして、食塩水、炭酸水、うすい塩酸をそれぞれ蒸発皿に取り、蒸発させました。次の問いに答えましょう。

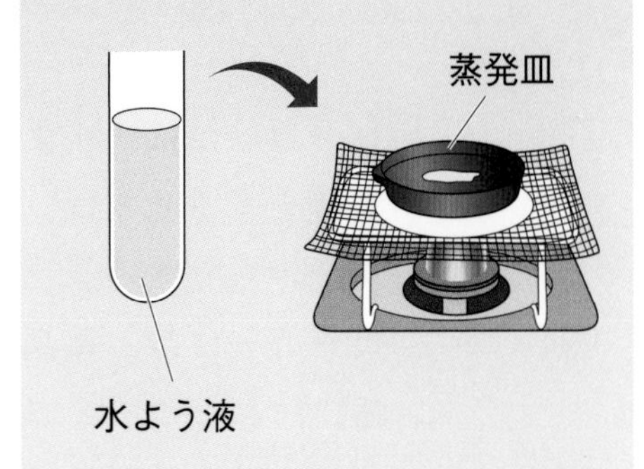

(1) 蒸発皿に何も残らないのは、どの水よう液ですか。ア～ウから2つ選びましょう。（　　）（　　）

ア 食塩水

イ 炭酸水

ウ うすい塩酸

(2) (1)で選んだ水よう液には、固体と気体のどちらがとけていますか。（　　）

2 図1のように、炭酸水から出てくる気体を集めました。次の問いに答えましょう。

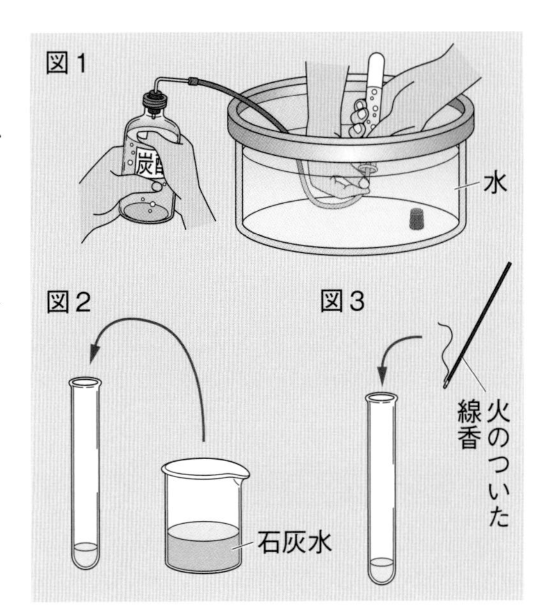

(1) 炭酸水から気体をたくさん出すには、入れ物をどのようにするとよいですか。

（　　）

(2) 図2のように、気体を集めた試験管に石灰水を入れてゴムせんをし、ふりました。石灰水はどのようになりますか。（　　）

(3) 図3のように、気体を集めた試験管に火のついた線香を入れると、どのようになりますか。

（　　）

(4) 炭酸水には何という気体がとけていますか。

（　　）

3 右の図のように、半分ほど水を入れたペットボトルに二酸化炭素をふきこんで、ふたをしました。次の問いに答えましょう。

(1) このペットボトルをよくふると、ペットボトルはどのようになりますか。ア～ウから選びましょう。

（　　）

ア ふくらむ。　　イ へこむ。

ウ 中の液体が白くにごる。

(2) (1)のようになったのは、なぜですか。ア～ウから選びましょう。（　　）

ア 二酸化炭素が水にとけたから。

イ 二酸化炭素が液体に変わったから。

ウ 水から二酸化炭素が出てきたから。

勉強した日　月　日

まとめのテスト①

5　水よう液の性質

時間20分

得点　/100点

教科書 90～101ページ　答え 12ページ

1 薬品や器具の使い方 次の文で、正しいものには○、まちがっているものには×をつけましょう。

1つ2〔20点〕

①(　　)ビーカーには、水よう液を半分以上入れる。

②(　　)実験をするときは、かん気せんを回したり、窓(まど)を開けたりする。

③(　　)ビーカーには、薬品の名前をかいたラベルをはる。

④(　　)水よう液を仲間分けするときは、水よう液をなめて、味も確かめる。

⑤(　　)水よう液が手についたときは、多量の水でじゅうぶんに洗い流す。

⑥(　　)リトマス紙は、ピンセットで取り出す。

⑦(　　)リトマス紙を使って調べるときは、ビーカーに入った水よう液にリトマス紙を直接つける。

⑧(　　)加熱中は、顔を近づけてようすを観察する。

⑨(　　)使い終わった水よう液は、すべて流しに流す。

⑩(　　)実験が終わったら、器具をていねいに洗う。

2 水よう液の区別 次の㋐～㋒の試験管には、食塩水、うすい塩酸、炭酸水のどれかが入っています。あとの問いに答えましょう。

1つ5〔15点〕

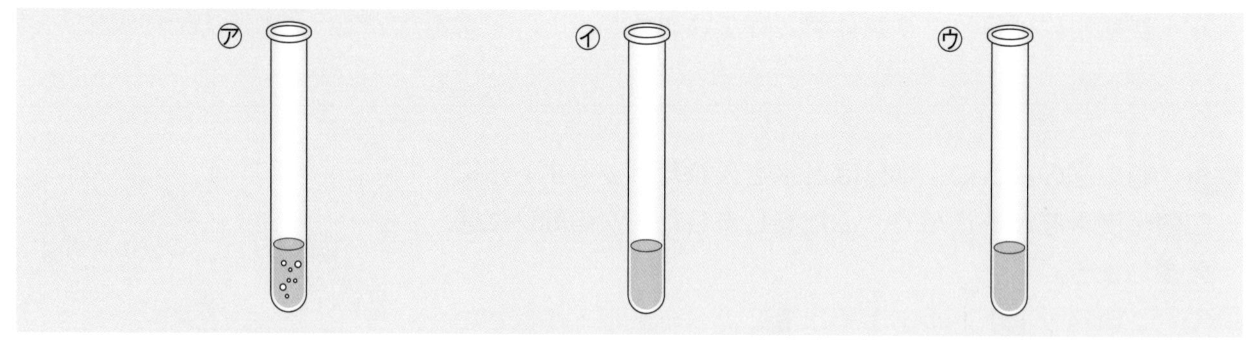

(1) ㋐～㋒の試験管を見ると、㋐の試験管ではあわが出ていました。㋐は何だとわかりますか。

(　　　　　)

(2) 水よう液のにおいはどのようにしてかぎますか。次のア、イから選びましょう。

(　　)

ア　鼻を近づけ、直接においをかぐ。

イ　手であおいで、においをかぐ。

(3) ㋐～㋒のにおいをかぐと、㋑からつんとしたにおいがしました。㋑は何だとわかりますか。

(　　　　　)

3 水よう液の区別 図1の㋐～㋔の試験管には、それぞれうすい塩酸、炭酸水、食塩水、うすいアンモニア水、重そう水が入っています。これらの水よう液を、図2のように蒸発皿に取って熱しました。あとの問いに答えましょう。

1つ5〔40点〕

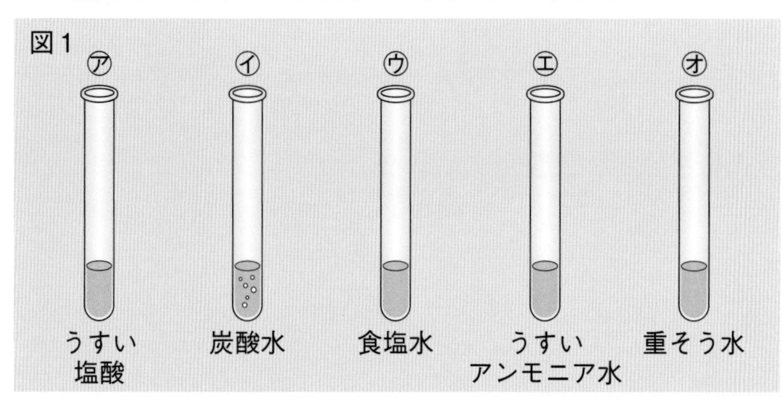

⑴ 水よう液が目に入らないように、実験をするときは何をかけますか。

（　　　　　）

⑵ 水よう液を試験管から蒸発皿に取るとき、何を使いますか。次のア～ウから選びましょう。

（　　　）

ア ガラス棒　　イ ピンセット　　ウ こまごめピペット

⑶ それぞれの水よう液を蒸発させたとき、蒸発皿に固体が残るものを、㋐～㋔から2つ選びましょう。

（　　　）（　　　）

⑷ それぞれの水よう液を蒸発させたとき、蒸発皿に何も残らないものを、㋐～㋔からすべて選びましょう。

（　　　　　）

⑸ ⑷の水よう液には、気体と固体のどちらがとけていますか。（　　　　　）

⑹ うすい塩酸とうすいアンモニア水には、それぞれ何がとけていますか。とけているものの名前を答えましょう。

うすい塩酸（　　　　　）

うすいアンモニア水（　　　　　）

よく出る 4 炭酸水にとけている気体 右の図のようにして、炭酸水から出てきた気体を試験管に集め、気体の性質を調べました。次の問いに答えましょう。

1つ5〔25点〕

⑴ 炭酸水からたくさんの気体を出すには、どのようにすればよいですか。正しいものに2つ○をつけましょう。

①（　　　）入れ物を手であたためる。

②（　　　）入れ物を氷で冷やす。

③（　　　）入れ物をやさしくふる。

④（　　　）入れ物を動かさないように、机に置く。

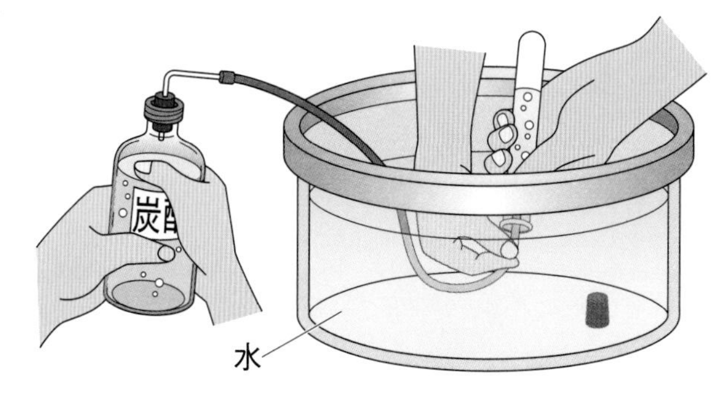

⑵ 気体を集めた試験管に石灰水を入れてゴムせんをし、ふりました。石灰水はどのようになりますか。（　　　　　）

⑶ 気体を集めた試験管に火のついた線香を入れました。火はどのようになりますか。

（　　　　　）

⑷ 炭酸水には何がとけていますか。（　　　　　）

勉強した日 月 日

1 水よう液の区別③

基本のワーク

学習の目標
水よう液を、酸性・中性・アルカリ性に仲間分けしよう。

教科書 101～103ページ　答え 12ページ

図を見て、あとの問いに答えましょう。

1 リトマス紙の変化

①	②	③
赤 → 赤 青 → 青	赤 → 青 青 → 青	赤 → 赤 青 → 赤
赤色と青色のリトマス紙は、どちらも変化しない。	赤色のリトマス紙が青色に変化する。	青色のリトマス紙が赤色に変化する。

● リトマス紙の色の変化によって、水よう液は、酸性(さんせい)、中性(ちゅうせい)、アルカリ性(せい)に仲間分けできます。①～③の□に何性の水よう液かを書きましょう。

2 水よう液の仲間分け

	赤色のリトマス紙	青色のリトマス紙	水よう液の性質
うすい塩酸	変化しない。	赤色になる。	①
食塩水	変化しない。	変化しない。	②
うすいアンモニア水	青色になる。	変化しない。	③
炭酸水	変化しない。	赤色になる。	④
重そう水	青色になる。	変化しない。	⑤

● 表の水よう液は、それぞれ何性の水よう液ですか。①～⑤の□に書きましょう。

まとめ 〔 酸性　中性　アルカリ性 〕から選んで(　)に書きましょう。

●赤色のリトマス紙を青色に変えるものを①(　　　　)、青色のリトマス紙を赤色に変えるものを②(　　　　)、どちらのリトマス紙の色も変えないものを③(　　　　)という。

ムラサキキャベツの葉のしるでは、酸性は赤色、中性はむらさき色、アルカリ性は黄色になります。BTB(ビーティービー)液では、酸性は黄色、中性は緑色、アルカリ性は青色になります。

できた数　/13問中

教科書 101～103ページ　答え 12ページ

1 リトマス紙について、次の問いに答えましょう。

(1) リトマス紙には2種類あります。青色のリトマス紙と何色のリトマス紙ですか。

(　　　　　)

(2) 水よう液は、リトマス紙につけたときの色の変化によって、3つに仲間分けできます。それぞれ何性の水よう液といいますか。

(　　　　　)(　　　　　)(　　　　　)

(3) 青色のリトマス紙を赤色に変える水よう液は、何性の水よう液ですか。

(　　　　　)

2 水よう液は、リトマス紙の色の変化によって、3つに仲間分けできます。あとの問いに答えましょう。

水よう液の性質	酸　性	中　性	アルカリ性
リトマス紙の色の変化	①	②	③
水よう液の名前	炭　酸　水 ④(　　　　)	砂糖(さとう)水 ⑤(　　　　)	重　そ　う　水 ⑥(　　　　)

作図・ (1) 酸性、中性、アルカリ性の水よう液につけたとき、赤色のリトマス紙と青色のリトマス紙の色はどのように変化しますか。①～③の右側の部分を、それぞれ赤色または青色でぬりましょう。

(2) 食塩水、うすいアンモニア水、うすい塩酸は、それぞれリトマス紙の色をどのように変化させますか。④～⑥の当てはまるところに書きましょう。

3 ムラサキキャベツの葉のしるは、右の図のような性質をもっています。次の問いに答えましょう。

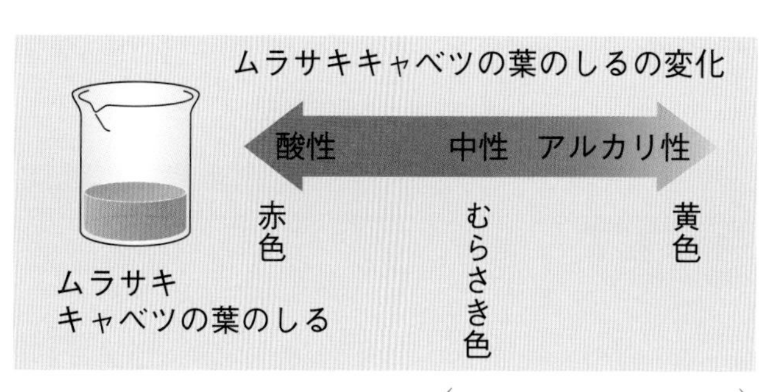

(1) ムラサキキャベツの葉のしるを食塩水に加えた後の液は何色ですか。

(　　　　　)

(2) ムラサキキャベツの葉のしるを塩酸に加えた後の液は何色ですか。　(　　　　　)

勉強した日 月 日

2 水よう液と金属①

基本のワーク

学習の目標
金属にうすい塩酸を加えたときの変化について理解しよう。

教科書 104~108ページ　答え 13ページ

図を見て、あとの問いに答えましょう。

1 金属にうすい塩酸を加えたときの変化

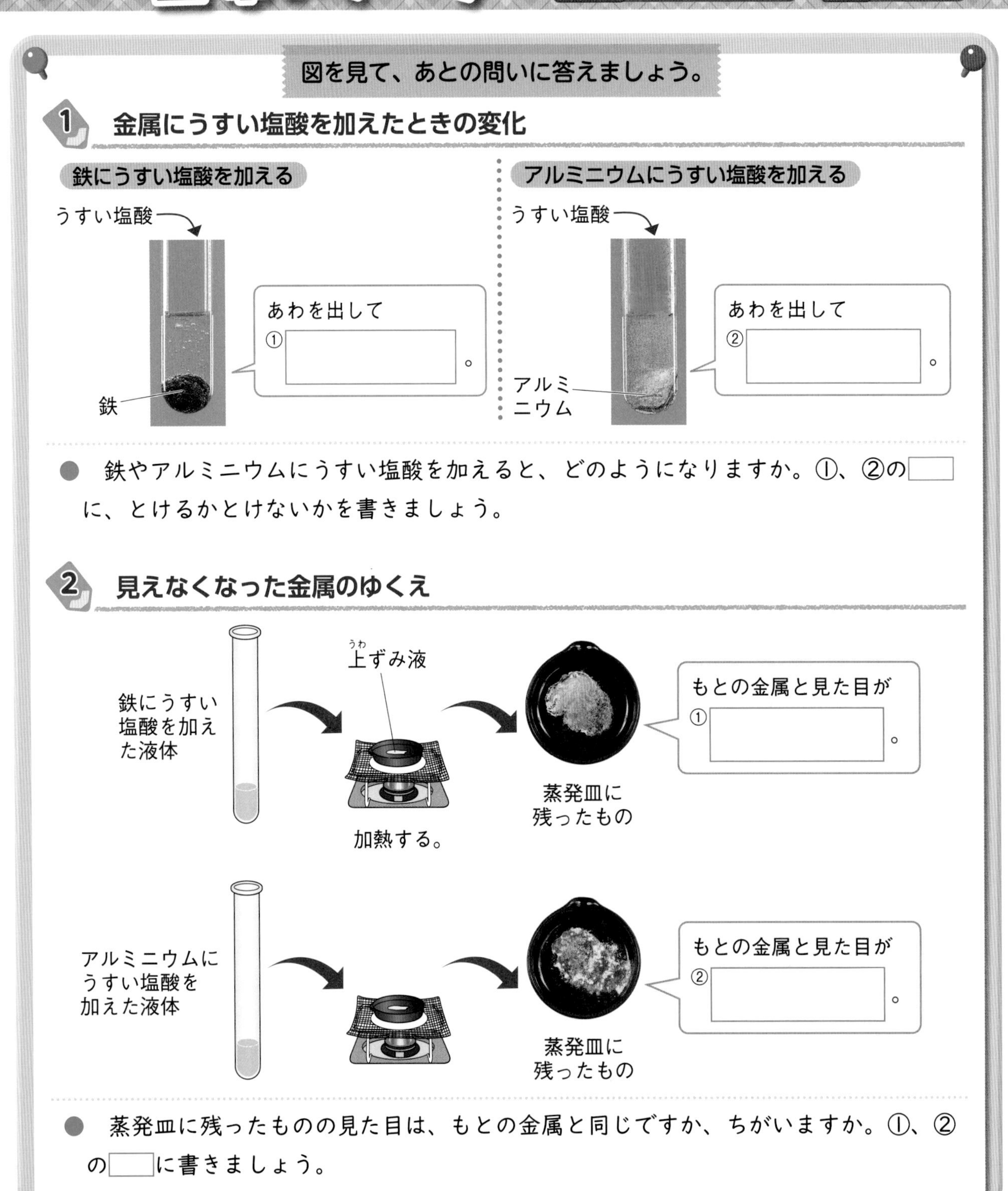

● 鉄やアルミニウムにうすい塩酸を加えると、どのようになりますか。①、②の□に、とけるかとけないかを書きましょう。

2 見えなくなった金属のゆくえ

● 蒸発皿に残ったものの見た目は、もとの金属と同じですか、ちがいますか。①、②の□に書きましょう。

まとめ 〔 うすい塩酸　ちがう 〕から選んで（　）に書きましょう。

●鉄やアルミニウムに①（　　　　）を加えると、あわを出してとける。そして、できた液体の水を蒸発させると、もとの金属と見た目が②（　　　　）固体が出てくる。

わくわくたんてい団
鉄やアルミニウムに塩酸を加えると、金属の表面からあわが出てきます。このあわは、水素という空気より軽い気体です。

練習のワーク

勉強した日　　月　　日

教科書 104～108ページ　答え 13ページ

1 右の図のように、うすい塩酸を鉄(スチールウール)に加えました。次の問いに答えましょう。

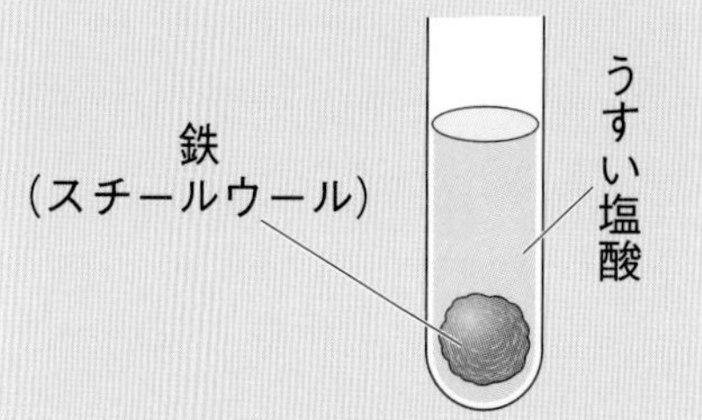

鉄
(スチールウール)
うすい塩酸
鉄にうすい塩酸を加える。

(1) この実験を行うときの注意として正しいものを、ア～ウから選びましょう。（　　）

ア　窓を閉めておく。

イ　うすい塩酸が皮ふについたら、すぐにタオルでよくふく。

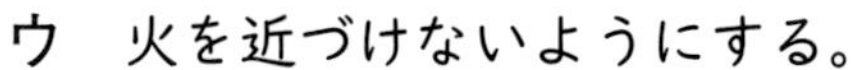

ウ　火を近づけないようにする。

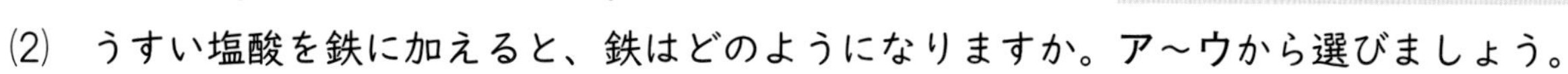

(2) うすい塩酸を鉄に加えると、鉄はどのようになりますか。ア～ウから選びましょう。（　　）

ア　あわを出してとける。

イ　あわを出さずにとける。

ウ　変化が見られない。

(3) 鉄の代わりに、アルミニウムにうすい塩酸を加えました。アルミニウムはどのようになりますか。ア～ウから選びましょう。（　　）

ア　あわを出してとける。

イ　あわを出さずにとける。

ウ　変化が見られない。

(4) うすい塩酸の代わりに、水を鉄やアルミニウムに加えると、変化は見られますか。（　　）

(5) 塩酸には鉄やアルミニウムなどの金属をとかすはたらきはありますか。（　　）

2 右の図のようにして、うすい塩酸に鉄をとかした液体を蒸発皿に取り、加熱して水を蒸発させました。次の問いに答えましょう。

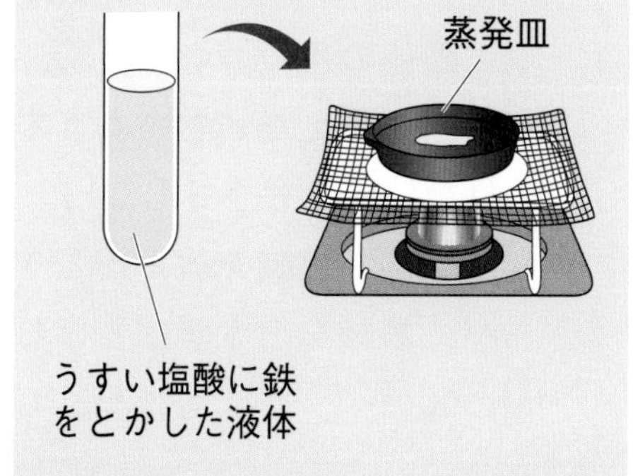

(1) 水を蒸発させたときの蒸発皿のようすを、ア～ウから選びましょう。（　　）

ア　白い固体が残った。

イ　銀色の固体が残った。

ウ　うすい黄色の固体が残った。

(2) 蒸発皿に残ったものは、もとの鉄と見た目が同じですか、ちがいますか。（　　）

(3) 鉄の代わりに、アルミニウムをうすい塩酸にとかした液体を加熱しました。この液体から水を蒸発させたときの蒸発皿のようすを、(1)のア～ウから選びましょう。（　　）

(4) 蒸発皿に残ったものは、もとのアルミニウムと見た目が同じですか、ちがいますか。（　　）

勉強した日　月　日

学習の目標
金属がとけた塩酸から出てくるものの性質を理解しよう。

2　水よう液と金属②

基本のワーク

教科書 109～113ページ　答え 13ページ

図を見て、あとの問いに答えましょう。

1 出てきた固体の性質

うすい塩酸に鉄がとけた液体　加熱する。

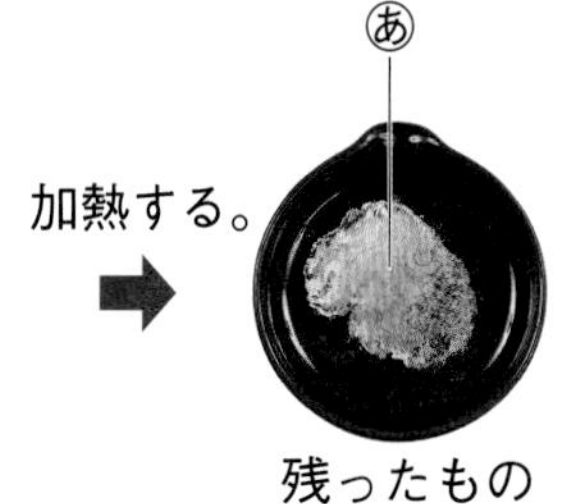

残ったもの

うすい塩酸にアルミニウムがとけた液体　加熱する。

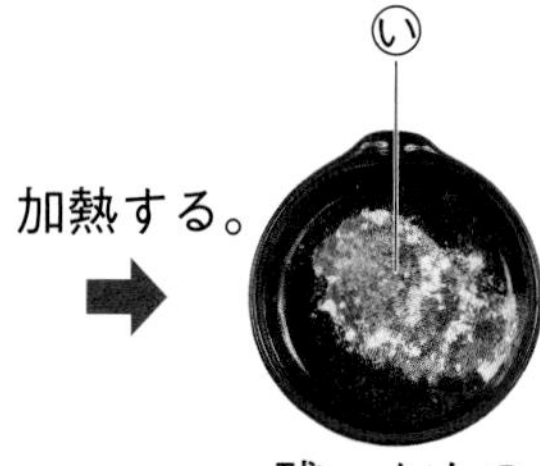

残ったもの

	鉄		アルミニウム	
	もとの金属	あ	もとの金属	い
見た目	黒っぽい銀色	①	白っぽい銀色	②
水を加える	③	④	とけない。	あわを出さずにとける。
うすい塩酸を加える	⑤	⑥	あわを出してとける。	⑦

あ、いの固体は、もとの金属と性質が⑧［　　］。

(1)　固体の色について、①、②の［　］に、うすい黄色か、白色かを書きましょう。

(2)　水を加えたときのようすについて、③、④の［　］に、あわを出さずにとけるか、とけないかを書きましょう。

(3)　うすい塩酸を加えたときのようすについて、⑤～⑦の［　］に、あわを出してとけるか、あわを出さずにとけるかを書きましょう。

(4)　⑧の［　］に、同じか、ちがうかを書きましょう。

まとめ　〔 うすい塩酸　ちがう 〕から選んで（　）に書きましょう。

●①（　　　　　　）に金属がとけた液体から水を蒸発させて出てきた固体の性質は、もとの金属の性質とは②（　　　　　）。

はってん　<性質が変化しにくい金属>塩酸は、鉄やアルミニウムをとかしますが、金や銀、銅などの金属をとかしません。特に、金は、ほとんどの水よう液にとけません。

練習のワーク

教科書　109～113ページ　　答え　13ページ

1　次の図のように、うすい塩酸に鉄をとかした液体を蒸発皿に取って熱すると、固体㋐が残りました。あとの問いに答えましょう。

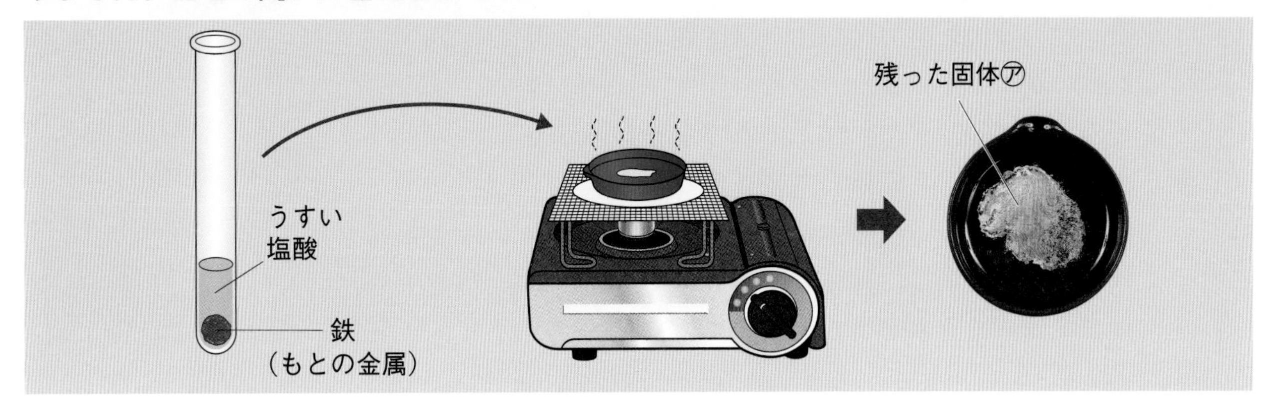

(1)　もとの金属と固体㋐の色に、ちがいはありますか。　（　　　　　　）

(2)　もとの金属と固体㋐に水を加えると、どのようになりますか。次のア～エから選びましょう。　（　　　）

ア　もとの金属はあわを出さずにとけるが、固体㋐はとけない。
イ　もとの金属はとけないが、固体㋐はあわを出さずにとける。
ウ　もとの金属も固体㋐もあわを出さずにとける。
エ　もとの金属も固体㋐もとけない。

(3)　もとの金属にうすい塩酸を加えると、どのようになりますか。次のア～ウから選びましょう。　（　　　）

ア　あわを出してとける。　　　イ　あわを出さずにとける。
ウ　とけない。

(4)　固体㋐にうすい塩酸を加えると、どのようになりますか。(3)のア～ウから選びましょう。　（　　　）

(5)　この実験から、うすい塩酸には鉄をどのようにするはたらきがあるとわかりますか。
（　　　　　　　　　　　　　　　　　　　　　　　　　）

2　右の図は、アルミニウムと、塩酸にアルミニウムをとかした液体から水を蒸発させて残った固体を表しています。次の問いに答えましょう。

(1)　アルミニウムを表しているのは、㋐、㋑のどちらですか。　（　　　）

(2)　㋐、㋑をそれぞれ試験管に入れ、うすい塩酸を加えると、どのようになりますか。次のア、イから選びましょう。

㋐（　　　）　㋑（　　　）

ア　あわを出してとける。
イ　あわを出さずにとける。

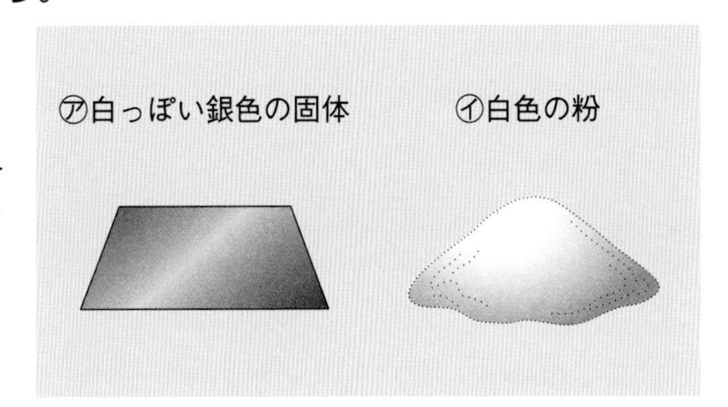

まとめのテスト②

5 水よう液の性質

勉強した日　　月　　日

時間20分

得点　　/100点

教科書 101〜113ページ　答え 13ページ

1 水よう液の性質 **うすい塩酸、うすいアンモニア水、食塩水を、青色と赤色のリトマス紙につけて、色の変化を調べました。次の問いに答えましょう。** 1つ4〔36点〕

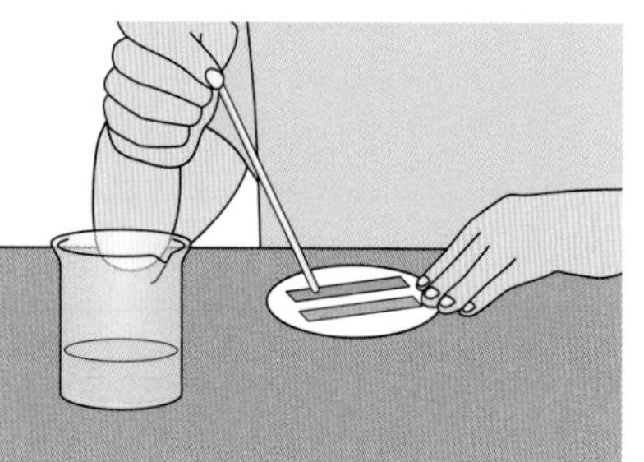

(1) これらの水よう液を青色と赤色のリトマス紙につけたとき、色はどのようになりますか。下の表の①〜⑥に当てはまる言葉を、それぞれ〔　〕から選んで書きましょう。

〔 青色に変わる。　赤色に変わる。　変わらない。 〕

(2) これらの水よう液は、何性の水よう液ですか。下の表の⑦〜⑨に当てはまる言葉を書きましょう。

	うすい塩酸	うすいアンモニア水	食塩水
青色のリトマス紙	①	②	③
赤色のリトマス紙	④	⑤	⑥
水よう液の性質	⑦　性	⑧　性	⑨　性

2 金属をとかす水よう液 **右の図のように、うすい塩酸を鉄(スチールウール)に加えました。次の問いに答えましょう。** 1つ4〔24点〕

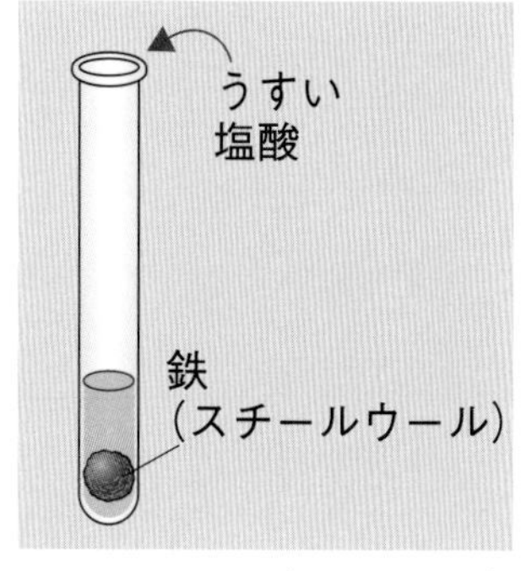

(1) 鉄はどのようになりますか。

(　　　　)

(2) うすい塩酸を加えてからしばらくした後、上ずみ液を蒸発皿に取り、弱火で加熱しました。このとき蒸発皿に残ったものについて、次の問いに答えましょう。

① 蒸発皿に残ったものは何色をしていますか。ア、イから選びましょう。(　　)

ア うすい黄色　イ 黒っぽい銀色

② 蒸発皿に残ったものにうすい塩酸を加えると、どのようになりますか。ア〜ウから選びましょう。(　　)

ア あわを出してとける。　イ あわを出さずにとける。　ウ とけない。

③ 蒸発皿に残ったものに水を加えるとどのようになりますか。②のア〜ウから選びましょう。(　　)

④ 鉄(スチールウール)に水を加えるとどのようになりますか。②のア〜ウから選びましょう。(　　)

⑤ 蒸発皿に残ったものは、もとの鉄と性質が同じですか、ちがいますか。

(　　　　)

よく出る　**3**　**金属をとかす水よう液**　**次の図の㋐～㋓のように、鉄（スチールウール）とアルミニウムはくに、うすい塩酸とうすい水酸化ナトリウム水よう液を加えました。あとの問いに答えましょう。**

1つ4〔16点〕

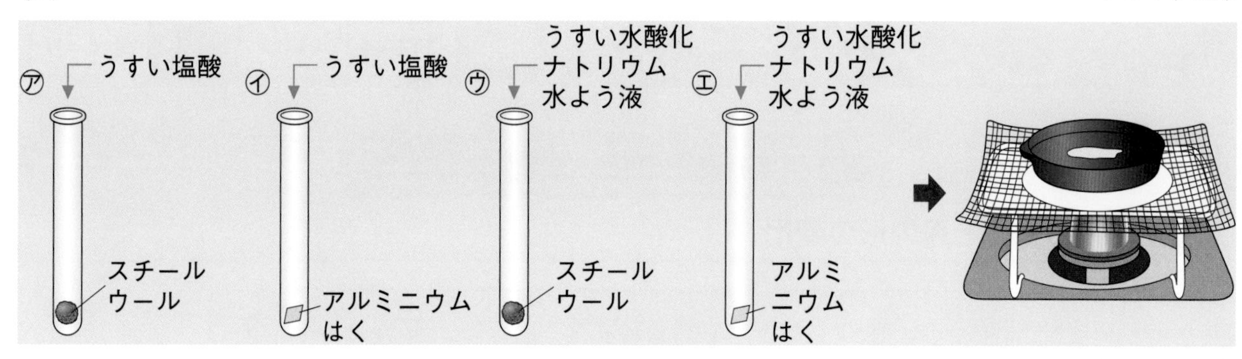

(1)　㋐～㋓のうち、金属に変化が見られないのはどれですか。　（　　　）

(2)　しばらくしてから、㋑の上ずみ液を蒸発皿に取り、弱火で加熱しました。蒸発皿に残ったものは何色をしていますか。次のア～ウから選びましょう。　（　　　）

ア　銀色　　イ　白色　　ウ　うすい黄色

(3)　(2)で蒸発皿に残ったものにうすい塩酸を加えると、どのようになりますか。次のア～ウから選びましょう。　（　　　）

ア　あわを出してとける。

イ　あわを出さずにとける。

ウ　あわを出すがとけない。

記述　(4)　(2)、(3)から、うすい塩酸には、アルミニウムをどのようにするはたらきがあることがわかりますか。

（　　　　　　　　　　　　　　　　　　　　）

チャレンジ！　**4**　**水よう液の区別**　**次の㋐～㋔には、うすいアンモニア水、石灰水、炭酸水、うすい塩酸、食塩水が入っています。あとの問いに答えましょう。**

1つ4〔24点〕

実験1　㋐の水よう液から、あわが出ていた。

実験2　㋑の水よう液をアルミニウムに加えると、あわを出してとけた。

実験3　㋐の水よう液と㋓の水よう液を混ぜ合わせると、白くにごった。

実験4　㋒の水よう液と㋓の水よう液を赤色のリトマス紙につけると、青色に変わった。

(1)　実験4で、赤色のリトマス紙を青色に変えるのは、何性の水よう液ですか。

（　　　　　　）

(2)　実験1～4から、㋐～㋔の水よう液はそれぞれ何だとわかりますか。

㋐（　　　　）　㋑（　　　　）　㋒（　　　　）

㋓（　　　　）　㋔（　　　　）

勉強した日 月 日

1 月の形の変化と太陽

基本のワーク

学習の目標
月の見え方が日によって変わる理由を理解しよう。

教科書 114〜123ページ　答え 14ページ

図を見て、あとの問いに答えましょう。

1 月の位置と月の形の変化

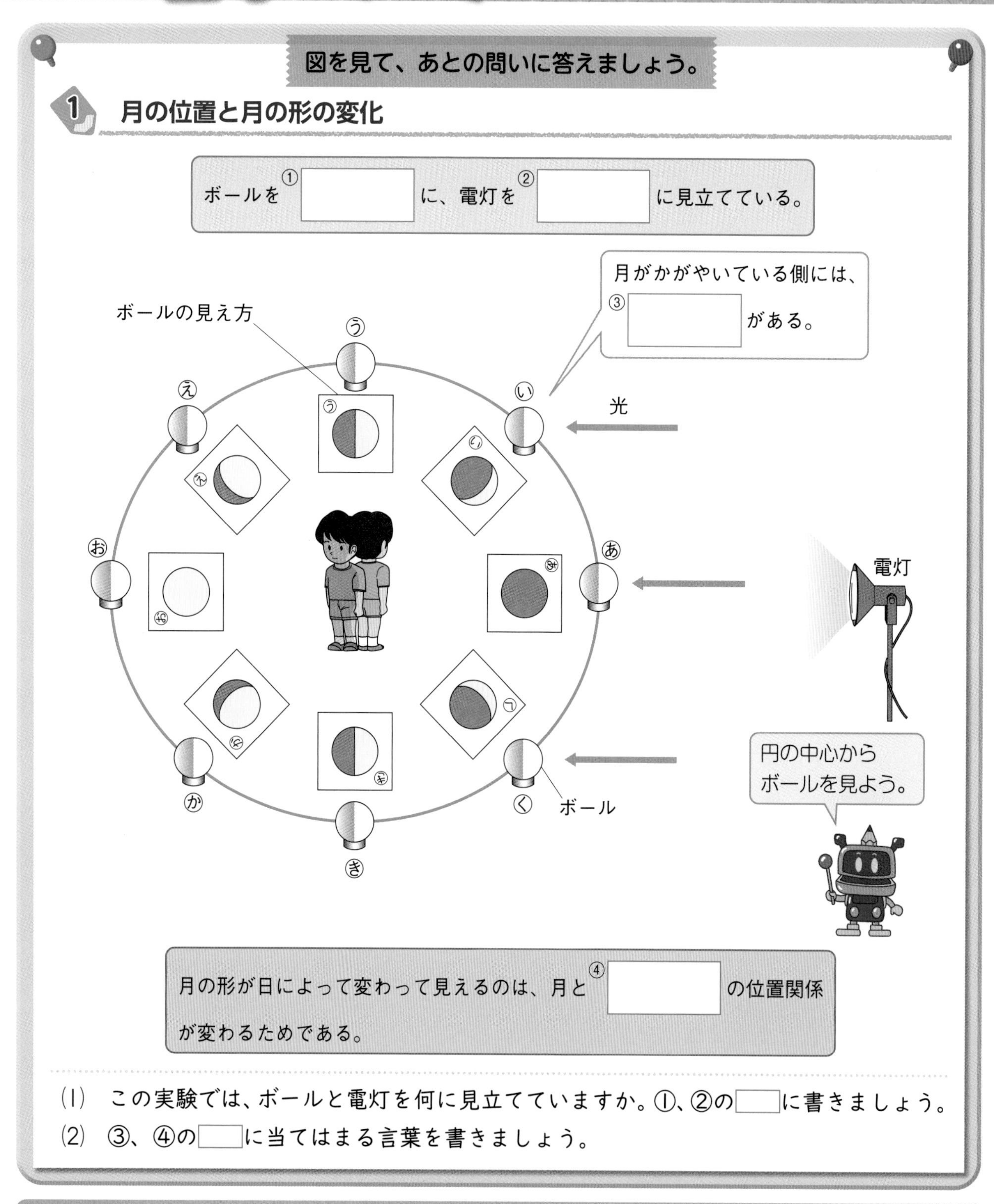

(1) この実験では、ボールと電灯を何に見立てていますか。①、②の□に書きましょう。

(2) ③、④の□に当てはまる言葉を書きましょう。

まとめ 〔 かがやいている　位置関係 〕から選んで（　）に書きましょう。

- 月の①（　　　　　）側に太陽がある。
- 月の形は、月と太陽の②（　　　　　）によって変わって見える。

<わく星と衛星>地球のように、太陽の周りを回っている天体を「わく星」といい、月のように、わく星の周りを回っている天体を「衛星」といいます。

練習のワーク

教科書 114～123ページ　答え 14ページ

できた数　/11問中

1 次の図は、ある日の夕方、太陽と月の位置を観察したものです。あとの問いに答えましょう。

(1) 月のかがやいている側には、何がありますか。　(　　　)

(2) 数日後、同じ時刻(じこく)に同じ場所で観察すると、月の位置と見える形は、どのようになっていますか。ア～ウから選びましょう。　(　　)

ア　月の位置は変わっているが、見える形は変わっていない。

イ　月の位置は変わっていないが、見える形は変わっている。

ウ　月の位置も見える形も変わっている。

2 次の図のように、暗くした部屋で、ボールを月に、電灯を太陽に見立ててボールの位置を動かし、中心の人から見た形の変化を調べました。あとの問いに答えましょう。

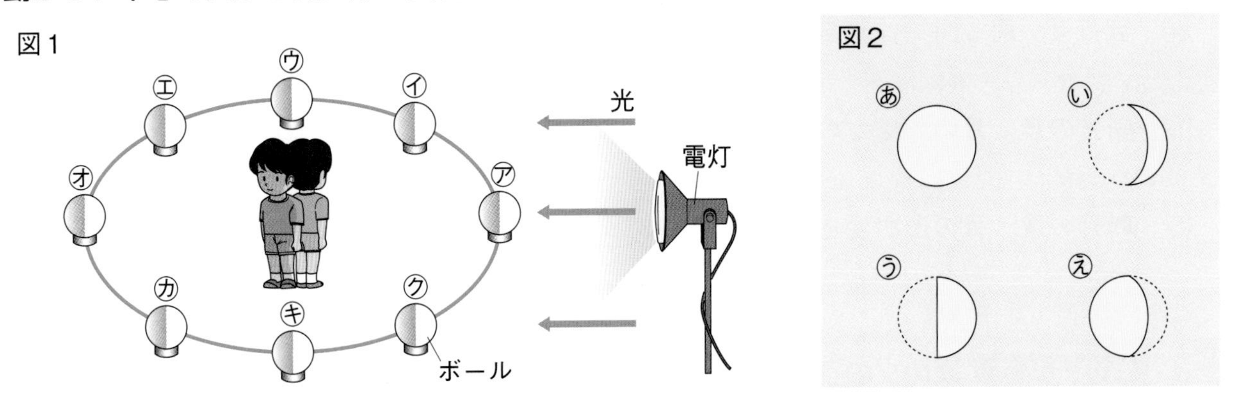

(1) 図１の㋑、㋒、㋔、㋕の位置にあるボールの照らされた部分は、それぞれどのような形に見えますか。図２のあ～えから選びましょう。

㋑(　　　)　㋒(　　　)　㋔(　　　)　㋕(　　　)

(2) 図１の㋑、㋔の位置にあるボールと同じ見え方をする形の月を、それぞれ何といいますか。

㋑(　　　)　㋔(　　　)

(3) ボールの照らされた部分が見えないのは、図１の㋐～㋗のどの位置にあるときですか。　(　　)

(4) 地球からは見ることができない月を何といいますか。　(　　　)

(5) 日によって月の形が変わって見えるのは、月と何の位置関係が変わるからだとわかりますか。　(　　　)

勉強した日　月　日

6　月と太陽

時間20分

得点　/100点

教科書 114～123ページ　答え 15ページ

よく出る **1** 月の形　図1は、ある日に見えた月を観察したものです。あとの問いに答えましょう。

1つ4〔32点〕

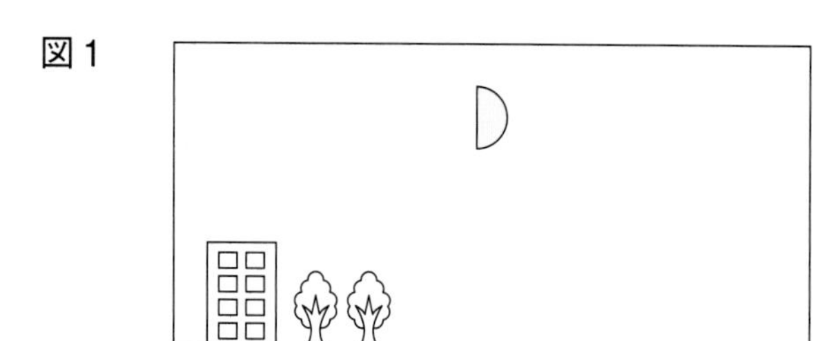

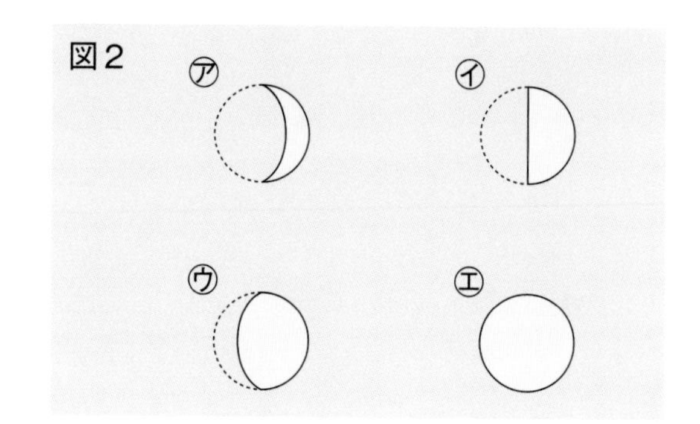

(1)　図1で、太陽は東と西のどちらの方向にありますか。（　　）

(2)　(1)のように答えた理由を、次のア～ウから選びましょう。（　　）

ア　月が南の空にあるときは、太陽はいつも(1)の方向にあるから。

イ　太陽は、いつも月のかがやいている側にあるから。

ウ　太陽は、いつも月のかがやいていない側にあるから。

(3)　図2の㋐、㋑、㋓のような形に見える月を、それぞれ何といいますか。

㋐（　　）㋑（　　）㋓（　　）

(4)　数日後、同じ時刻に月を観察すると、見える位置は変わっていますか。

（　　）

(5)　新月（しんげつ）の後、月の形はどのように変わっていきますか。図2の㋐～㋓を正しい順に並べましょう。（新月 →　　→　　→　　→　　）

(6)　新月の後、月の形が変化して、また新月になるまで、約何か月かかりますか。

（　　）

2 月のようす　次の文のうち、正しいものには○、まちがっているものには×をつけましょう。

1つ3〔27点〕

①（　　）月は、自ら光を出してかがやいている。

②（　　）月は球形である。

③（　　）月を観察するときは、しゃ光板（こうばん）を使う。

チャレンジ！

④（　　）月には、クレーターとよばれるくぼみがたくさんある。

⑤（　　）太陽と月の位置関係は、いつも同じである。

⑥（　　）太陽が出ている間は、月を見ることができない。

⑦（　　）よく晴れた夜でも、月を見ることができない日がある。

⑧（　　）月の形の見え方が変化し、もとの形にもどるまで、約1週間かかる。

⑨（　　）月は、太陽に近い側にあると細く、遠い側にあると満月（まんげつ）に近い形に見える。

よく出る **3** **月の形の見え方** **ボールと電灯を使って、月の形の見え方について調べました。あとの問いに答えましょう。**

1つ3〔27点〕

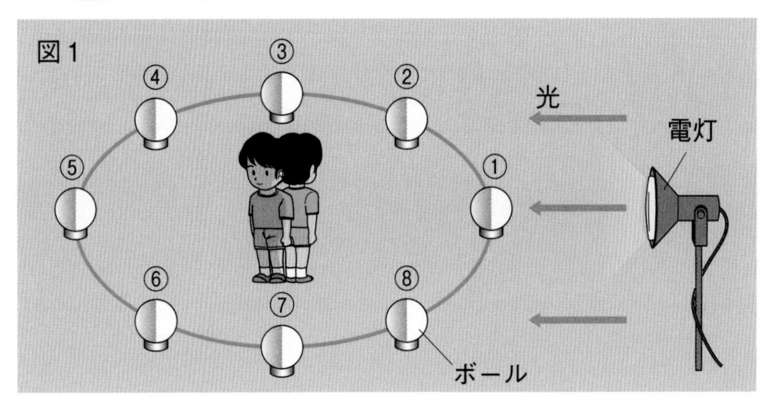

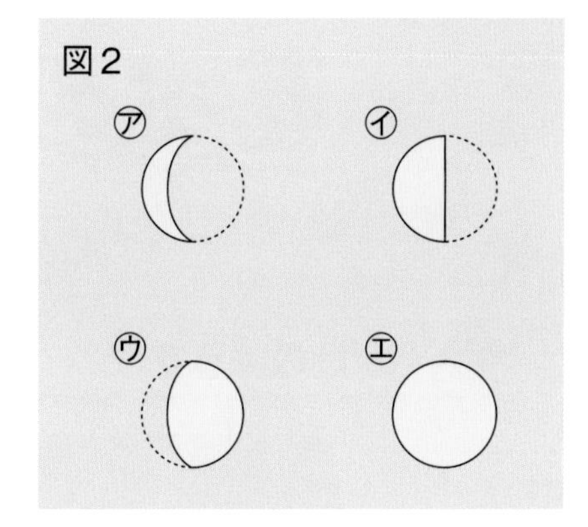

(1)　この実験では、ボール、電灯、中心の人を何に見立てていますか。それぞれ下の〔　〕から選んで書きましょう。

ボール(　　　　)　電灯(　　　　)　人(　　　　)

〔　太陽　　地球　　月　〕

(2)　ボールが図2の㋐～㋓の形に見えるのは、どの位置にあるときですか。図1の①～⑧からそれぞれ選びましょう。　㋐(　　)　㋑(　　)　㋒(　　)　㋓(　　)

(3)　ボールの光っている部分が見えないのは、どの位置にあるときですか。図1の①～⑧から選びましょう。　(　　)

記述 (4)　この実験から、月の形が日によって変わって見えるのはなぜだと考えられますか。「月」と「太陽」という言葉を使って書きましょう。

(　　　　　　　　　　　　)

チャレンジ! **4** **月の見え方の変化** **次の図の㋐は、ある日の夕方に観察した月、㋑はそれから2日後に同じ時刻と場所で観察した月を表しています。ただし、太陽はどちらの日もほぼ同じ位置に見えました。あとの問いに答えましょう。**

1つ7〔14点〕

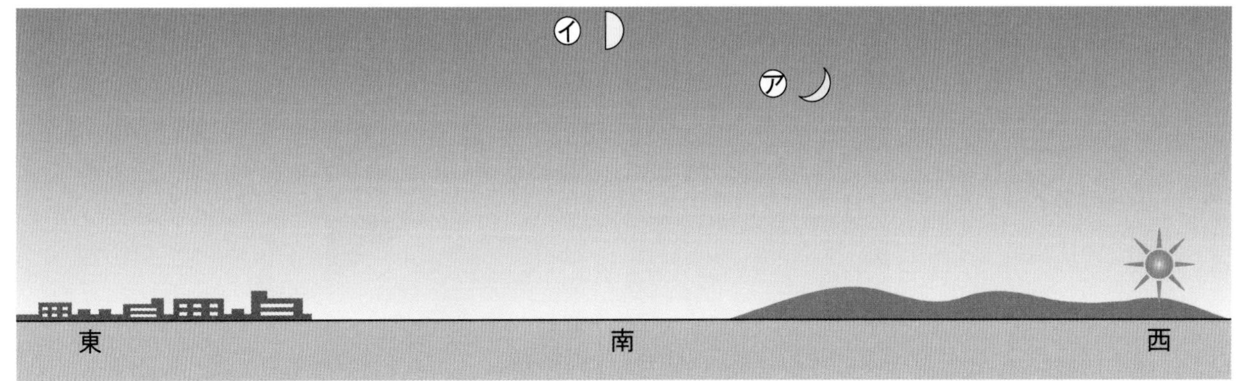

(1)　㋑を観察した後も数日おきに同じ時刻に観察を続けました。月の位置はどのようになっていきますか。次のア、イから選びましょう。　(　　)

ア　太陽に近づいていく。

イ　太陽から遠くなっていく。

(2)　㋑を観察してから1週間後の同じ時刻に観察すると、満月が見られました。どの方位で見られましたか。次のア～エから選びましょう。　(　　)

ア　北　　イ　南　　ウ　東　　エ　西

勉強した日　月　日

1　大地のつくり①

基本のワーク

学習の目標

地層のつくりや、地層の調べ方を理解しよう。

教科書 124～130ページ　答え 16ページ

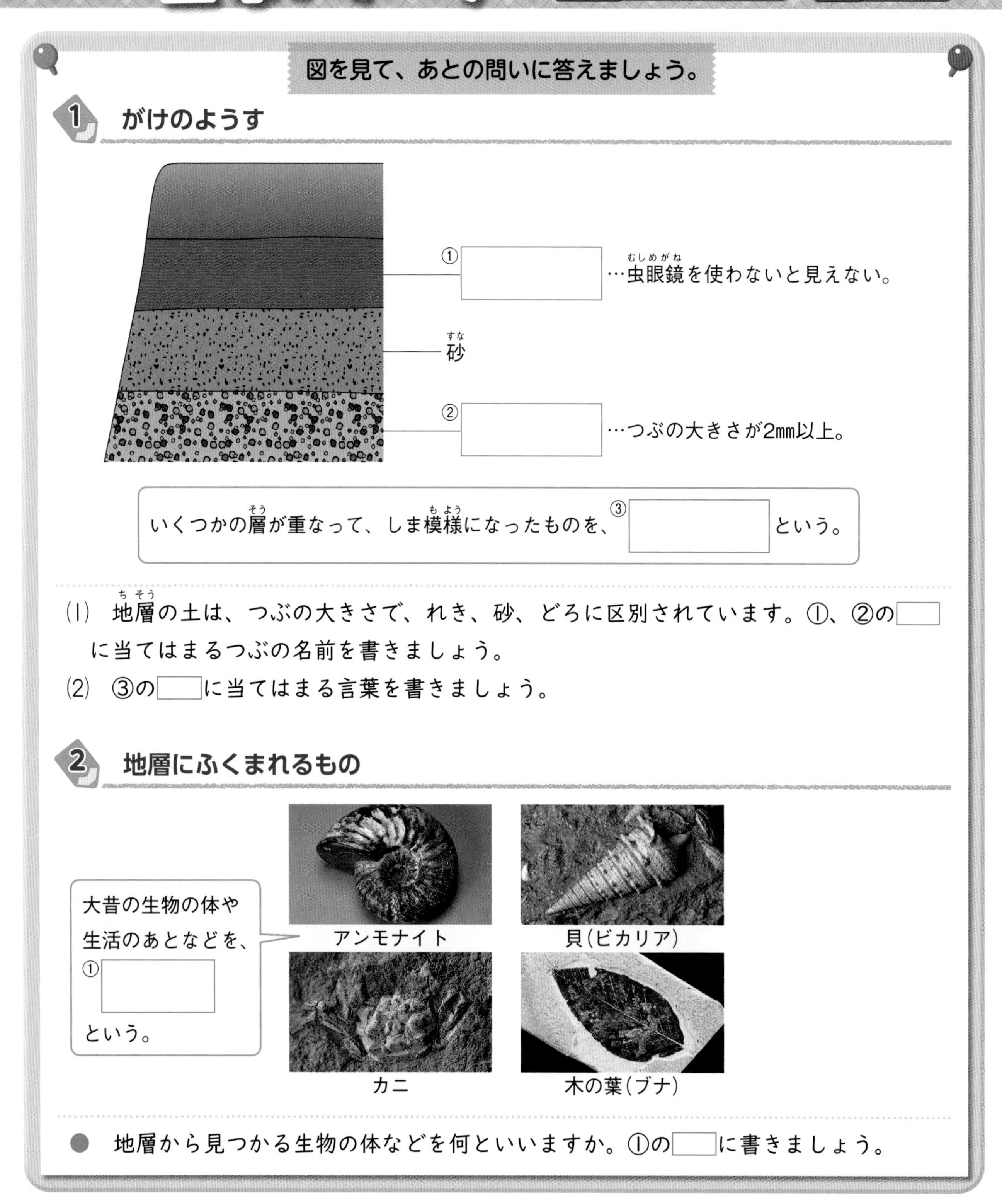

図を見て、あとの問いに答えましょう。

1 がけのようす

いくつかの層(そう)が重なって、しま模様(もよう)になったものを、③□という。

(1)　地層(ちそう)の土は、つぶの大きさで、れき、砂、どろに区別されています。①、②の□に当てはまるつぶの名前を書きましょう。

(2)　③の□に当てはまる言葉を書きましょう。

2 地層にふくまれるもの

大昔の生物の体や生活のあとなどを、①□という。

アンモナイト　貝（ビカリア）

カニ　木の葉（ブナ）

● 地層から見つかる生物の体などを何といいますか。①の□に書きましょう。

まとめ

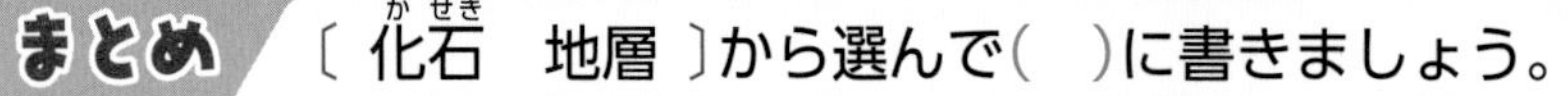

〔 化石(かせき)　地層 〕から選んで（　）に書きましょう。

●①（　　　　）は、れき、砂、どろ、火山灰(かざんばい)などが層になっている。

●地層にふくまれていることがある、大昔の生物の体や生活のあとを、②（　　　　）という。

わくわくたんてい団

地層には、しま模様がななめに重なっているものがあります。これは、地層がおし上げられるときに、水平ではなく、かたむいておし上げられたからです。

練習のワーク

教科書 124〜130ページ 答え 16ページ

できた数 ／8問中

1 次の図１は、あるがけを観察したものです。あとの問いに答えましょう。

図１

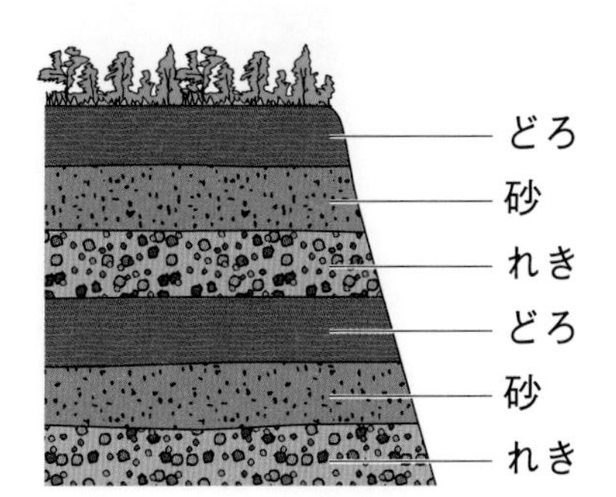

図２

(1) 図１のように、層が重なっているものを何といいますか。（　　　）

(2) 層をつくる、れき、砂、どろのうち、つぶの大きさがいちばん小さいものはどれですか。（　　　）

(3) れきはどのようなつぶですか。ア〜ウから選びましょう。（　　　）

ア　大きさが2cm以上のつぶ

イ　大きさが2mm以上のつぶ

ウ　大きさが2mm以下のつぶ

(4) 層をつくっているものには、れき、砂、どろ以外に、火山の噴火（ふんか）によってふき出た、小さなつぶもあります。これを何といいますか。（　　　）

(5) 図２は、観察したがけから見つかったものです。図２のような、大昔の生物の体や生活のあとなどを何といいますか。（　　　）

(6) 図１のような層は、横やおくにも広がっていますか。（　　　）

2 次の図１は、ある土地の調査をしているようすです。あとの問いに答えましょう。

図１

図２

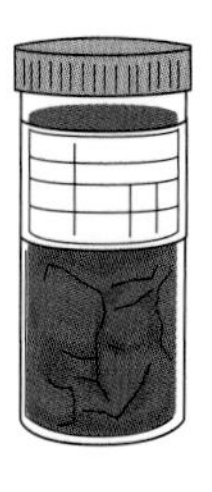

(1) 図２は、この調査によってほり取られて、保管されていたものです。これを何といいますか。（　　　）

(2) 図２のものについて、正しいものをア、イから選びましょう。（　　　）

ア　つぶのようすや、ほり取った深さを知ることができる。

イ　つぶのようすは知ることができるが、ほり取った深さは知ることができない。

1　大地のつくり②

基本のワーク

学習の目標
火山の噴火による地層のでき方を理解しよう。

教科書 128、131～132ページ　答え 16ページ

図を見て、あとの問いに答えましょう。

1 火山のはたらきでできる地層

火山の噴火で、①[　　]などが降り積もってできた地層。

火山が噴火すると、火山灰が遠くまで飛ぶことが②[　　]。

● ①、②の[　]にあてはまる言葉を書きましょう。

2 火山灰の観察

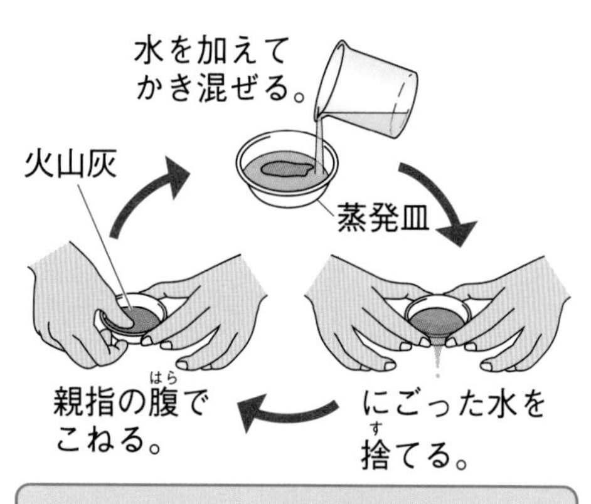

水がにごらなくなるまで、くり返してから、ペトリ皿に移して観察する。

火山灰のつぶ

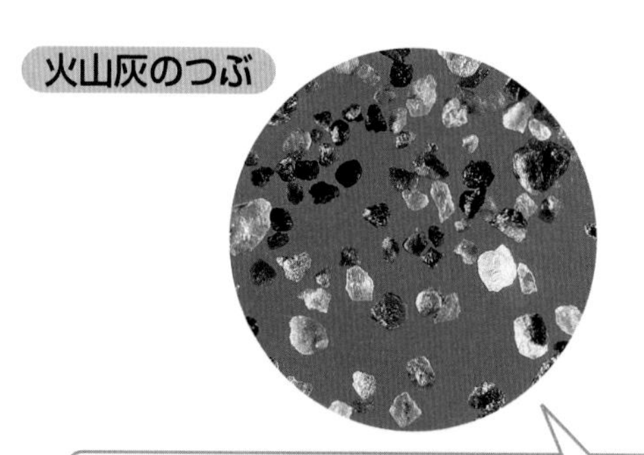

①[　　]つぶが多い。
ガラスのように、とうめいなつぶもある。

● 火山灰のつぶは、海岸の砂のつぶと比べて、丸みがありますか、角ばっていますか。①の[　]に書きましょう。

まとめ　〔 火山灰　角ばった 〕から選んで（　）に書きましょう。

● 地層には、①（　　　　）が降り積もってできたものがある。
● 火山灰のつぶは、②（　　　　）ものが多く、ガラスのようにとうめいなものもある。

わくわくたんてい団　火山灰はとても小さなつぶなので、火山の噴火でふき上がると、風に乗って飛ばされます。数百キロメートルもはなれた場所で、同じ火山灰の層が見つかることもあります。

練習のワーク

できた数 ／6問中

教科書 128、131～132ページ　答え 16ページ

1 **図1は、がけに見られた地層を表したものです。図2は、図1の地層のれきの層のようすを表しています。図3は、図1のある層にふくまれていたつぶを、そう眼実体けんび鏡で観察したものです。あとの問いに答えましょう。**

図1

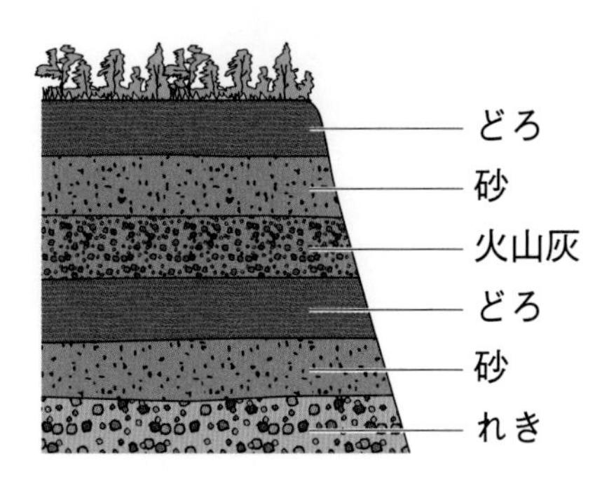

図2

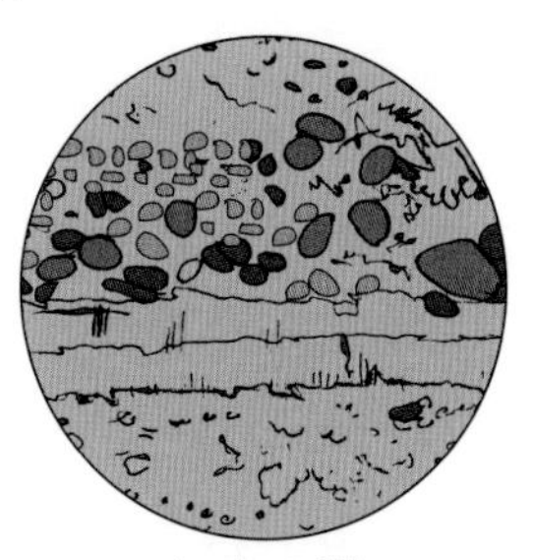

れきの層

図3

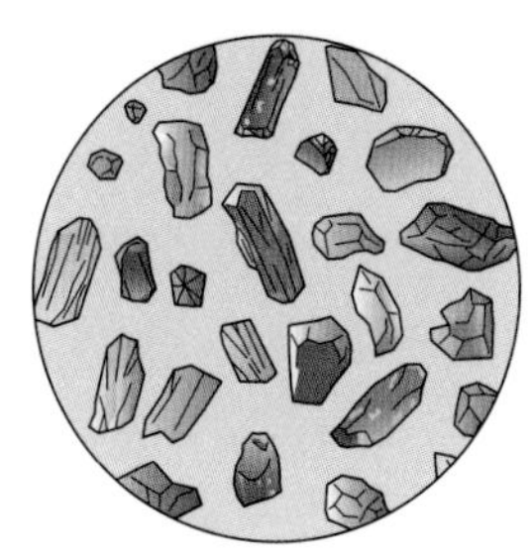

(1) 図3は、図1のどの層のつぶを観察したものですか。ア～エから選びましょう。（　　）

ア　どろの層　　イ　砂の層　　ウ　火山灰の層　　エ　れきの層

(2) 図3のつぶがふくまれる層は、何のはたらきでたい積しましたか。ア、イから選びましょう。（　　）

ア　山火事によるはたらき

イ　火山のはたらき

(3) 図2のつぶと比べて、図3のつぶは、丸みがありますか、角ばっていますか。（　　）

2 **右の写真は、火山灰をそう眼実体けんび鏡で観察したものです。次の問いに答えましょう。**

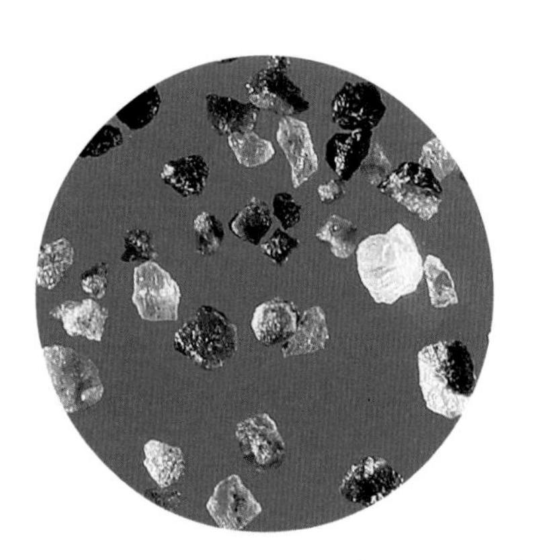

(1) 火山灰は、どのようにしてから、そう眼実体けんび鏡で観察しますか。ア、イから選びましょう。（　　）

ア　火山灰をうすい塩酸に入れ、表面のよごれをとかす。

イ　火山灰を蒸発皿に入れ、水で何回も洗う。

(2) 火山灰のつぶの特ちょうとして正しいものを、ア～ウから選びましょう。（　　）

ア　砂のつぶのようにさらさらしていて、丸い形のつぶが見られる。

イ　角ばったつぶが多く、ガラスのようなとうめいなつぶも見られる。

ウ　紙を燃やした後に残る灰によく似ていて、白くてやわらかい。

(3) 火山灰の特ちょうとして正しいものを、ア、イから選びましょう。（　　）

ア　火山から遠くはなれた場所でも積もることがある。

イ　火山に近い地域に積もり、遠くまで飛ばされることはない。

まとめのテスト①

7　大地のつくりと変化

時間 20分

得点　/100点

教科書 124～132、153ページ　答え 16ページ

1　地層の広がり　右の図は、切り通しの向かい合っている２つのがけのようすで、それぞれの表面には地層が見られました。あとの問いに答えましょう。　１つ６〔24点〕

⑴　図の地層は、おくにも広がっていますか。

（　　　　　　　　）

⑵　図の㋐と㋑の層は、右側のどの層とつながっていたと考えられますか。㋒～㋙からそれぞれ選びましょう。

㋐（　　　　）　㋑（　　　　）

⑶　地層についての説明として正しい文を、ア～ウから選びましょう。　（　　　　）

ア　層の色はすべて同じである。

イ　層の厚さはすべて同じである。

ウ　火山灰をふくむ層が見つかることがある。

2　地下のようすの調査　大きな建物を建てるときは、地下のようすを調べるために、右の図１のようにして、地下の土や岩石をほりとって、ほりとったものを調べます。図２は、ほりとられて保管されていたもので、図３は、これらの色やつぶの大きさ、形などを調べることによって、あるところの地下のようすを深さで表わして図にまとめたものです。次の問いに答えましょう。　１つ６〔24点〕

図１

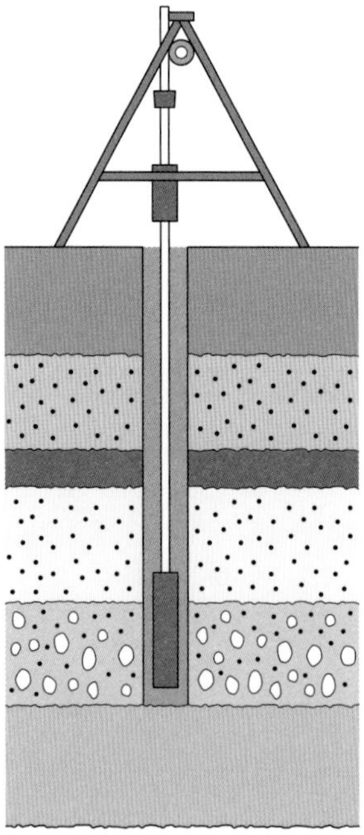

図２

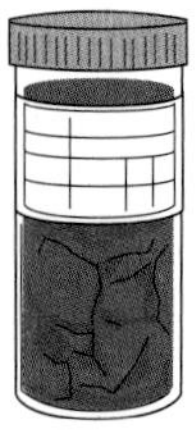

図３

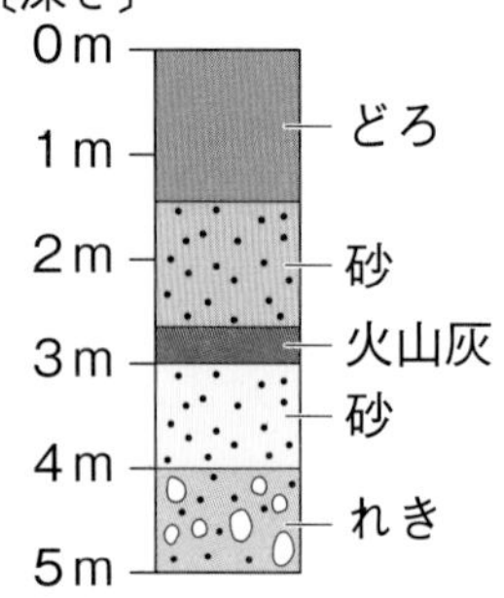

〔深さ〕

深さ	地層
0m～1.5m	どろ
1.5m～2.7m	砂
2.7m～3m	火山灰
3m～4m	砂
4m～5m	れき

⑴　図１のような設備で、地下の土や岩石をほりとることを何といいますか。

（　　　　　　　　）

⑵　図２のように、地下の土や岩石をほりとったものを何といいますか。

（　　　　　　　　）

⑶　地下のようすが図３のようになっていた地点で、真下に3.5mほると、何が見られますか。ア～エから選びましょう。　（　　　　）

ア　どろ　　イ　砂　　ウ　れき　　エ　火山灰

⑷　湖の底で、同じような操作を行って土や岩石をほりとったとき、ケイソウなどの水中の生物の死がいのあとが見られることはありますか。ア、イから選びましょう。　（　　　　）

ア　ある。

イ　ない。

3 **地層にふくまれるもの** **ある地層のどろの層から、右の写真のような生物の体のあとが発見されました。次の問いに答えましょう。**

1つ6〔24点〕

(1) 右の写真は、何という生物のあとですか。

（　　　　　　　　　　）

(2) 右の写真のような、大昔の生物の体や生活のあとなどを何といいますか。（　　　　　　　　　　）

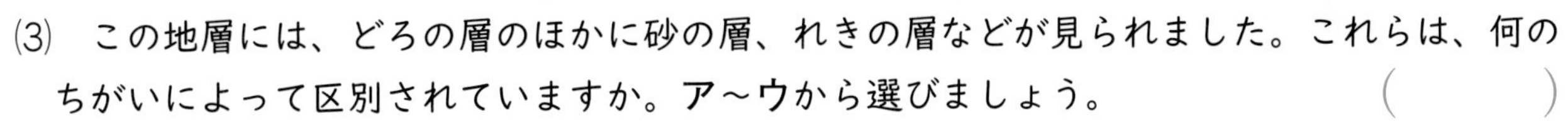

(3) この地層には、どろの層のほかに砂の層、れきの層などが見られました。これらは、何のちがいによって区別されていますか。ア～ウから選びましょう。（　　　　）

ア　つぶの色

イ　つぶの形

ウ　つぶの大きさ

(4) (2)は、どのようにして地上で見られるようになったと考えられますか。㋐が最後として、㋑～㋓を正しい順にならべましょう。（　　　→　　　→　　　→　㋐　）

㋐

㋑

㋒

㋓

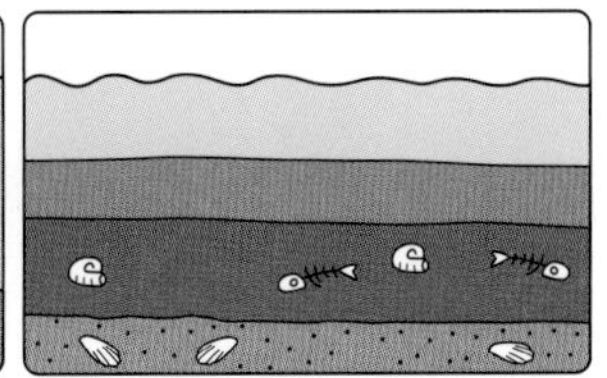

4 **火山灰の観察** **右の図の㋐、㋑は、火山灰と海岸の砂のいずれかを、そう眼実体けんび鏡で観察したようすです。次の問いに答えましょう。**

1つ4〔28点〕

㋐

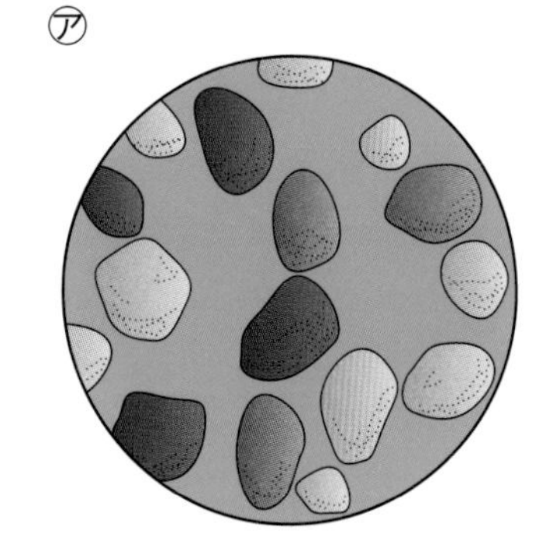

㋑

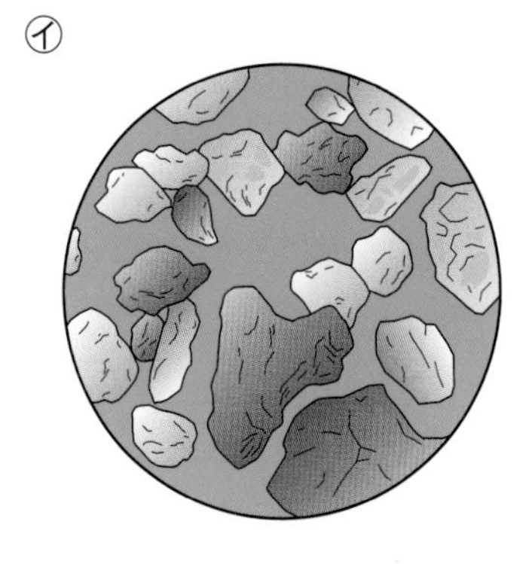

(1) 火山灰のつぶの図を、㋐、㋑から選びましょう。

（　　　　）

記述

(2) (1)で選んだ理由として、火山灰のつぶと海岸の砂のつぶの形のちがいを書きましょう。

（　　　　　　　　　　　　　　　　　　　　　　　　　　　　）

(3) そう眼実体けんび鏡で観察する前に、火山灰をどのようにしますか。ア～ウから選びましょう。（　　　　）

ア　火山灰を蒸発皿に入れ、水で何回も洗う。

イ　火山灰をかわいたタオルでよくこする。

ウ　ハンマーでたたき、火山灰を細かくする。

(4) 火山灰の特ちょうとして、正しいものには○、まちがっているものには×をつけましょう。

①（　　　）木が燃えてできる灰のつぶと似ている。

②（　　　）ガラスのようなとうめいなつぶも見られる。

③（　　　）火山灰は地層をつくることがある。

④（　　　）火山灰は重いので、火山に近い地域だけに降り積もる。

勉強した日　月　日

2　地層のでき方

基本のワーク

学習の目標
地層がどのようにしてできるかを理解しよう。

教科書 133〜137ページ　答え 17ページ

図を見て、あとの問いに答えましょう。

1 水のはたらきによる地層のでき方

(1) ペットボトルをふった後、静かに置いておくと、どのようにたい積しますか。①〜③の□に、れきか砂かどろのどれかを書きましょう。

(2) ④の□に当てはまる言葉を書きましょう。

2 地層にふくまれるもの

● ①〜③の□に岩石の名前を書きましょう。

まとめ　〔 つぶの大きさ　れき岩 〕から選んで(　)に書きましょう。

●水のはたらきで運ぱんされた土は、①(　　　)で分かれてたい積する。

●たい積したれき、砂、どろが長い年月の間に固まると、②(　　　)、砂岩(さがん)、でい岩になる。

シーラカンスという魚は絶めつしたと考えられていましたが、南アフリカで発見されました。現代のものと化石のものが似ているため、「生きた化石」と呼ばれています。

できた数　／9問中

教科書 133～137ページ　答え 17ページ

1 次の図のような装置(そうち)を組み立て、れき、砂、どろを混ぜた土をといにのせ、水で少しずつ水そうに流しこみました。あとの問いに答えましょう。

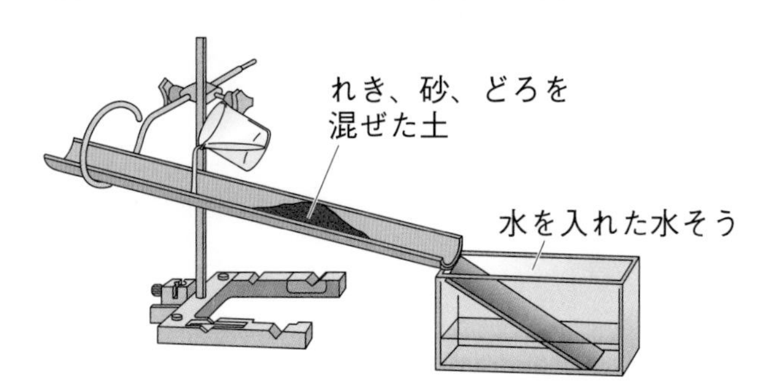

(1) れき、砂、どろを、つぶが大きいものから順に並べましょう。
（　　→　　→　　）

(2) この実験で、土はどのようにたい積しますか。ア～ウから選びましょう。（　　）

ア　れき、砂、どろが混ざったままたい積する。

イ　下から、れき、砂、どろの順に、層になってたい積する。

ウ　下から、どろ、砂、れきの順に、層になってたい積する。

(3) 土を2度流しこむと、2度めの層はどのようにたい積しますか。ア、イから選びましょう。
（　　）

ア　1度めの層の上にたい積する。

イ　1度めの層の下にたい積する。

2 次の写真は、ある地層にふくまれていた岩石です。あとの問いに答えましょう。

㋐

㋑

㋒

つぶの大きさで3つに分けるよ。

(1) 次の文は、㋐～㋒の岩石について説明したものです。（　）に当てはまる言葉を、下の〔　〕から選んで書きましょう。

㋐は、砂より細かいつぶである①（　　）が固まっている。
㋑は、②（　　）が砂などと混じって、固まっている。
㋒は、同じような大きさの③（　　）のつぶが固まっている。

〔　砂　　どろ　　れき　　化石　　火山灰　〕

(2) ㋐～㋒の岩石を、それぞれ何といいますか。
㋐（　　）　㋑（　　）　㋒（　　）

勉強した日　月　日

3　火山や地震と大地の変化

基本のワーク

学習の目標
火山活動や地震による大地の変化を理解しよう。

教科書 138～153ページ　答え 18ページ

図を見て、あとの問いに答えましょう。

1 火山活動による大地の変化

①［　　　］がふき出る。

②［　　　］が流れ出す。

大地の変化の例
・山ができる。
・くぼ地に水がたまり、湖ができる。

災害の例
・火山灰やよう岩で家や田畑がうまる。
・土石流（どせきりゅう）が発生する。

● 火山が噴火すると、火口から何が出てきますか。①、②の［　］に当てはまる言葉を書きましょう。

2 地震（じしん）による大地の変化

大地の変化の例
・山くずれ。
・土地の①［　　　］がかわる。
・②［　　　］（写真のような大地のずれ）。

災害の例
・建物がこわれる。
・海から③［　　　］がおし寄せる。

(1) 地震によって、大地にどのような変化が起こりますか。①、②の［　］に当てはまる言葉を次の〔　〕から選んで書きましょう。　〔 断層　　高さ 〕

(2) 海底の地下で地震が起こると発生し、おし寄せることのある波を何といいますか。③の［　］に書きましょう。

まとめ 〔 地震　火山活動 〕から選んで（　）に書きましょう。

●①（　　　　）によって、山や湖ができるなど、大地が変化することがある。

●②（　　　　）が起こると、断層（だんそう）が地表に現れるなど、大地が変化することがある。

<地震に関する言葉>震源（しんげん）は地震が起こった場所、震度（しんど）は地震のゆれの大きさ、マグニチュードは地震の規模（きぼ）の大きさを表しています。

練習のワーク

教科書 138〜153ページ　答え 18ページ

できた数　／8問中

SDGs **1** 図1は火山の噴火のようすを表したものです。図2は北海道の昭和新山、図3は火山の噴火による災害のようすを表したものです。あとの問いに答えましょう。

図1

図2

図3

(1) 図1で、火山が噴火したときに火口から流れ出る、㋐を何といいますか。
（　　　　）

(2) 図1で、火山が噴火したときに広いはんいに降り積もる、㋑を何といいますか。
（　　　　）

(3) 図2の昭和新山は、地震と火山活動のどちらによってできた山ですか。
（　　　　）

(4) 図3で、家や畑は何によってうまってしまいましたか。次のア、イから選びましょう。
（　　）

ア　火山灰やよう岩　　イ　山林が燃えた灰

SDGs **2** 次の図は、地震による大地の変化と災害を表したものです。あとの問いに答えましょう。

図1

図2

図3

(1) 地震によって、図1のような大地のずれが地表に現れることがあります。このずれを何といいますか。ア〜エから選びましょう。
（　　）

ア　液状化　　イ　山くずれ　　ウ　津波　　エ　断層

(2) 地震が起こったとき、図2のように土砂や岩石で道路がふさがれることがあります。これを何といいますか。(1)のア〜エから選びましょう。
（　　）

(3) 地震が起こったとき、図3のように地面が液体のようになることがあります。これを何といいますか。(1)のア〜エから選びましょう。
（　　）

(4) 地震によって生じることがある、海岸におし寄せる波を何といいますか。(1)のア〜エから選びましょう。
（　　）

まとめのテスト②

7 大地のつくりと変化

勉強した日 月 日

時間 20分

得点 /100点

教科書 133〜153ページ 答え 18ページ

1 地層のでき方 図１のように、れき・砂・どろが混ざった土と水をペットボトルに入れました。次に、図２のように、ふたをしてから、ペットボトルをよくふり混ぜた後、静かに置いておきました。次の問いに答えましょう。 1つ4〔16点〕

図１

水

れき・砂・どろが混ざった土

図２

ふる。

(1) ペットボトルをしばらく置いておくと、れき・砂・どろはどのような順にたい積しますか。下から順に書きましょう。

（ → → ）

(2) 次の文は実験の結果についてまとめたものです。（ ）にあてはまる言葉を書きましょう。

れき・砂・どろのうち、最もつぶが大きい①（ ）が最初にしずみ、最もつぶが小さい②（ ）が最後にしずむ。このように、水のはたらきによって運ぱんされた土は、つぶの大きさで分かれ、順に③（ ）する。

よく出る **2** 地層のでき方 図１のような装置を組み立て、どろと砂を混ぜた土をといにのせ、水で少しずつ水そうに流しこみました。あとの問いに答えましょう。 1つ4〔20点〕

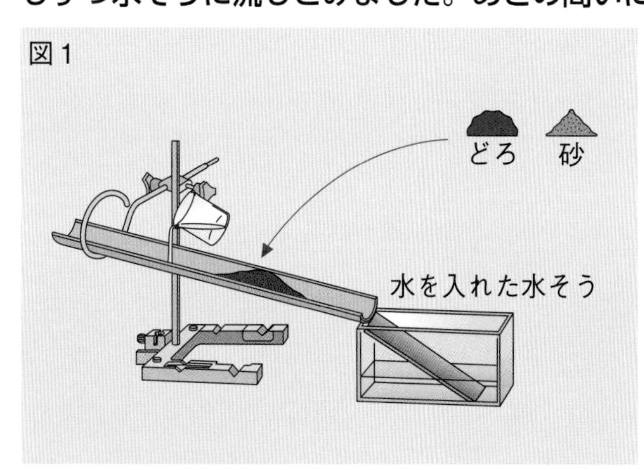

図１

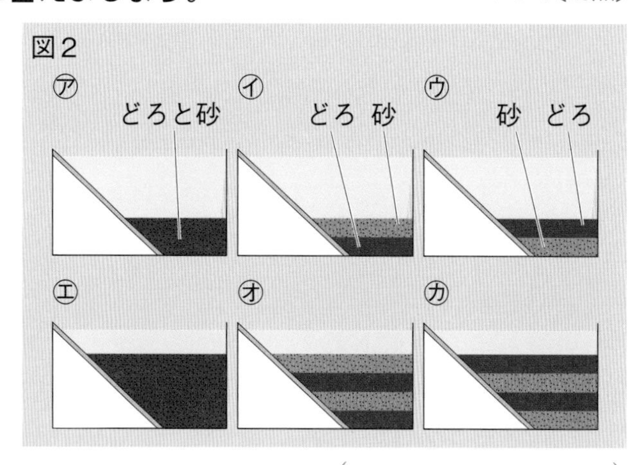

図２

(1) どろと砂のうち、つぶが大きいのはどちらですか。 （ ）

(2) 図１のように水を流したとき、どろと砂はどのように積もりますか。（図２の）㋐〜㋒から選びましょう。 （ ）

(3) (2)の後、しばらくしてからもう一度、どろと砂を混ぜた土を水で少しずつ流しこむと、どのように積もりますか。（図２の）㋓〜㋕から選びましょう。 （ ）

記述 (4) この実験から、地層はどのようにしてできることがわかりますか。次の（ ）に当てはまる言葉を書きましょう。

①（ ）のはたらきによって運ぱんされた土が、水の底でつぶの大きさによって②（ ）できる。

3 火山活動と地震による大地の変化 火山活動や地震による大地の変化について、次の問いに答えましょう。

1つ4〔28点〕

(1) 図1で、火山が噴火したときに火口から流れ出る㋐、遠くまで飛ばされることのある㋑を、それぞれ何といいますか。

図1

㋐(　　　　　　　　)
㋑(　　　　　　　　)

(2) 火山活動による大地の変化について、正しいものには○、まちがっているものには×をつけましょう。

①(　　　)㋐が川をせき止めて、湖ができることがある。
②(　　　)火山活動によって、新しい山ができることはない。

図2

(3) 図2のような大地のずれを何といいますか。
(　　　　　　　　)

(4) 地震が起こったときに海岸におし寄せてくることがある大きな波を何といいますか。(　　　　　　　　)

記述 (5) 火山活動は、人にひ害だけでなく、めぐみをもたらすこともあります。その例を1つ書きましょう。
(　　　　　　　　　　　　　　　　　　　　　　　　)

SDGs 4 災害に備えた取り組み 火山災害や地震災害について、次の問いに答えましょう。

1つ4〔36点〕

(1) 日本の火山活動や地震について、正しいものを、ア～エから選びましょう。(　　　)

ア 火山活動は多いが、地震は少ない。　**イ** 火山活動は少ないが、地震は多い。
ウ 火山活動も地震も少ない。　**エ** 火山活動も地震も多い。

(2) 火山災害に備えた取り組みについて、正しいものには○、まちがっているものには×をつけましょう。

①(　　　)ハザードマップをつくっておき、火山が噴火すると危険(きけん)な場所などを事前に確認(かくにん)しておく。
②(　　　)ハザードマップをつくっておけば、それをもとに避難(ひなん)できるので、事前に確認しておく必要はない。
③(　　　)火山の近くの地域で、町に土石流(どせきりゅう)が流れこまないようにてい防を整備しておく。

(3) 地震災害に備えた取り組みについて、正しいものには○、まちがっているものには×をつけましょう。

①(　　　)地震でたおれないように、建物を補強(ほきょう)する。
②(　　　)地震がいつ起こるかわからないので、準備をしておく必要はない。
③(　　　)地震が起こったら、できるだけ海からはなれたところに避難する。
④(　　　)緊急(きんきゅう)地震速報は、地震による大きなゆれが予想されるときに発表される。

(4) 過去の災害の記録や経験を生かすと、災害によるひ害を減らすことができますか。
(　　　　　　)

1 棒を使った「てこ」

基本のワーク

学習の目標
支点・力点・作用点の位置と手ごたえとの関係を理解しよう。

教科書 154～158ページ　答え 19ページ

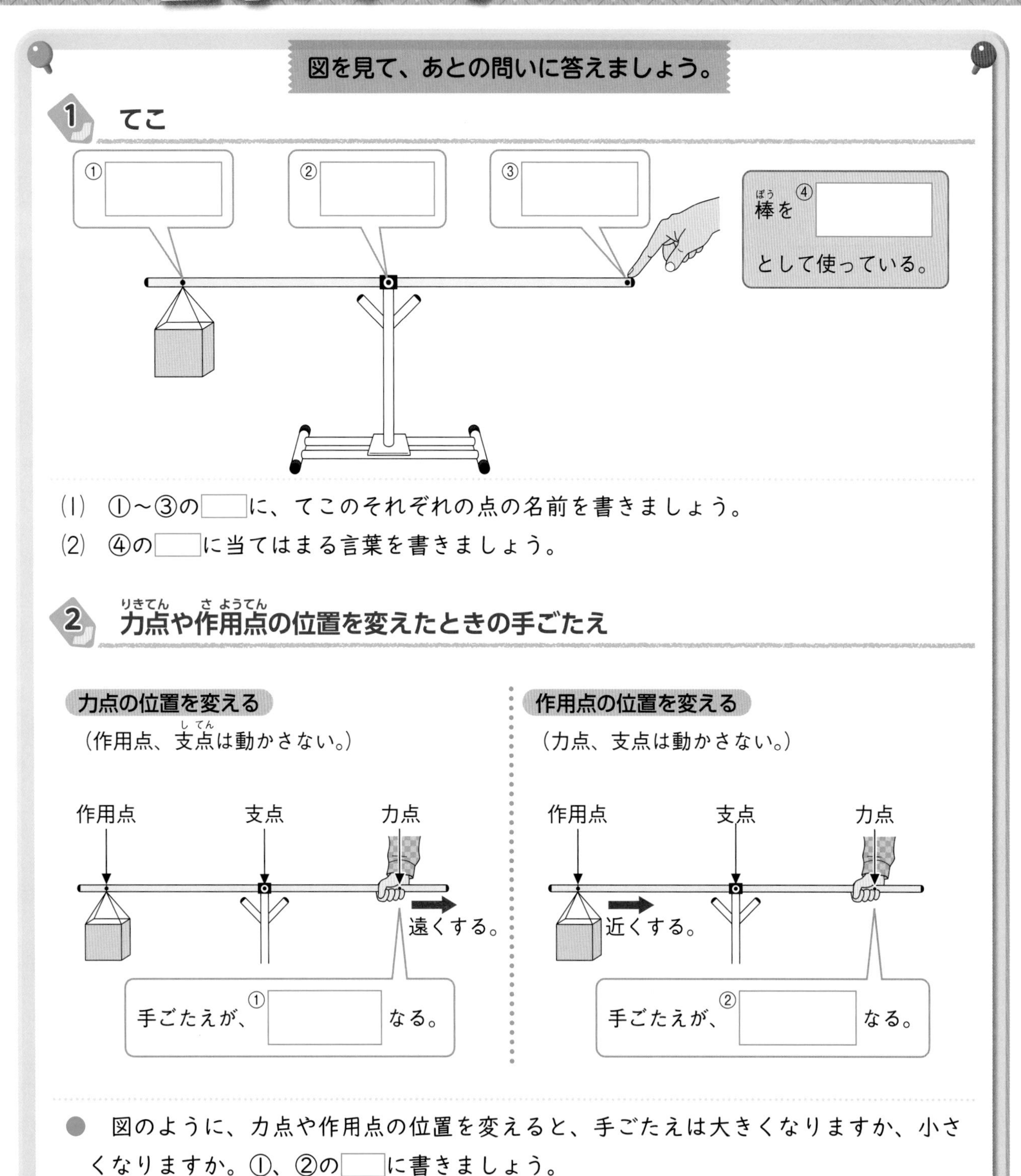

● 図のように、力点や作用点の位置を変えると、手ごたえは大きくなりますか、小さくなりますか。①、②の□に書きましょう。

まとめ〔 作用点　力点 〕から選んで(　)に書きましょう。

●てこでは、支点から①(　　　　)までのきょりを長くしたり、支点から②(　　　　)までのきょりを短くしたりすると、小さな力でものを持ち上げることができる。

わくわくたんてい団　古代ギリシャのアルキメデスは、てこのしくみを発見しました。「長い棒と支点があれば、地球も動かすことができる。」と言ったと伝えられています。

練習のワーク

できた数　/14問中

教科書 154〜158ページ　答え 19ページ

1 右の図のように、長くてじょうぶな棒を使って、重いものを持ち上げました。次の問いに答えましょう。

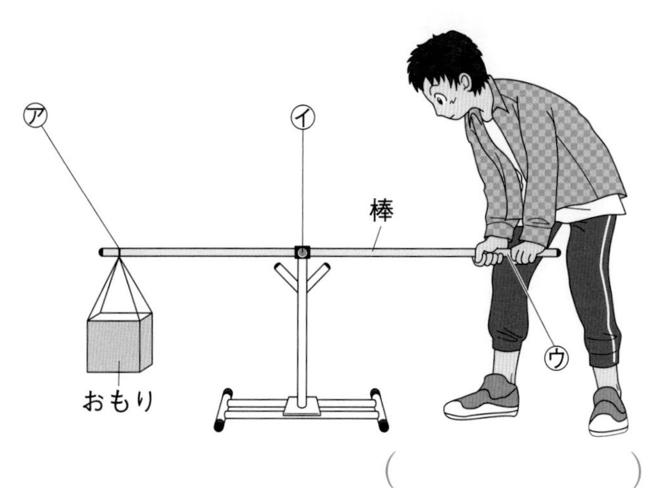

(1) 棒を１点で支え、力を加えてものを動かすようにしたものを、何といいますか。（　　　）

(2) ㋐は、棒からものに力がはたらくところです。この点を何といいますか。（　　　）

(3) ㋑は、棒を支えるところです。この点を何といいますか。（　　　）

(4) ㋒は、棒に力を加えるところです。この点を何といいますか。（　　　）

2 右の図のように、力点の位置を変えて手ごたえのちがいを調べました。次の問いに答えましょう。

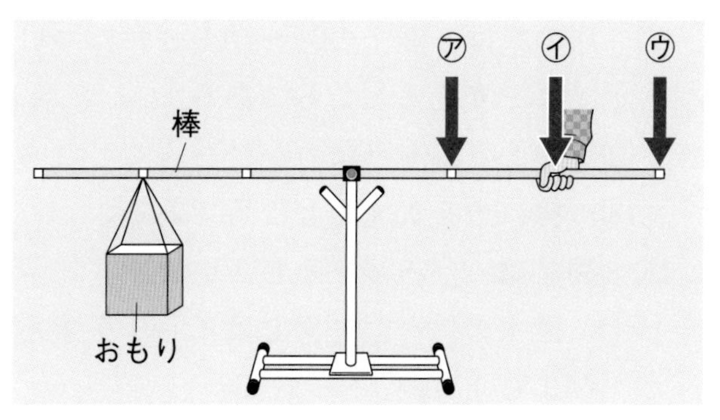

(1) この実験で位置を変えるのは、てこの何という点ですか。（　　　）

(2) この実験で位置を変えないのは、てこの何という点ですか。２つ書きましょう。（　　　）（　　　）

(3) 最も手ごたえが大きいのは、力点を㋐〜㋒のどの位置にしたときですか。（　　　）

(4) 手ごたえを小さくするには、力点から支点までのきょりをどのようにすればよいですか。（　　　）

3 右の図のように、作用点の位置を変えて手ごたえのちがいを調べました。次の問いに答えましょう。

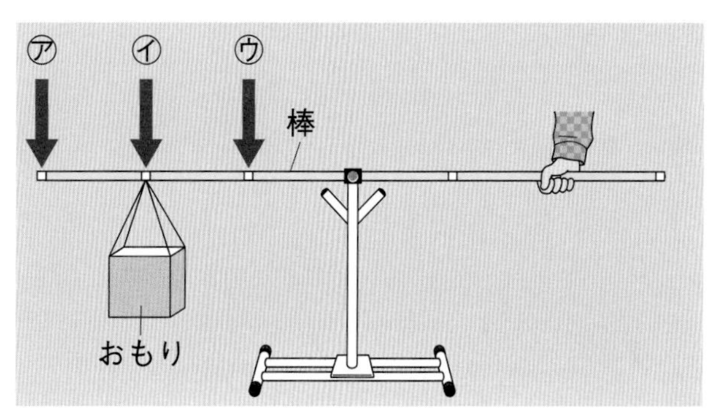

(1) この実験で位置を変えるのは、てこの何という点ですか。（　　　）

(2) この実験で位置を変えないのは、てこの何という点ですか。２つ書きましょう。（　　　）（　　　）

(3) 最も手ごたえが大きいのは、作用点を㋐〜㋒のどの位置にしたときですか。（　　　）

(4) 手ごたえを小さくするには、作用点から支点までのきょりをどのようにすればよいですか。（　　　）

まとめのテスト①

8　てこのはたらき

時間 20分

得点　/100点

教科書 154〜158ページ　答え 19ページ

よく出る **1** てこ　図１のように、棒の一方のはしにおもりをつるし、もう一方のはしに力を加えて、おもりを持ち上げました。あとの問いに答えましょう。　１つ３〔33点〕

図１

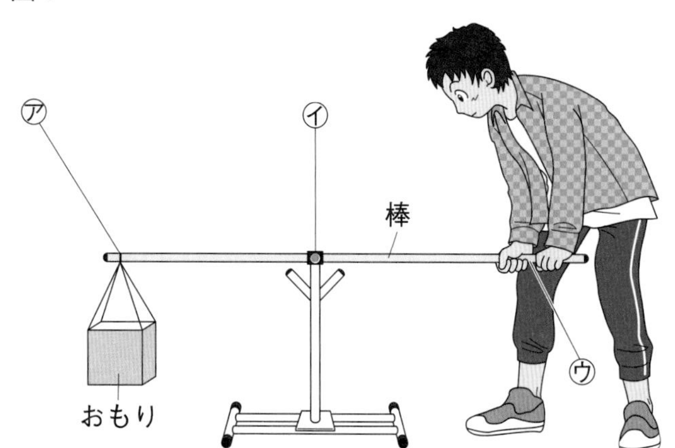

図２

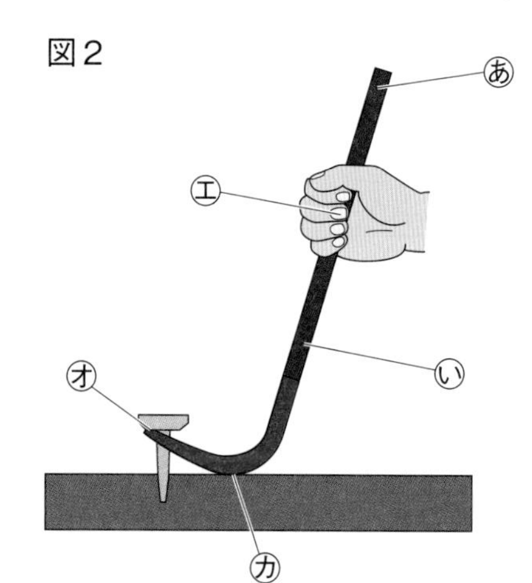

⑴　図１の㋐〜㋒の点を、それぞれ何といいますか。

㋐(　　　　　)　㋑(　　　　　)　㋒(　　　　　)

⑵　次の文は、図１の㋐〜㋒のどれについて説明したものですか。記号で答えましょう。

①　棒を支えるところである。　(　　)

②　棒からおもりに力がはたらくところである。　(　　)

③　棒に力を加えるところである。　(　　)

チャレンジ！ ⑶　図２は、バールを表しています。

①　図１の㋐〜㋒と同じはたらきをするところはどこですか。図２の㋓〜㋕からそれぞれ選びましょう。　㋐(　　)　㋑(　　)　㋒(　　)

②　次の文は、板にささったくぎをバールで引きぬくことができる理由について説明したものです。(　)に当てはまる言葉を書きましょう。

バールは、㋔から㋕までのきょりが短く、㋓から㋕までのきょりが(　　　　)なっているため、小さな力でくぎをぬくことができる。

③　図２のあ、いのうち、小さな力でくぎをぬくことができるのは、どちらを持ったときですか。　(　　)

2 てこ　正しいものには○、まちがっているものには×をつけましょう。　１つ３〔12点〕

①(　　)棒を使ったてこでは、手で棒をおすところが支点である。

②(　　)バールでは、くぎをぬくところが作用点である。

③(　　)支点から作用点までのきょりが長いほど、小さな力でものを持ち上げることができる。

④(　　)支点から力点までのきょりが長いほど、小さな力でものを持ち上げることができる。

3 **てこのはたらき** 図１、図２のようにして、力点や作用点の位置をどのようにすると手ごたえが小さくなるのかを調べました。下の表は、図１、図２の実験での条件や、実験の結果についてまとめたものです。あとの問いに答えましょう。

1つ4〔40点〕

図1

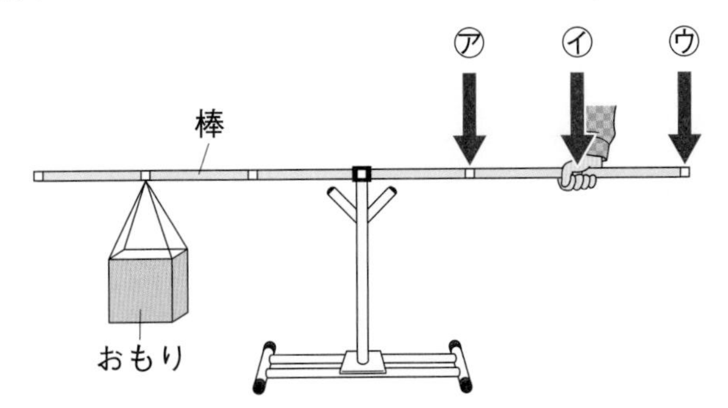

図2

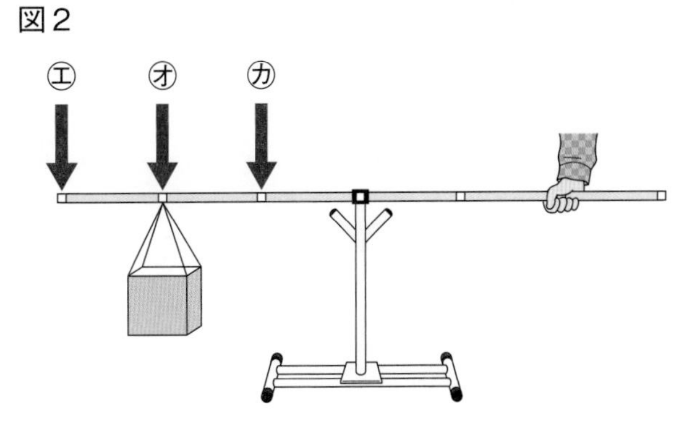

	変える条件	同じにする条件	手ごたえが最も小さいとき
図1	①（　　　　）の位置	②（　　　　）の位置 ③（　　　　）の位置	⑦（　　　）のとき
図2	④（　　　　）の位置	⑤（　　　　）の位置 ⑥（　　　　）の位置	⑧（　　　）のとき

(1) 表の①～⑥に当てはまるてこの点を、それぞれ書きましょう。

(2) 図１で、手ごたえが最も小さいのは、㋐～㋒のどの位置をおしたときですか。表の⑦に書きましょう。

記述 (3) 図１の結果からわかる、手ごたえを小さくする方法を答えましょう。

（　　　　　　　　　　　　　　　　　　　　　　　　　　　　）

(4) 図２で、手ごたえが最も小さいのは、㋓～㋕のどの位置におもりをつるしたときですか。表の⑧に書きましょう。

記述 (5) 図２の結果からわかる、手ごたえを小さくする方法を答えましょう。

（　　　　　　　　　　　　　　　　　　　　　　　　　　　　）

チャレンジ! **4** **てこのはたらき** 右の図のてこの㋑の位置を変えたときに、手ごたえがどのように変わるかを調べました。次の問いに答えましょう。

1つ3〔15点〕

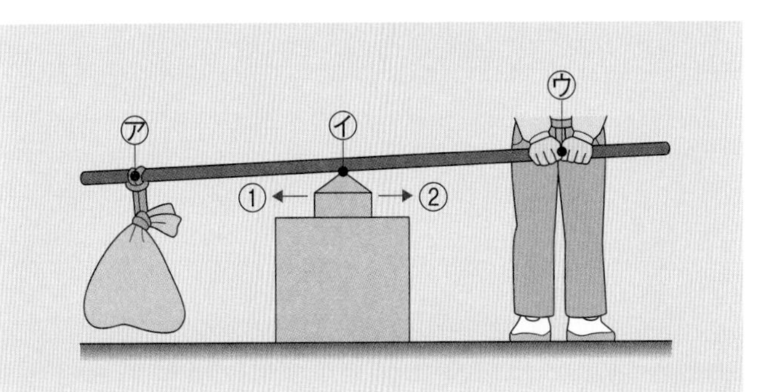

(1) ㋐～㋒のうち、支点と作用点を表しているものはどれですか。

支点（　　　）　作用点（　　　）

(2) ㋑の位置を①、②のどちらに動かすと、支点から力点までのきょりが長くなりますか。（　　　）

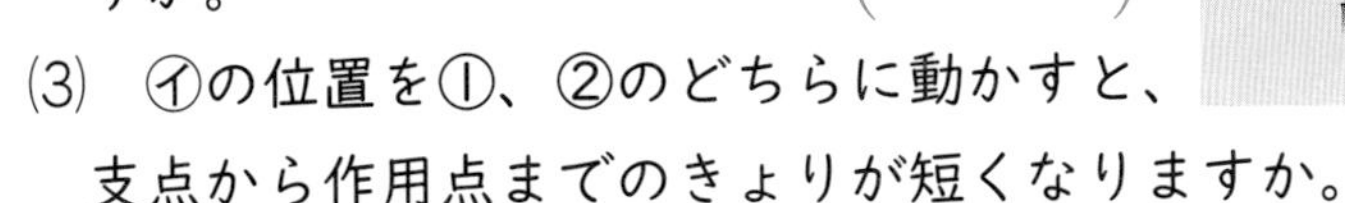

(3) ㋑の位置を①、②のどちらに動かすと、支点から作用点までのきょりが短くなりますか。（　　　）

(4) (2)、(3)のことから、㋑の位置を①、②のどちらに動かすと、手ごたえが小さくなることがわかりますか。（　　　）

勉強した日　　月　　日

2　てこのうでをかたむけるはたらき

基本のワーク

学習の目標
てこが水平につり合うときのきまりについて理解しよう。

教科書 159〜163ページ　答え 20ページ

図を見て、あとの問いに答えましょう。

1 てこが水平につり合うとき

てこは、うでをかたむけるはたらきが左右のうでで等しいとき、水平につり合う。

おもりの①[　　]×支点からの②[　　]

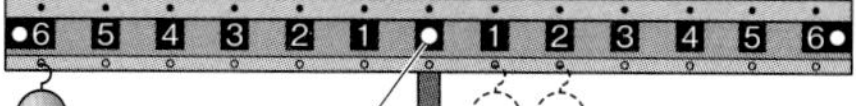

実験の方法

・左のうでの6に、おもりを2個つるす。
・右のうでの1、2、3、4、5、6のうち1か所におもりをつるして、つり合わせる。それぞれ何gでつり合うか、表にまとめる。つり合う重さがないときは×を書く。

実験の結果

	左のうで	右のうで					
きょり	6	1	2	3	4	5	6
重さ(g)	20	③	④	⑤	⑥	⑦	⑧

(1)　うでをかたむけるはたらきを表す式について、①、②の[　　]に当てはまる言葉を書きましょう。

(2)　左のうでの6に20gのおもりをつるしたとき、右のうでの1〜6に何gのおもりをつるすと、てこは水平につり合いますか。③〜⑧に当てはまる数字や×を書きましょう。

2 てこがつり合うときの規則性

・左のうでをかたむけるはたらきは、
$40 \times 6 = 240$
・右のうでの3に、おもりをつるすので,
$240 \div 3 =$ ①[　　](g)

●　てこが水平につり合うときのおもりの重さを、①の[　　]に書きましょう。

まとめ　〔 おもり　支点 〕から選んで(　)に書きましょう。

●てこのうでをかたむけるはたらきは、①(　　　　)の重さ×②(　　　　)からのきょりで表すことができる。

わくわくたんてい団　シーソーはてこを利用した遊具です。体重のちがう人がシーソーに乗るときは、座(すわ)る位置をずらすことで、シーソーをつり合わせることができます。

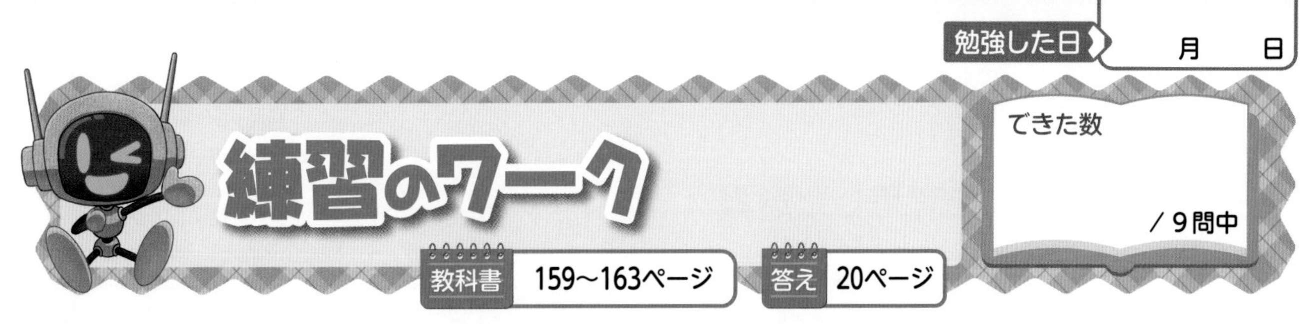

1 **てこが水平につり合うときのきまりを、式にまとめます。次の問いに答えましょう。**

(1) てこが水平につり合うときのきまりは、次の式のように表すことができます。㋐、㋑に当てはまる言葉を書きましょう。

㋐(　　　　)

㋑(　　　　)

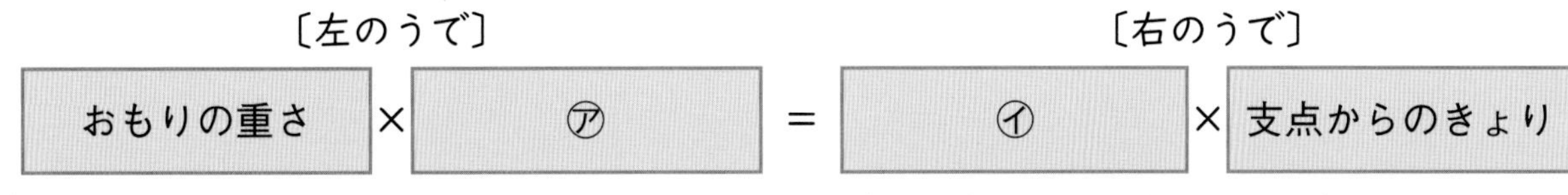

(2) てこが水平につり合っているとき、おもりの重さは何に反比例していますか。

(　　　　)

2 **次の図のように、実験用てこの左右のうでに、１個10gのおもりをつるしました。あとの問いに答えましょう。**

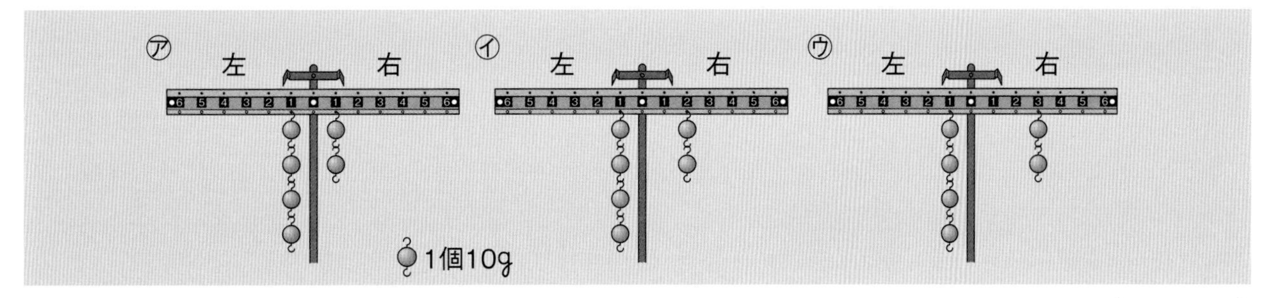

(1) ㋐のてこは、どのようになりますか。次のア～ウから選びましょう。　(　　)

ア　てこが水平につり合う。

イ　左のうでが下にかたむく。

ウ　右のうでが下にかたむく。

(2) ㋑のてこは、どのようになりますか。(1)のア～ウから選びましょう。　(　　)

(3) ㋒のてこは、どのようになりますか。(1)のア～ウから選びましょう。　(　　)

3 **右の図で、左のうでの１に、10gのおもりを４個つるしました。右のうでにつるすおもりの数と、つるす位置を変えて、てこを水平につり合わせます。次の問いに答えましょう。**

(1) 右のうでに１個のおもりをつるしてつり合わせるには、１～６のどの位置におもりをつるせばよいですか。

(　　)

(2) 右のうでの１の位置におもりをつるしてつり合わせるには、何個のおもりをつるせばよいですか。

(　　)

(3) 右のうでの２の位置におもりをつるしてつり合わせるには、何個のおもりをつるせばよいですか。

(　　)

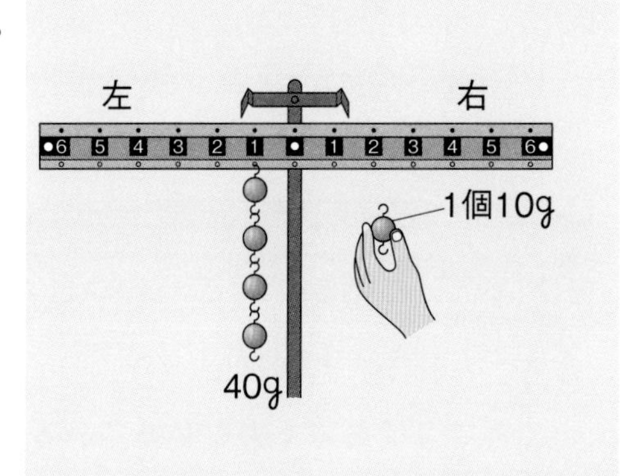

勉強した日 月 日

3 てこを利用した道具

基本のワーク

学習の目標
てこを利用した道具の支点・力点・作用点の並び方を整理しよう。

教科書 164～171ページ 答え 21ページ

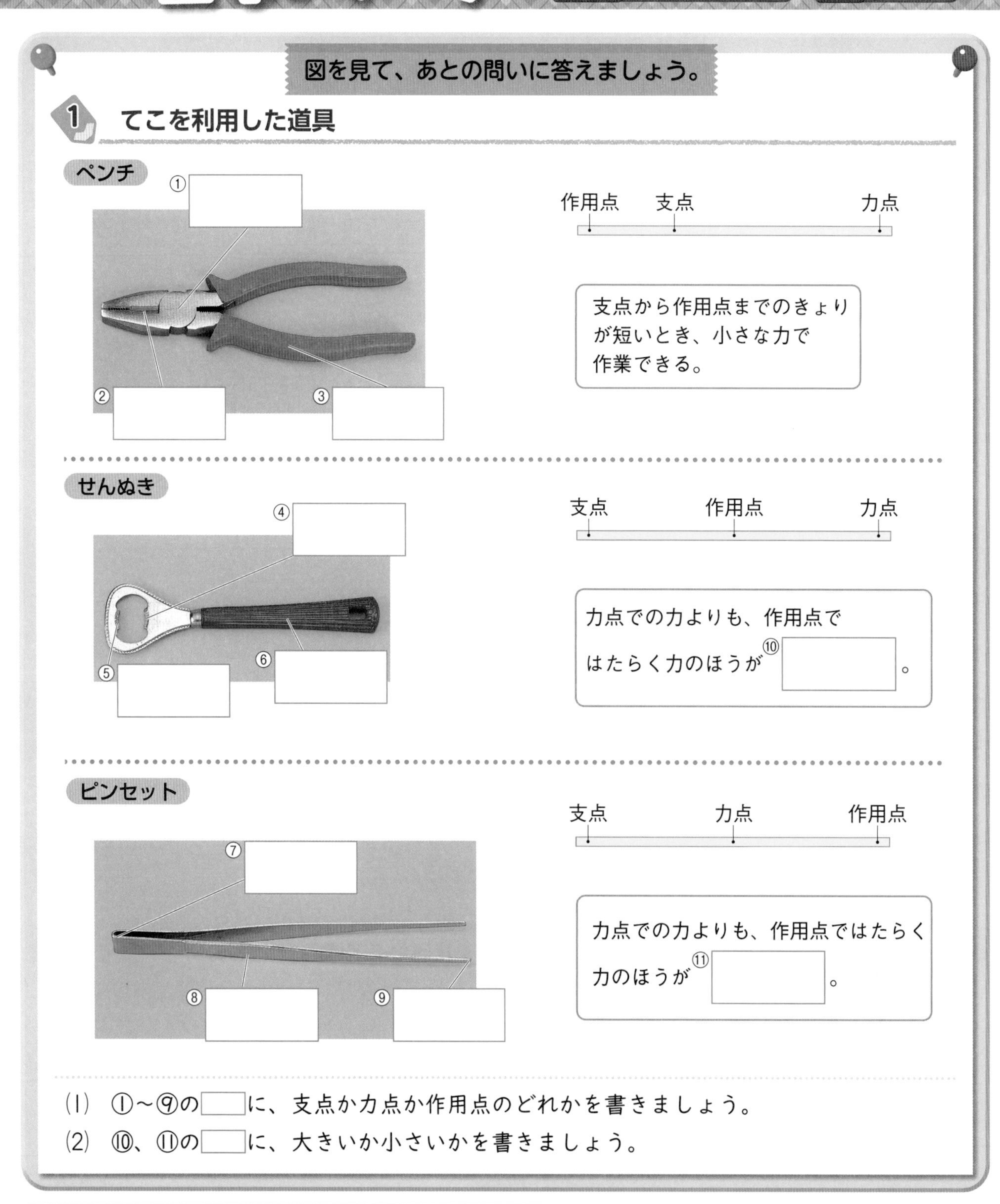

(1) ①～⑨の□に、支点か力点か作用点のどれかを書きましょう。
(2) ⑩、⑪の□に、大きいか小さいかを書きましょう。

まとめ 〔 位置　支点 〕から選んで(　)に書きましょう。

●てこを利用した道具は、①(　　　　)、力点、作用点の並び方や②(　　　　)を変えることで、はたらく力を変えている。

てこには、輪じくといって、大きい輪と小さい輪を使って、てこのしくみをつくっているものがあります。車のハンドルやねじ回しは、このてこのしくみを利用しています。

練習のワーク

教科書 164～171ページ　答え 21ページ

1 **右の図は、はさみを使うようすを表したものです。次の問いに答えましょう。**

(1) ㋐～㋒の点をそれぞれ何といいますか。

㋐(　　　　)
㋑(　　　　)
㋒(　　　　)

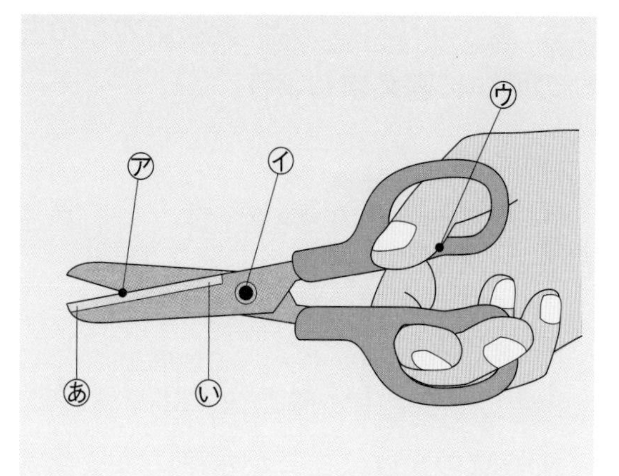

(2) はさみの種類によって、㋐～㋒の位置がちがいます。小さな力でものが切れるはさみに２つ○をつけましょう。

①(　　)㋐から㋑までのきょりが長いはさみ
②(　　)㋐から㋑までのきょりが短いはさみ
③(　　)㋑から㋒までのきょりが長いはさみ
④(　　)㋑から㋒までのきょりが短いはさみ

(3) はさみで紙を切るとき、紙をはさむ部分と加える力について、正しいほうに○をつけましょう。

①(　　)あの部分に紙をはさむと、小さな力で紙を切ることができる。
②(　　)いの部分に紙をはさむと、小さな力で紙を切ることができる。

(4) 次の文は、(3)のようになる理由について説明したものです。(　)に当てはまる言葉を書きましょう。

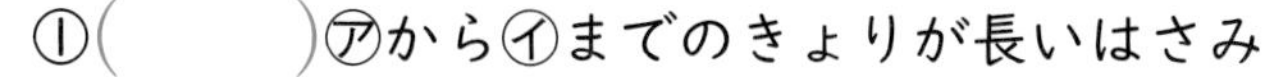

支点から①(　　　　)までのきょりが②(　　　　)なるから。

2 **次の図１の道具は、支点、力点、作用点がどのような順に並んでいますか。それぞれ当てはまるものを、図２の㋐～㋒から選びましょう。**

図１

①(　　　)

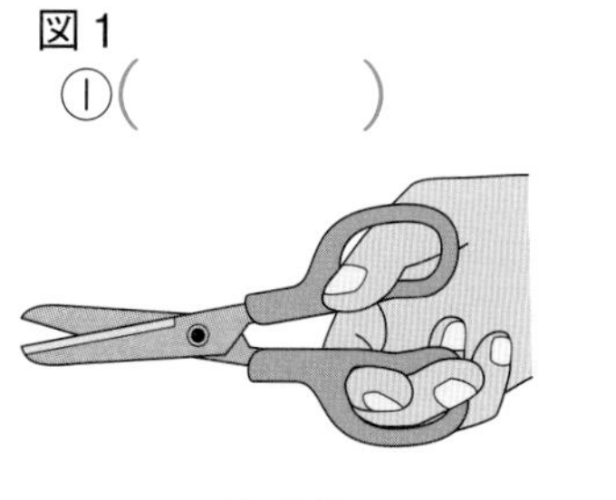

はさみ

②(　　　)

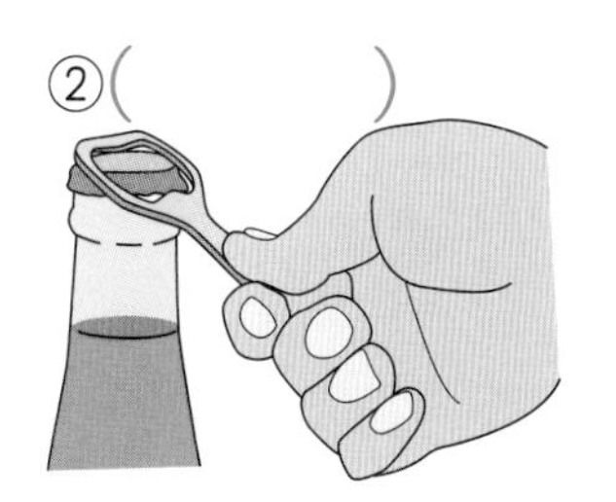

せんぬき

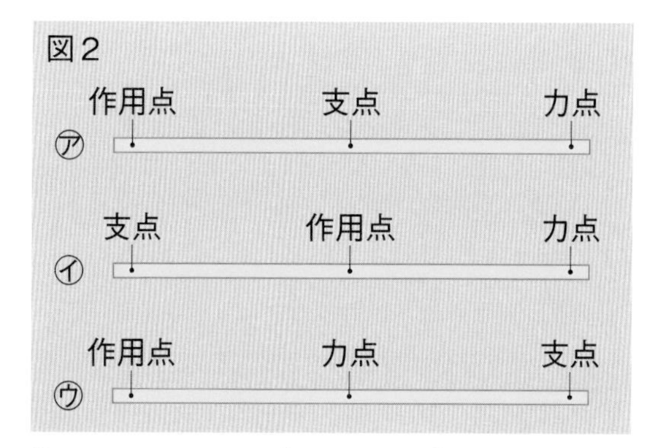

③(　　　)

トング（パンばさみ）

④(　　　)

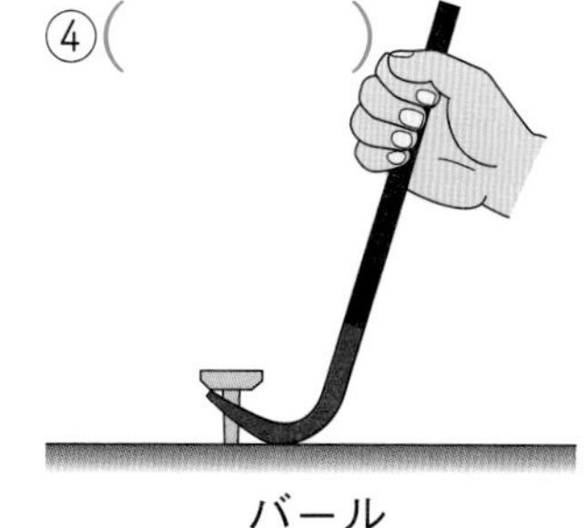

バール

⑤(　　　)

空かんつぶし

まとめのテスト②

8 てこのはたらき

時間20分　得点 /100点

教科書 159～171ページ　答え 22ページ

よく出る **1** てこのつり合い 実験用てこの左右のうでに、1個10gのおもりをつるしました。あとの問いに答えましょう。 1つ3〔18点〕

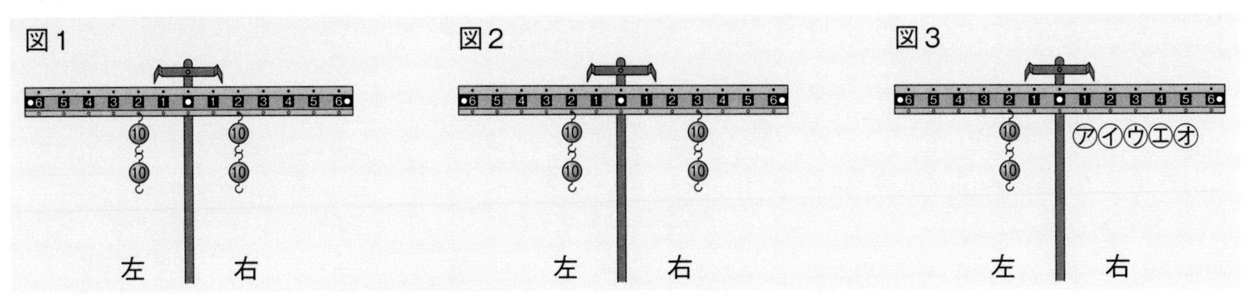

(1) 次の文は、てこが水平につり合うときのきまりをまとめたものです。（ ）に当てはまる言葉を書きましょう。

左右のうでで、（ ）×（ ）が等しいとき、てこは水平につり合う。

(2) 図1、図2で、それぞれのてこはどのようになりますか。ア～ウから選びましょう。

図1（ ） 図2（ ）

ア 水平につり合う。 イ 左のうでが下がる。 ウ 右のうでが下がる。

(3) 図3で、10gのおもりを1個つるして、てこを水平につり合わせました。このとき、10gのおもりをつるしたのは、㋐～㋔のどこですか。（ ）

(4) 図3で、㋐の位置におもりをつるして、てこを水平につり合わせました。このとき、10gのおもりを何個つるしましたか。（ ）

2 つり合うときのきまり 次の①～⑥は、それぞれ棒が水平につり合うときの、おもりの重さと支点からのきょりを表したものです。（ ）に当てはまる数字を書きましょう。 1つ3〔18点〕

	左のうで		右のうで	
	おもりの重さ(g)	支点からのきょり	おもりの重さ(g)	支点からのきょり
①	（ ）	1	30	4
②	（ ）	2	30	4
③	20	（ ）	30	4
④	40	（ ）	30	4
⑤	60	4	（ ）	8
⑥	60	4	20	（ ）

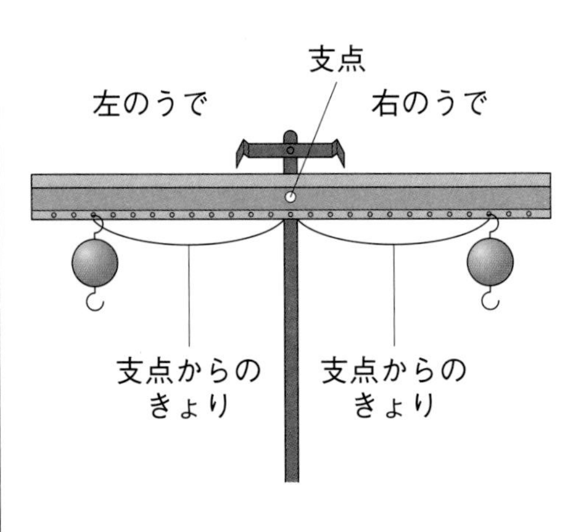

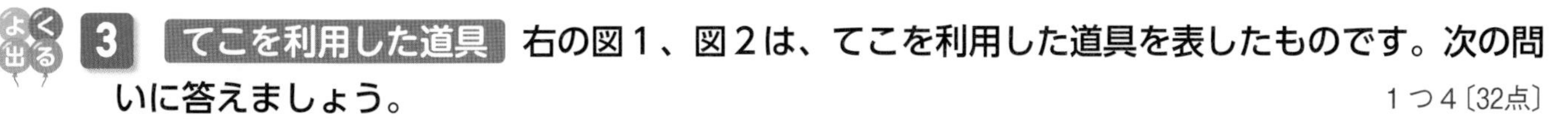

よく出る **3** **てこを利用した道具** 右の図１、図２は、てこを利用した道具を表したものです。次の問いに答えましょう。

1つ4〔32点〕

(1) 図１のペンチで、㋐、㋑の点をそれぞれ何といいますか。

㋐(　　　　　　　)　㋑(　　　　　　　)

(2) 図２の糸切りばさみで、支点と力点を表しているのはどこですか。それぞれ図２の㋒～㋔から選びましょう。

支点(　　　　)　力点(　　　　)

(3) 図１、図２の支点、力点、作用点は、どのような順に並んでいますか。それぞれ次のア～ウから選びましょう。

図１(　　　　)　図２(　　　　)

ア　支点－作用点－力点

イ　作用点－支点－力点

ウ　作用点－力点－支点

図１

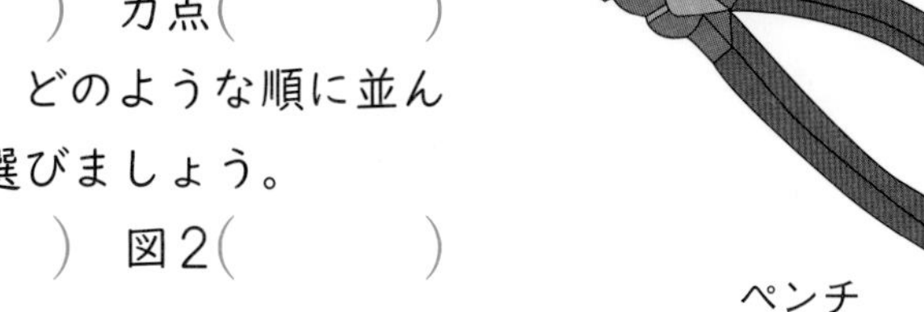

ペンチ

(4) ペンチで作業をするときに加える力について、次のア、イから正しいほうを選びましょう。(　　　　)

ア　小さな力で作業をすることができる。

イ　ものにはたらく力よりも大きな力を加えて作業をする必要がある。

図２

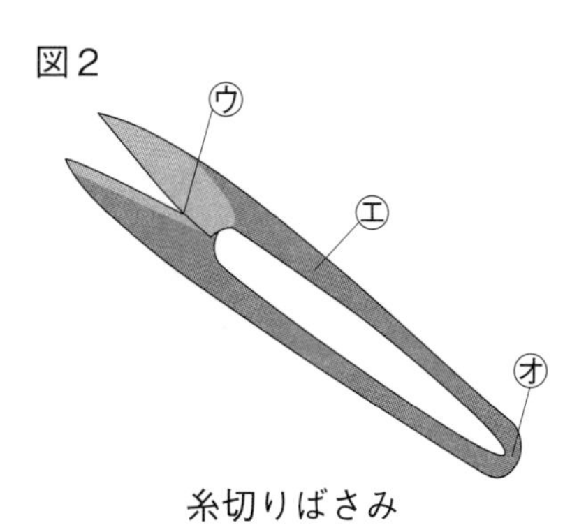

糸切りばさみ

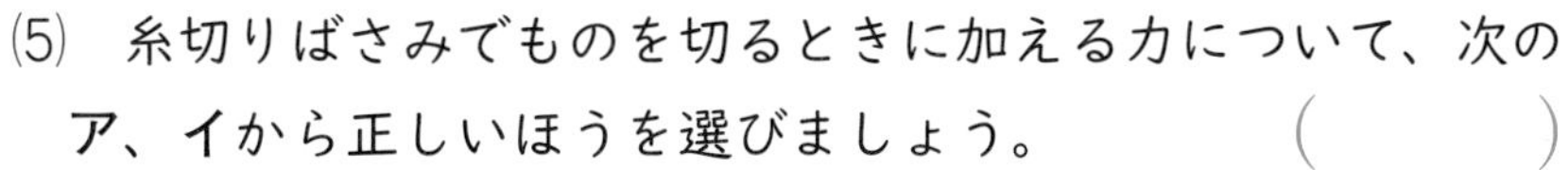

(5) 糸切りばさみでものを切るときに加える力について、次のア、イから正しいほうを選びましょう。(　　　　)

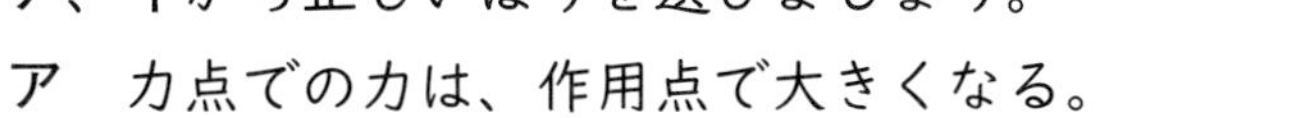

ア　力点での力は、作用点で大きくなる。

イ　力点での力は、作用点で小さくなる。

4 **てこの利用** 次の図の道具の、支点、力点、作用点の並び方を調べました。支点が間にある道具にはア、作用点が間にある道具にはイ、力点が間にある道具にはウを、(　)に書きましょう。

1つ4〔32点〕

① (　　　　　)せんぬき

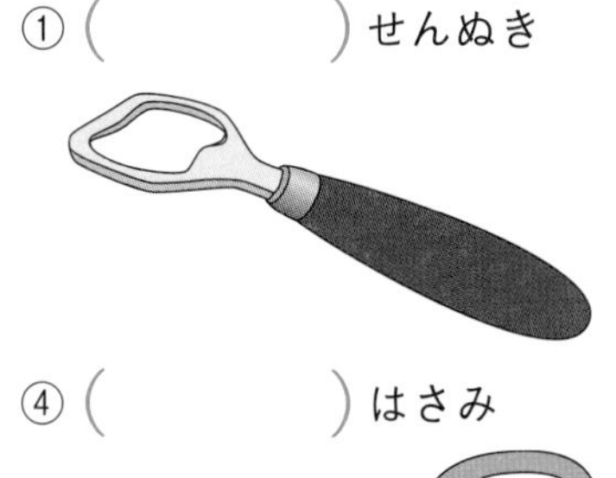

② (　　　　　)バール

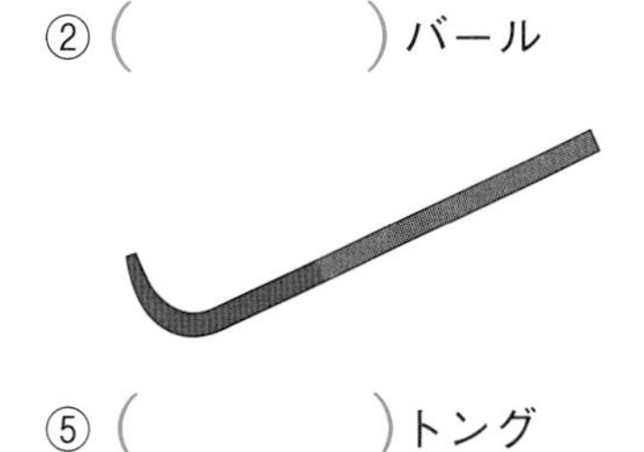

③ (　　　　　)ピンセット

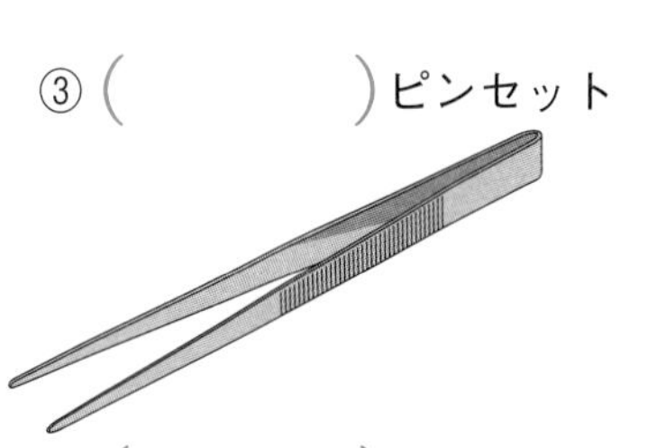

④ (　　　　　)はさみ

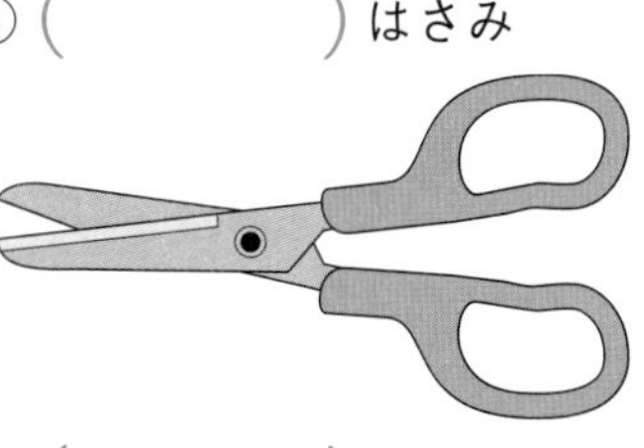

⑤ (　　　　　)トング

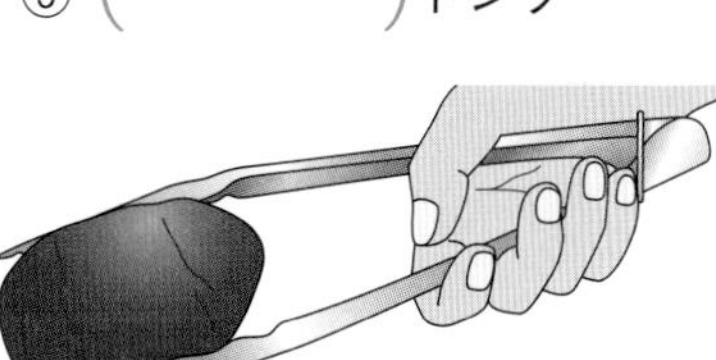

⑥ (　　　　　)空きかんつぶし

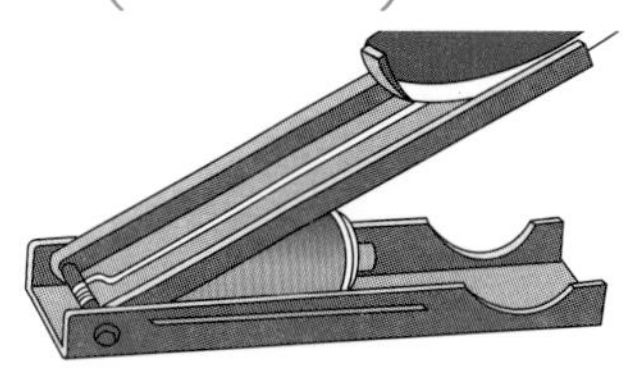

⑦ (　　　　　)プルタブ

⑧ (　　　　　)クリップ

勉強した日　月　日

1　電気をつくる

基本のワーク

学習の目標
手回し発電機と光電池のはたらきを理解しよう。

教科書 172～177ページ　答え 23ページ

図を見て、あとの問いに答えましょう。

1 手回し発電機による発電

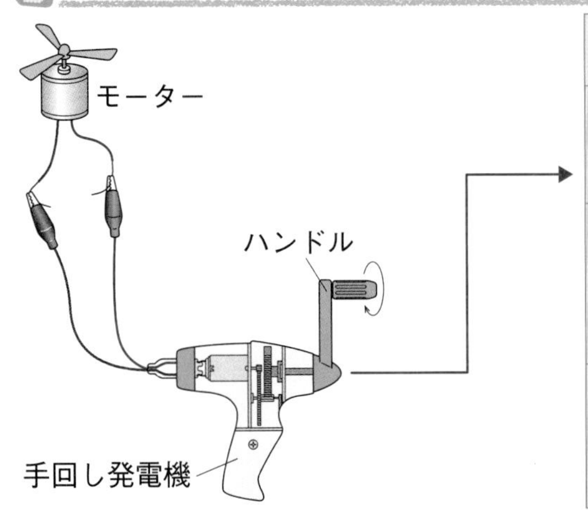

ハンドル	モーター
㋐ ゆっくり回す。	回る。
㋐とは逆向きに回す。	①
㋐より速く回す。	②

● 手回し発電機のハンドルの回し方を変えると、モーターはどのようになりますか。表の①、②に当てはまる言葉を下の〔　〕から選んで書きましょう。
〔 速く回る。　逆向きに回る。 〕

2 光電池による発電

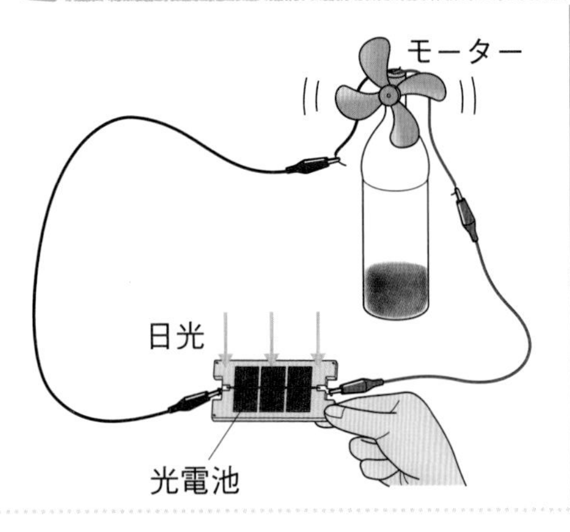

	モーター
光電池を逆向きにつなぐ。	①
当たる光を強くする。	②
当たる光を弱くする。	③

● 光電池をつなぐ向きを変えたり、光電池に当たる光の強さを変えたりすると、モーターはどのようになりますか。表の①～③に当てはまる言葉を、次の〔　〕から選んで書きましょう。　〔 逆向きに回る。　速く回る。　ゆっくり回る。 〕

まとめ 〔 大きく　強く 〕から選んで(　)に書きましょう。

● 手回し発電機のハンドルを速く回すと、電流の大きさが①(　　　　)なる。
● 光電池に当たる光を②(　　　　)すると、電流の大きさが大きくなる。

<モーターと発電機の関係>モーターと手回し発電機は逆の関係で、モーターは電気を回転の力に変えているのに対し、手回し発電機は回転の力を電気に変えています。

練習のワーク

教科書 172〜177ページ　答え 23ページ

1 **右の図のように、㋐の器具にプロペラのついたモーターをつないでハンドルを回しました。次の問いに答えましょう。**

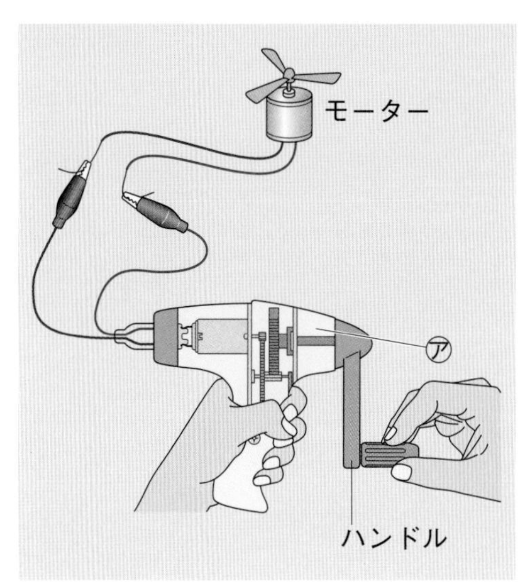

(1) ㋐の器具を何といいますか。
（　　　　　）

(2) ㋐のハンドルを回すと、モーターはどのようになりますか。（　　　　　）

(3) ㋐はどのようなはたらきをしますか。次のア、イから選びましょう。（　　　）

ア　電気をつくるはたらき

イ　電気をたくわえるはたらき

(4) (3)のはたらきのことを何といいますか。漢字２文字で答えましょう。（　　　）

(5) ㋐のハンドルを速く回すと、モーターの回る速さはどのようになりますか。次のア〜ウから選びましょう。（　　　）

ア　速くなる。

イ　おそくなる。

ウ　変化しない。

(6) (5)のようになるのは、電流の大きさがどのようになったからですか。
（　　　　　）

2 **右の図のように、モーターを光電池につないで光を当てました。次の問いに答えましょう。**

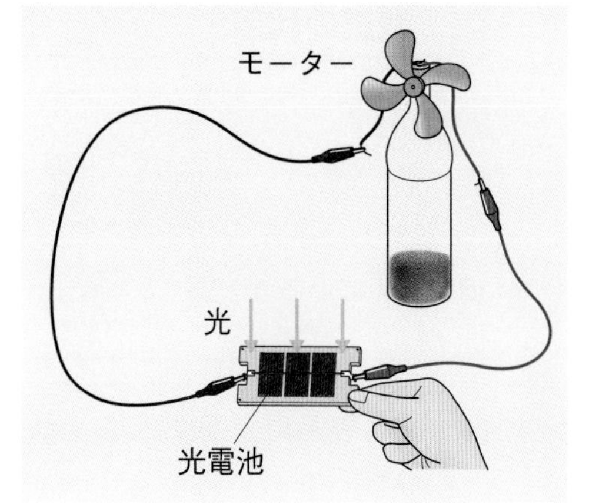

(1) 光電池に光を当てると、モーターは回りますか。
（　　　　　）

(2) 光電池をつなぐ向きを(1)のときと逆にして光を当てると、モーターはどのようになりますか。ア〜ウから選びましょう。（　　　）

ア　(1)のときと同じ向きに回る。

イ　(1)のときと逆向きに回る。

ウ　回らなくなる。

(3) 光電池に当てる光を弱くすると、モーターはどのようになりますか。ア〜ウから選びましょう。（　　　）

ア　速く回る。

イ　同じ速さで回る。

ウ　ゆっくり回る。

(4) 光電池に当てる光の強さによって、電流の大きさは変わりますか。（　　　　　）

勉強した日　月　日

2　電気をたくわえて使う
3　電気の利用とむだなく使うくふう①

基本のワーク

学習の目標
つくられた電気はたくわえたり使われたりすることを理解しよう。

教科書 178〜182ページ　答え 23ページ

図を見て、あとの問いに答えましょう。

1　コンデンサーにたくわえた電気の利用

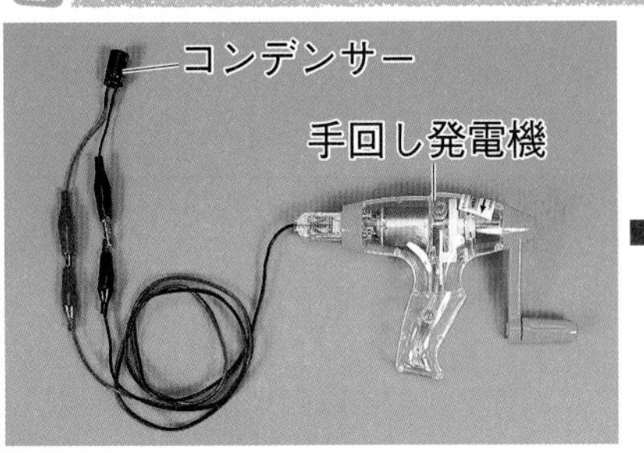

手回し発電機のハンドルを回す。

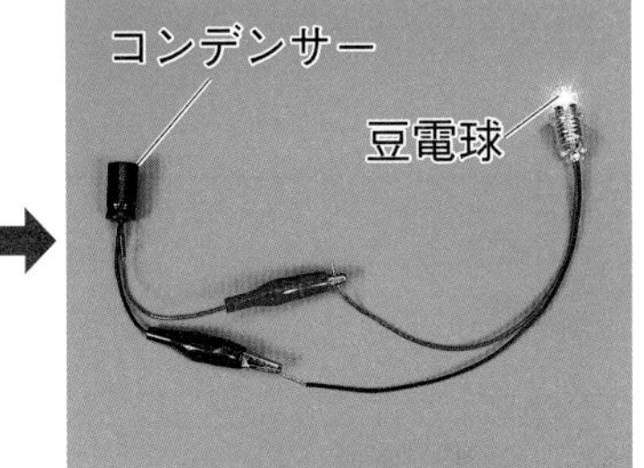

豆電球につなぐ。

コンデンサーを使うと、電気を①［　　］ことができる。

コンデンサーに同じ量の電気をたくわえ、
豆電球と発光ダイオードの明かりがつく時間を調べる。

豆電球に明かりがつく時間	発光ダイオードに明かりがつく時間
15秒	2分18秒

同じ量の電気では、②［　　］のほうが長く明かりをつけることができる。

(1)　①の［　］に、たくわえるかつくるかを書きましょう。
(2)　②の［　］に、豆電球か発光ダイオードかを書きましょう。

2　電気の利用

製品名	そうじ機	アイロン	電灯	電子オルゴール
何に変えているか	①	②	③	④

● 電気製品は、電気をおもに何に変えて利用していますか。表の①〜④に当てはまるものを、下の〔　〕から１つずつ選んで書きましょう。
〔 熱　音　光　運動 〕

まとめ　〔 コンデンサー　熱 〕から選んで（　）に書きましょう。
●電気は①（　　　　）にたくわえることができる。
●電気は②（　　　　）、光、運動、音などに変えて利用されている。

わくわくたんてい団
豆電球は明かりがつくと熱くなりますが発光ダイオードは熱くなりません。熱を出さない分、少ない電気で明かりをつけられます。家庭ではLED（エルイーディー）照明などに使われています。

練習のワーク

教科書 178～182ページ　答え 23ページ

1 **次の図のように、手回し発電機をコンデンサーにつないでハンドルを回しました。次に、このコンデンサーを豆電球につないだところ、豆電球の明かりがつきました。あとの問いに答えましょう。**

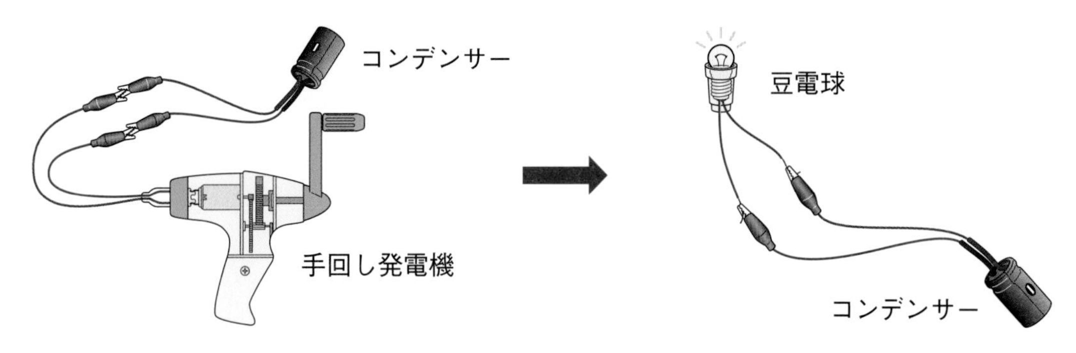

(1) コンデンサーはどのようなはたらきをしていますか。ア、イから選びましょう。

（　　　）

ア　電気をつくるはたらき

イ　電気をたくわえるはたらき

(2) 同じ量の電気をたくわえたコンデンサーを、豆電球と発光ダイオードにそれぞれつなぎました。次の（　）に当てはまる言葉を、下の〔　〕から選んで書きましょう。

明かりがつく時間は①（　　　　）のほうが、②（　　　　）よりも長かった。このことから、発光ダイオードは、豆電球に比べて③（　　　　）の電気で明かりがつくことがわかる。

〔　豆電球　　発光ダイオード　　少し　　多く　〕

2 **右の図の㋐～㋕は、わたしたちの生活の中で、電気をいろいろなものに変えて利用しているものです。次の問いに答えましょう。**

(1) 図の㋐～㋕のうち、電気をおもに熱に変えて利用しているものを、すべて選びましょう。

（　　　　）

(2) 図の㋐～㋕のうち、電気をおもに運動に変えて利用しているものを、すべて選びましょう。

（　　　　）

(3) 図の㋐～㋕のうち、電気をおもに光に変えて利用しているものを、すべて選びましょう。

（　　　　）

(4) 図の㋐～㋕のうち、電気をおもに音に変えて利用しているものを、すべて選びましょう。

（　　　　）

㋐　アイロン

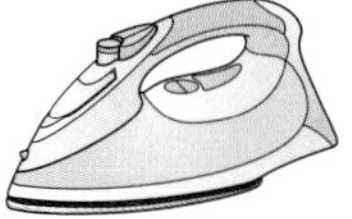

㋑　電子オルゴール

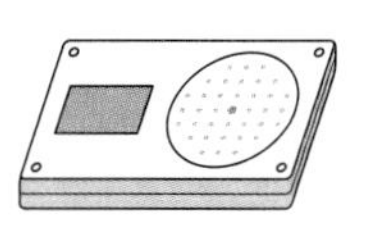

㋒　そうじ機

㋓　電灯

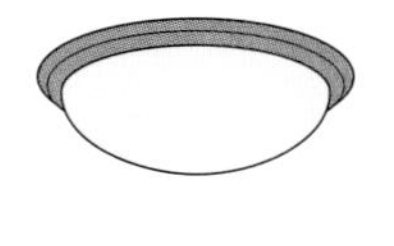

㋔　トースター

㋕　洗（せん）たく機（洗うとき）

勉強した日　月　日

3　電気の利用とむだなく使うくふう②

基本のワーク

学習の目標 プログラムによって電気をむだなく使うしくみを理解しよう。

教科書 182〜191ページ　答え 24ページ

図を見て、あとの問いに答えましょう。

1 自動で動作するプログラム

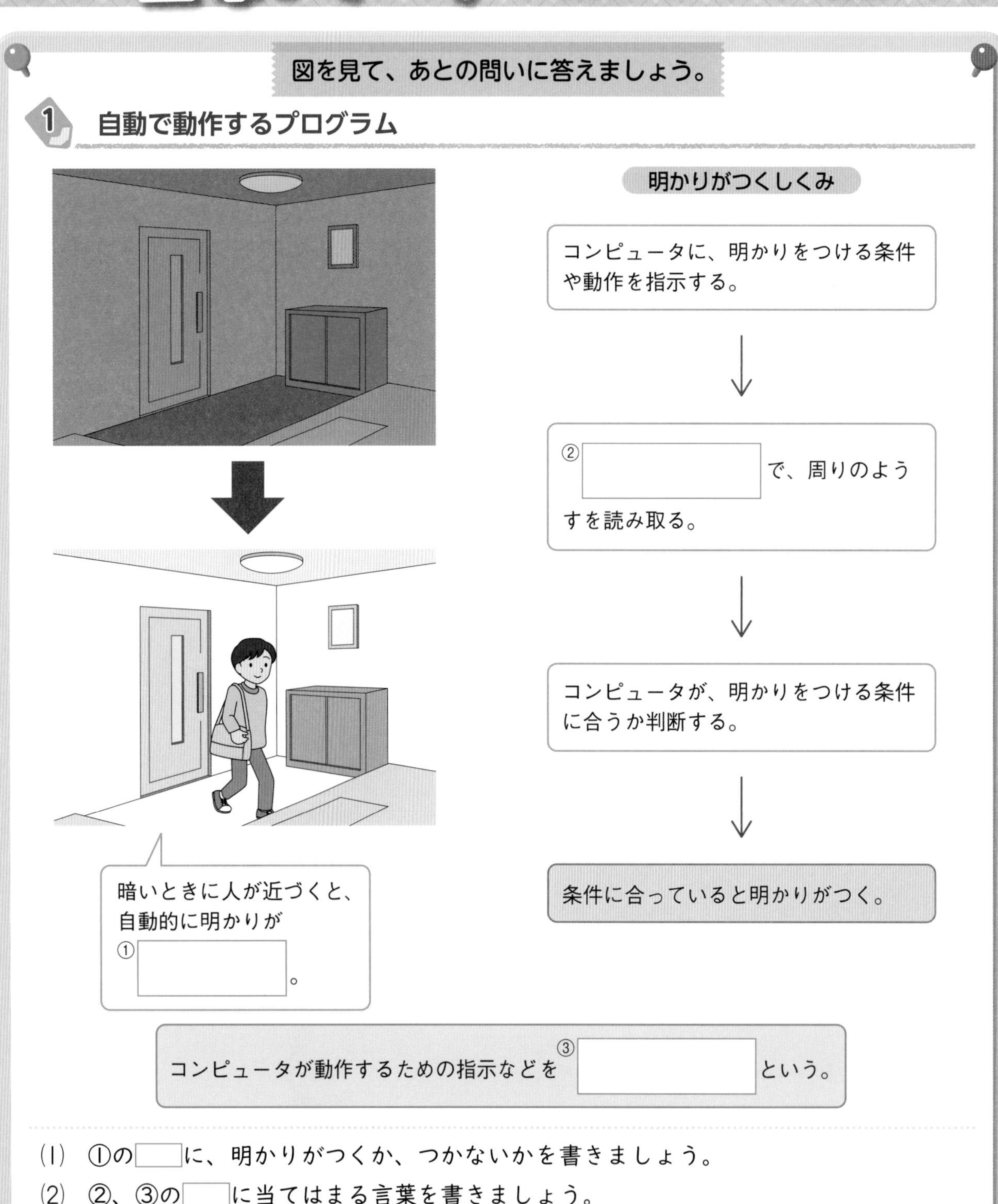

(1)　①の［　］に、明かりがつくか、つかないかを書きましょう。

(2)　②、③の［　］に当てはまる言葉を書きましょう。

まとめ　〔 プログラム　センサー 〕から選んで（　）に書きましょう。

- ①（　　　　）が周りのようすを読み取って、自動で明かりがついたり、消えたりする。
- コンピュータは②（　　　　）によって、自動で動作をすることができる。

コンピュータがあつかうプログラムには、2進数（しんすう）というものが使われています。2進数を使うということは、コンピュータへの命令を、0と1だけを使って行うということです。

練習のワーク

教科書 182〜191ページ　答え 24ページ

できた数　／5問中

1 次の図のように、周りが暗くなると明かりがつき、明るくなると明かりが消える電灯があります。あとの問いに答えましょう。

㋐

暗くなったら、
明かりがつく。

㋑

明るくなったら、
明かりが消える。

(1) 図の電灯の明かりがついたり、消えたりすることには、センサーがかかわっています。センサーは何を読み取っていますか。次のア〜エから選びましょう。（　　）

ア　周りの明るさ
イ　時刻
ウ　周りの温度
エ　人がいるかいないか

(2) コンピュータは、センサーが読み取ったようすが、明かりをつける条件に合っているか判断し、自動で明かりをつけたり、消したりするように指示をしています。コンピュータが動作するための手順や指示を何といいますか。（　　　　）

(3) (2)をつくることを何といいますか。（　　　　）

(4) 図の㋐、㋑のように、コンピュータが電灯の明かりをつけたり消したりするしくみを、次の図にまとめました。（　）に明るいか暗いかを書きましょう。

㋐

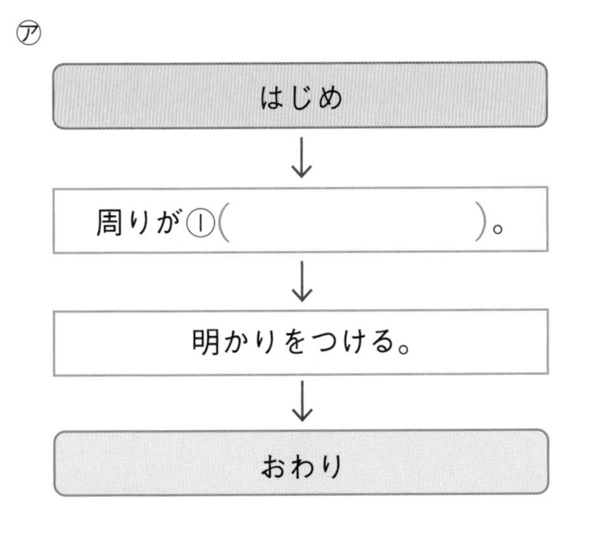

㋑

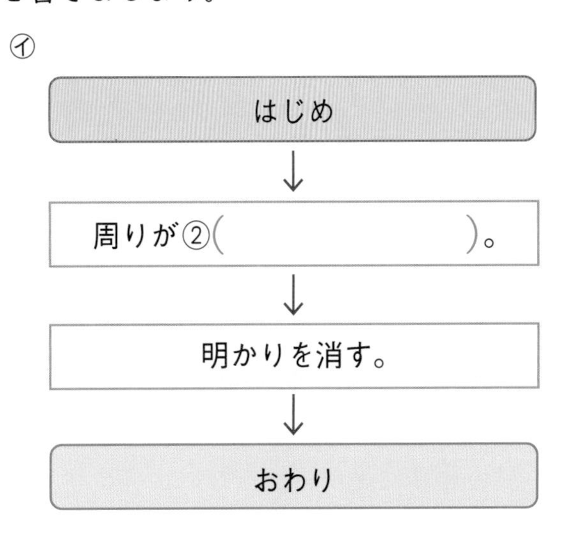

まとめのテスト

9　発電と電気の利用

勉強した日　月　日

時間 20分

得点　/100点

教科書 172〜191ページ　答え 24ページ

1 **手回し発電機による発電** 右の図のように、手回し発電機にモーターをつないで、ハンドルを回しました。次の問いに答えましょう。　1つ5〔30点〕

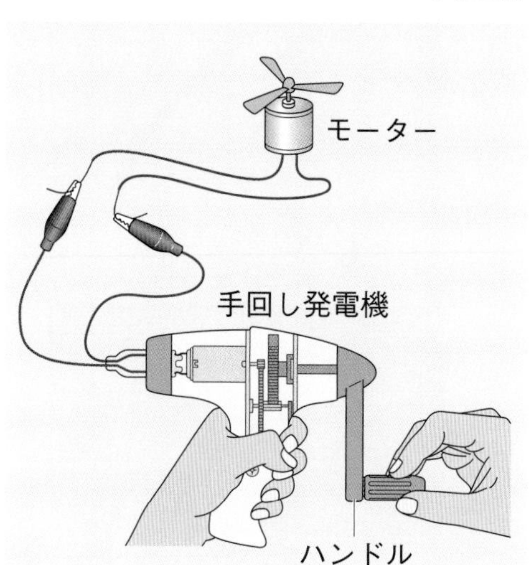

(1)　電気をつくることを何といいますか。
（　　　　　　　　）

(2)　手回し発電機のハンドルを時計(とけい)回りに回すと、モーターは回りますか。（　　　　　　　　）

(3)　手回し発電機のハンドルを回すのをやめると、モーターはどのようになりますか。
（　　　　　　　　）

(4)　手回し発電機のハンドルを(2)のときとは逆向きに回すと、モーターはどのようになりますか。ア〜ウから選びましょう。（　　　）

ア　(2)のときと同じ向きに回る。
イ　(2)のときとは逆向きに回る。
ウ　回らなくなる。

(5)　(4)のようになるのは、電流の流れがどのようになるからですか。
（　　　　　　　　）

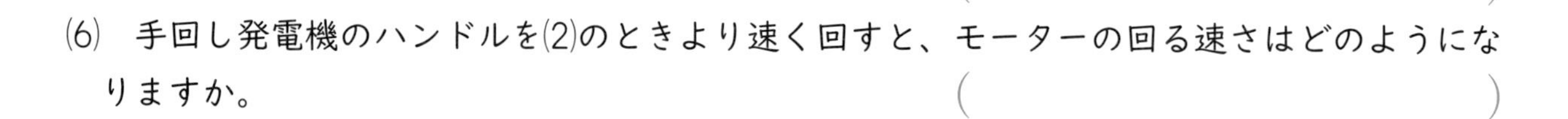

(6)　手回し発電機のハンドルを(2)のときより速く回すと、モーターの回る速さはどのようになりますか。（　　　　　　　　）

2 **光電池による発電** 次の図のように、㋐の器具に光を当てると、モーターが回りました。あとの問いに答えましょう。　1つ5〔20点〕

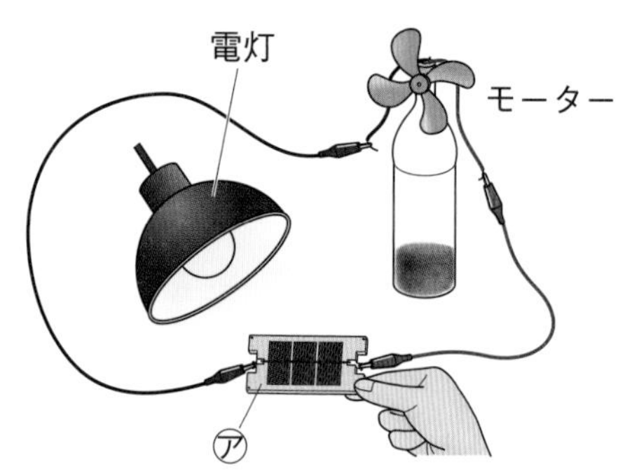

(1)　㋐の器具を何といいますか。（　　　　　　）

(2)　㋐の器具に光を当てると、回路に何が流れますか。（　　　　　　）

(3)　㋐の器具をつなぐ向きを逆にすると、モーターはどのようになりますか。
（　　　　　　　　）

(4)　㋐の器具に光が当たらないようにすると、モーターはどのようになりますか。
（　　　　　　　　）

よく出る

3 たくわえた電気の利用 次の図1の器具を2つ用意し、それぞれ手回し発電機につないで同じ速さで20回ハンドルを回しました。その後、図1の器具をそれぞれ図2のようにつなぎました。次の問いに答えましょう。

1つ6〔30点〕

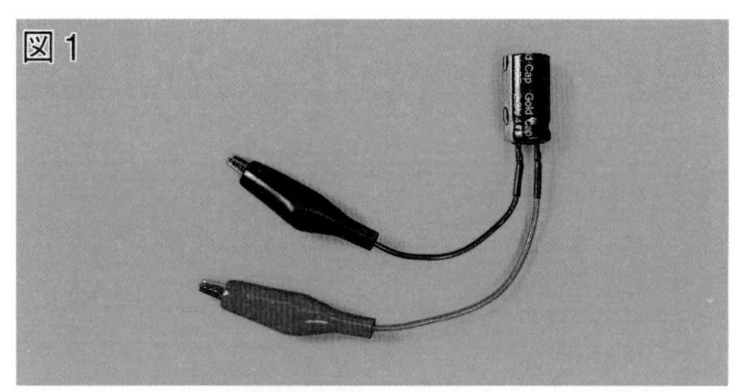
図1

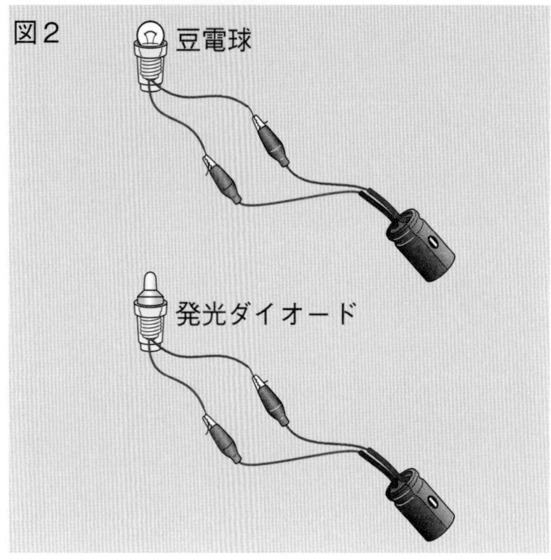

図2

(1) 図1の器具を何といいますか。

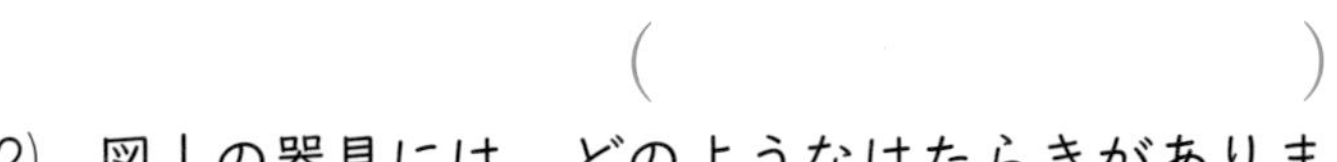
(　　　　　　)

(2) 図1の器具には、どのようなはたらきがありますか。ア～ウから選びましょう。　(　　　)

ア　電気をつくるはたらき

イ　電気をたくわえるはたらき

ウ　電気を別のものに変えるはたらき

(3) 豆電球と発光ダイオードの明かりがついている時間を比べました。どちらのほうが長く明かりがついていましたか。ア～ウから選びましょう。

(　　　)

ア　豆電球のほうが、長い時間ついていた。

イ　発光ダイオードのほうが、長い時間ついていた。

ウ　豆電球と発光ダイオードは、同じぐらいの時間ついていた。

(4) 明かりがつくのにたくさんの電気を使うのは、豆電球と発光ダイオードのどちらですか。

(　　　　　　)

記述 (5) 最近の照明は、電球ではなく発光ダイオードを使うものが増えています。このように変わった理由を、(3)、(4)から考えて書きましょう。

(　　　　　　　　　　　　　　　　　　　　)

4 電気の利用 わたしたちは電気をいろいろなものに変えて利用しています。あとの問いに答えましょう。

1つ5〔20点〕

㋐

電気スタンド

㋑

ラジオ

㋒

電車

㋓
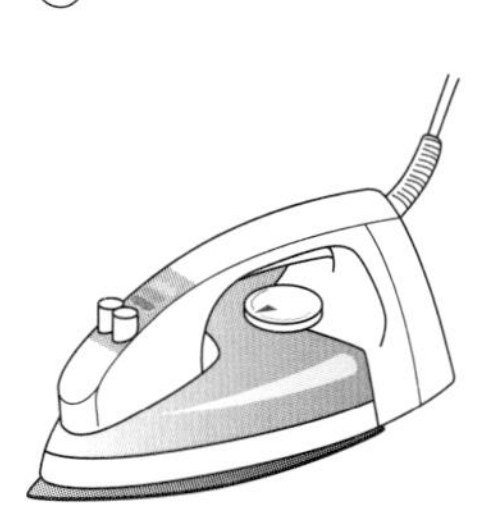
アイロン

(1) ㋐～㋓の中で、電気をおもに熱に変えて利用しているものを選びましょう。(　　　)

(2) ㋐～㋓の中で、電気をおもに光に変えて利用しているものを選びましょう。(　　　)

(3) ㋐～㋓の中で、電気をおもに音に変えて利用しているものを選びましょう。(　　　)

(4) ㋐～㋓の中で、電気をおもに運動に変えて利用しているものを選びましょう。(　　　)

勉強した日　月　日

自然とともに生きる
基本のワーク

学習の目標
ヒトは、空気、水、生物と深くかかわっていることを知ろう。

教科書 192～203ページ　答え 25ページ

図を見て、あとの問いに答えましょう。

1 空気・水・生物とのかかわり

空気

・①［　　　］や石炭などを燃やして発電している。
・自動車が②［　　　］などを燃やして走る。
➡酸素が使われ、③［　　　］が出る。

水

・飲み水として取り入れている。
・農業や④［　　　］の中で使われている。

生物

・食べ物として生物を育てたり、とったりしている。
・森林の⑤［　　　］も、管理しながら利用している。

⑥［　　　］にえいきょうをあたえるだけでなく、環境を⑦［　　　］取り組みが必要である。

● ヒトと環境とのかかわりについて、①～⑦の［　］に当てはまる言葉を、下の〔　〕から選んで書きましょう。
〔　二酸化炭素　ガソリン　工業　守る　木　天然ガス　環境　〕

まとめ　〔 環境　守る 〕から選んで（　）に書きましょう。
●ヒトは、空気や水、生物とかかわりながら、①（　　　）にえいきょうをあたえている。
●環境にえいきょうをあたえ続けるだけでなく、環境を②（　　　）取り組みが必要である。

<持続可能な社会をつくる>将来生まれてくる人々がくらしやすい環境を残しながら、今を生きる人々が豊かにくらす社会を、持続可能な社会といいます。

練習のワーク

できた数　／9問中

教科書 192〜203ページ　答え 25ページ

SDGs **1** **わたしたちは空気や水、生物とかかわって生活しています。あとの問いに答えましょう。**

(1) 火力発電では、おもな燃料として、石炭や石油のほかに何を使っていますか。
（　　　　　　）

(2) ガソリンで走る自動車は、燃料を燃やすと、酸素と二酸化炭素のどちらを出しますか。
（　　　　　　）

(3) 水とのかかわりについて、正しいものには〇、まちがっているものには×をつけましょう。

①（　　）飲み水として水を利用している。
②（　　）農業や工業では水を利用していない。
③（　　）ヒトが利用している水は、地球上をじゅんかんしている。

(4) わたしたちは、生きていくために、どのようにして食べ物を得ていますか。
（　　　　　　　　　　）

SDGs **2** **環境を守り続けるために、さまざまなとり組みがされています。あとの問いに答えましょう。**

図１

段ボールコンポスト

図２

下水浄化センター

(1) 図１の段(だん)ボールコンポストに入れた土の中に生ごみを小さく切って入れると、土の中の小さな生物によって、生ごみが何に変わりますか。（　　　　　　）

(2) 次の（　）にあてはまる言葉を書きましょう。

図２のような下水浄化(じょうか)センターでは、下水処理のバイオガスで（　　　　　　）したり、どろを使って肥料をつくったりして、下水を有効に利用している。

(3) 2015年の国連で、2030年までに達成するためにかかげた「持続可能な開発目標」をアルファベット４文字（大文字３字、小文字１字）で書きましょう。（　　　　　　）

まとめのテスト

勉強した日　　月　　日

10　自然とともに生きる

時間 20分

得点　　/100点

教科書 192〜203ページ　答え 25ページ

1 環境とのかかわり　ヒトの生活と環境とのかかわりについて、あとの問いに答えましょう。

1つ4〔40点〕

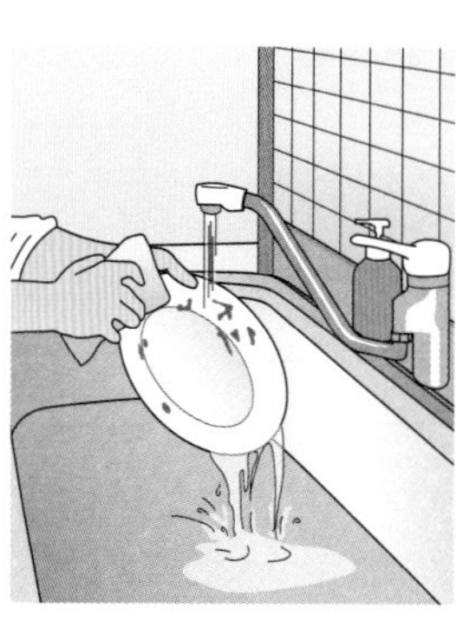

(1)　ヒトと空気や水、生物とのかかわりについて、正しいものには○、まちがっているものには×をつけましょう。

①(　　　)呼吸によって、空気中の二酸化炭素を取り入れて、酸素を空気中に出す。

②(　　　)ごみを清そう工場で燃やすと、たくさんの二酸化炭素が出る。

③(　　　)ガソリンを燃やして走る自動車は、空気をきれいにする気体を出す。

④(　　　)生活の中で、たくさんの水を使っている。

⑤(　　　)工場では、水が使われることはない。

⑥(　　　)野菜を育てるために、水が使われている。

⑦(　　　)生きていくために、食べ物として、生物をとったり、育てたりしている。

(2)　わたしたちがよりよい生活を続けていくためには、どのようにすればよいですか。正しいものには○、まちがっているものには×をつけましょう。

①(　　　)燃料をたくさん燃やす生活や、水をたくさん使う生活を続ける。

②(　　　)環境へのえいきょうを少なくするための取り組みを行う。

③(　　　)環境を守るための取り組みを行う。

SDGs **2** 空気とのかかわり　右の図は、火力発電所を表しています。次の問いに答えましょう。

1つ4〔12点〕

(1)　火力発電のおもな燃料には、どのようなものがありますか。1つ書きましょう。

(　　　　　　　　)

(2)　火力発電所で燃料を燃やすと、酸素と二酸化炭素のどちらが発生しますか。

(　　　　　　　　)

(3)　近年、空気中の(2)の割合は増えていますか、減っていますか。

(　　　　　　　　)

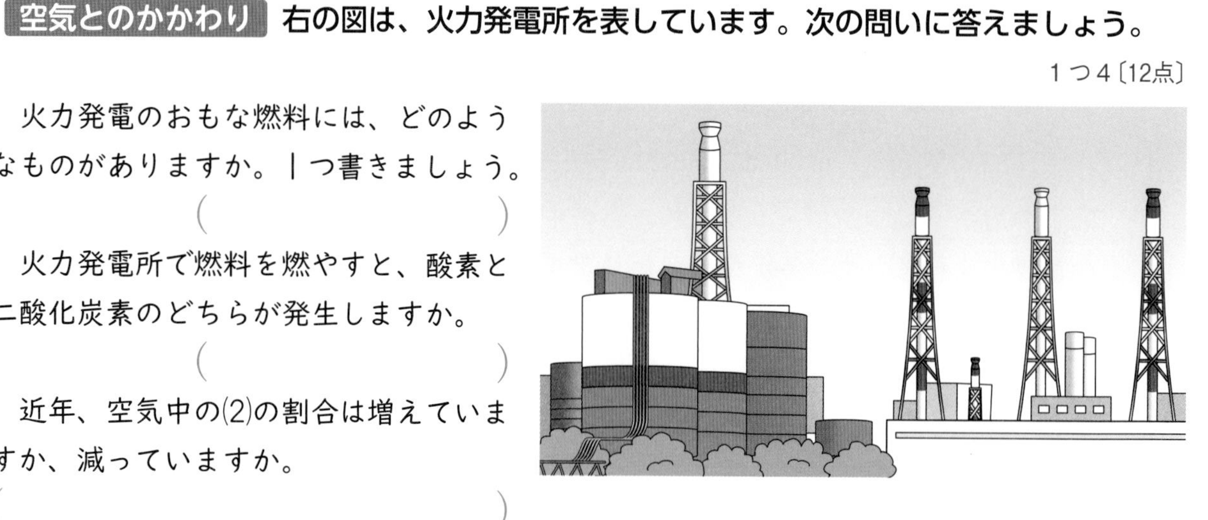

3 環境へのえいきょうを少なくする 環境へのえいきょうを少なくするとり組みについて、あとの問いに答えましょう。

1つ4〔28点〕

記述 (1) 右の図は、下水浄化センターを表したものですが、ここでは下水をきれいにするのと同時に、どのようなことをして、下水を有効に利用していますか。2つ書きましょう。

(　　　　　　　　　　　　)
(　　　　　　　　　　　　)

(2) SDGsとは「Sustainable Development Goals」を省略した言い方で、「エス・ディー・ジーズ」と読みます。日本語では何と言いますか。

(　　　　　　　　　　　　)

(3) SDGsの12番目に、「つくる責任・つかう責任」というものがあります。これに関係して、人や地域、環境、社会などとの関係を考えて、ものを買ったり、使ったりすることを何といいますか。(　　　　　　)

(4) 次の文は、環境へのえいきょうを少なくするために、わたしたちができることを書いたものです。①～③にあてはまる図を、あ～うからそれぞれ選びましょう。

① 自転車を使って荷物(にもつ)を配達する。 (　　)

② 使わない電気はこまめに消して、電気をむだにしないようにする。 (　　)

③ レジぶくろをつくる量やレジぶくろのごみの量を減らすため、エコバッグを利用する。 (　　)

あ

い

う

SDGs

4 環境を守る取り組み 環境を守るとり組みについて、正しいものには○、まちがっているものには×をつけましょう。

1つ4〔20点〕

①(　　)木材として使うために、森林の木をたくさん切る。
②(　　)木が減った森林に、植林をする。
③(　　)海をうめたてて、ヒトが利用できる場所を増やす。
④(　　)川や海岸の清そう活動をしたり、自然観察会を行ったりして、自然に親しみながら環境を守る。
⑤(　　)自然環境についてよく知るために、実際にその場所に行って調査をしたり、観察をしたりする。

考えてとく問題にチャレンジ！

プラスワーク

答え 26ページ

1 ものが燃えるしくみ 教科書 10〜25ページ

右の図は、キャンプファイヤーのときの木の組み方を表したものです。次の問いに答えましょう。

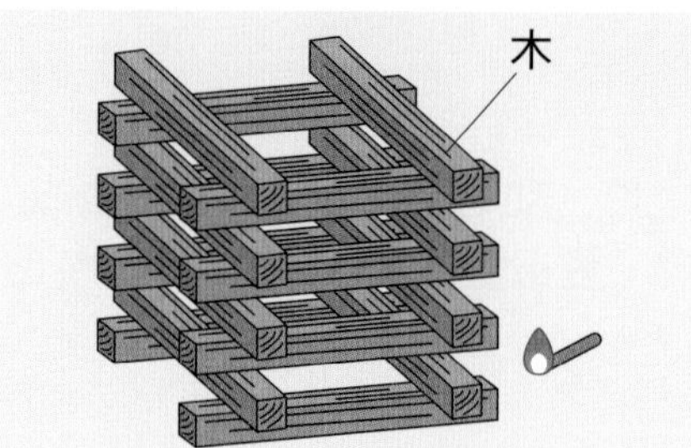

(1) 木をすきまなく組むと、木は燃えやすくなりますか、燃えにくくなりますか。（　　　）

思考 (2) 図のように、すきまができるように木を組むのはなぜですか。

（　　　）

2 ヒトや動物の体 教科書 26〜47ページ

泳いだ後に、1分間の脈(みゃく)はくの回数をはかったところ、ふだんの脈はくの回数よりも多くなっていました。次の問いに答えましょう。

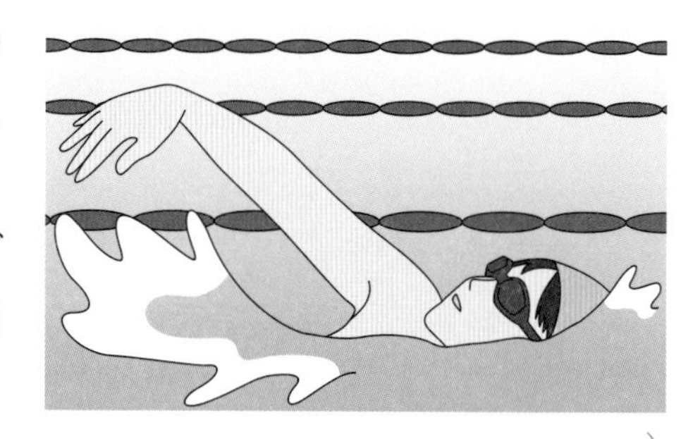

(1) 泳いだ後の心臓のはく動(どう)の回数は、ふだんと比べてどのようになっていますか。（　　　）

(2) 脈はくの回数が多くなったのは、心臓の動きがどのようになっているからですか。（　　　）

3 植物のつくりとはたらき 教科書 48〜67ページ

葉と日光のかかわりについて調べるため、次の図のようにして、㋐〜㋒の葉にでんぷんがあるかどうかを調べました。あとの問いに答えましょう。

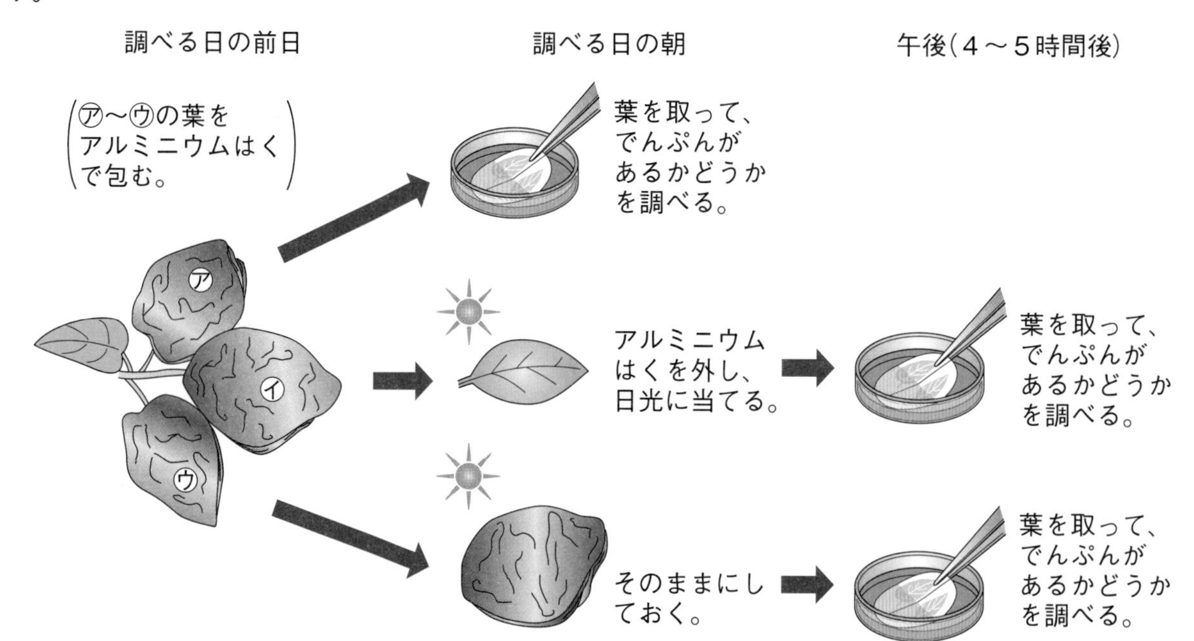

(1) 調べる日の朝、㋐の葉にでんぷんがあるかどうかを調べたのは、何を確かめるためですか。

（　　　）

(2) ㋐〜㋒のうち、でんぷんがあった葉をすべて選びましょう。（　　　）

4 水よう液の性質 教科書 90〜113ページ

学校の実験室では、塩酸をガラスのびんに入れて保存(ほぞん)しています。次の問いに答えましょう。

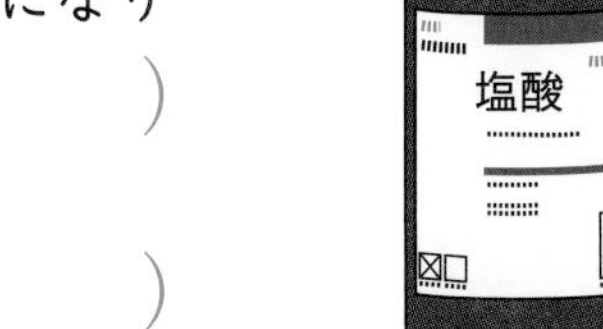

(1) アルミニウムに塩酸を加えると、アルミニウムはどのようになりますか。 (　　　　　)

(2) 鉄に塩酸を加えると、鉄はどのようになりますか。 (　　　　　)

(3) 塩酸をアルミニウムや鉄の容器で保存しないのはなぜですか。 (　　　　　)

(4) 塩酸は、ガラスのびんをとかしますか。 (　　　　　)

5 月と太陽 教科書 114〜123ページ

月の見え方について、次の問いに答えましょう。

(1) 月は、太陽のある側、太陽のない側のどちらがかがやいて見えますか。 (　　　　　)

(2) 太陽が西にしずむころに、半月が見えました。このときの半月は、右側と左側のどちらがかがやいて見えますか。 (　　　　　)

(3) (2)のときの半月のおよその位置を、下の図１に○で示しましょう。

(4) 太陽が西にしずむころ、東の空に月が見えました。このときの月の形を図２の◌にかきましょう。

図１

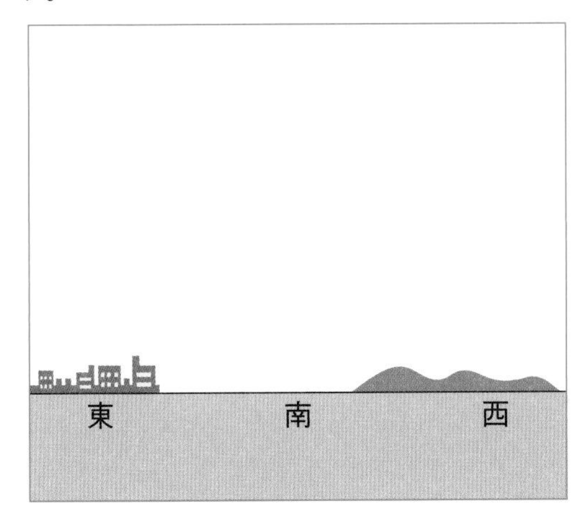

図２

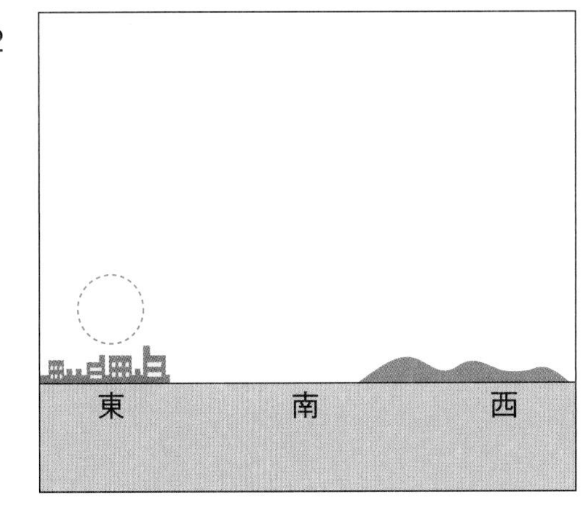

6 大地のつくりと変化 教科書 124〜153ページ

右の図は、ある地層を観察したものです。次の問いに答えましょう。

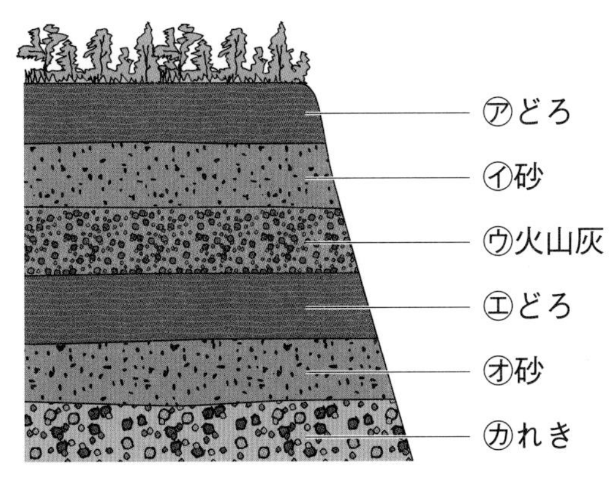

(1) (図の)㋓〜㋕の層のうち、もっとも大きいつぶをふくむ層はどれですか。㋓〜㋕から選びましょう。 (　　　)

(2) (図の)㋓〜㋕の層のつぶのうち、河口からもっともはなれたところで積もったのはどれですか。㋓〜㋕から選びましょう。 (　　　)

(3) (図の)㋐〜㋕の層のうち、ふくまれているつぶが角ばっているものはどれですか。㋐〜㋕から選びましょう。また、その層は何のはたらきでできた層ですか。

層(　　　) はたらき(　　　　　)

7 てこのはたらき 教科書 154～171ページ

図１のように、大きくて重いブロックの下にハンカチがはさまっています。あとの問いに答えましょう。

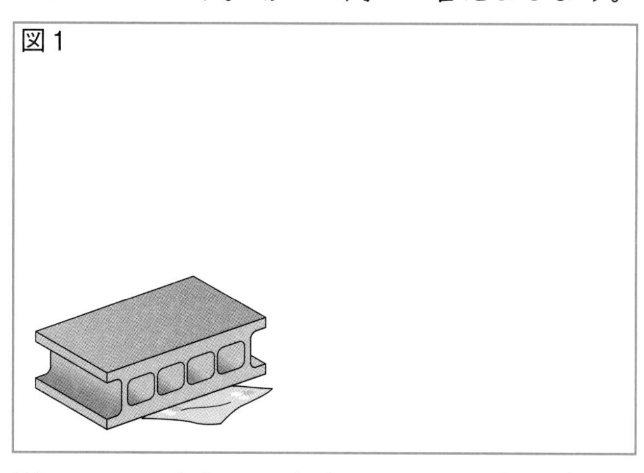

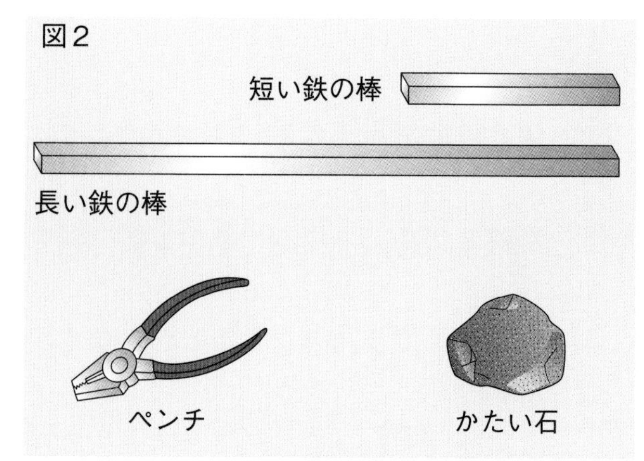

(1) ハンカチを取り出すために、図２の道具を用意しました。どの道具を組み合わせて使うとよいですか。次のア～ウから選びましょう。（　　）

ア　ペンチと短い鉄の棒　　イ　長い鉄の棒とかたい石　　ウ　ペンチとかたい石

(2) ハンカチを取り出すためには、(1)で選んだ道具をどのようにして使うとよいですか。図２を参考にして、図１にかきましょう。

8 発電と電気の利用 教科書 172～191ページ

右の図のかい中電灯には、災害のときに便利な機能がついています。次の問いに答えましょう。

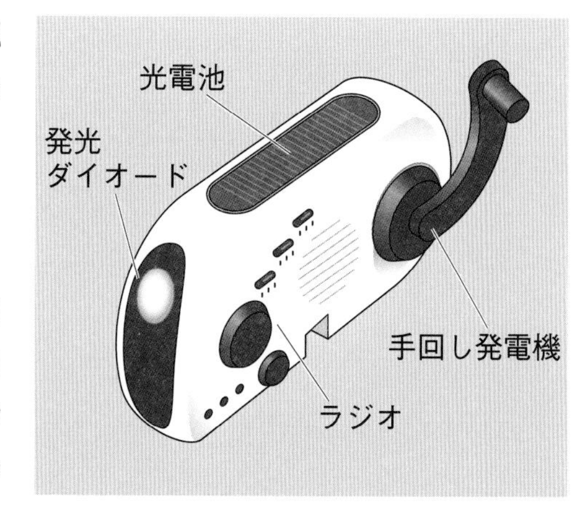

(1) 図のかい中電灯は、どのようにして発電させることができますか。２つ書きましょう。

（　　　　　　　　　　）

（　　　　　　　　　　）

(2) (1)の方法でつくった電気は、発光ダイオードやラジオに使用できます。このとき、発光ダイオードやラジオでは、それぞれ電気が何に変えられますか。

発光ダイオード（　　　　　　）　ラジオ（　　　　　　）

思考 (3) 図のかい中電灯には、電球ではなく、発光ダイオードがついています。このことは、災害のときにどのような点で便利だと考えられますか。

（　　　　　　　　　　）

思考 9 自然とともに生きる 教科書 192～203ページ

わたしたちの生活と環境を守る取り組みについて、次の問いに答えましょう。

(1) 夕食後、食器洗いを手伝おうとしたら、「食器についている油よごれをふいてから洗ってね。」と言われました。洗う前に食器の油よごれをふくのはなぜですか。

（　　　　　　　　　　）

(2) ペットボトルなどを分別することは、環境を守ることにつながります。その理由を書きましょう。

（　　　　　　　　　　）

●勉強した日　　月　　日

実力判定テスト

夏休みのテスト①

時間30分

名前　　得点　　/100点

おわったらシールをはろう

教科書　10〜47ページ　　答え　28ページ

1 次の図のように、底のないびんを用意し、ろうそくの燃え方を調べました。あとの問いに答えましょう。

1つ5〔20点〕

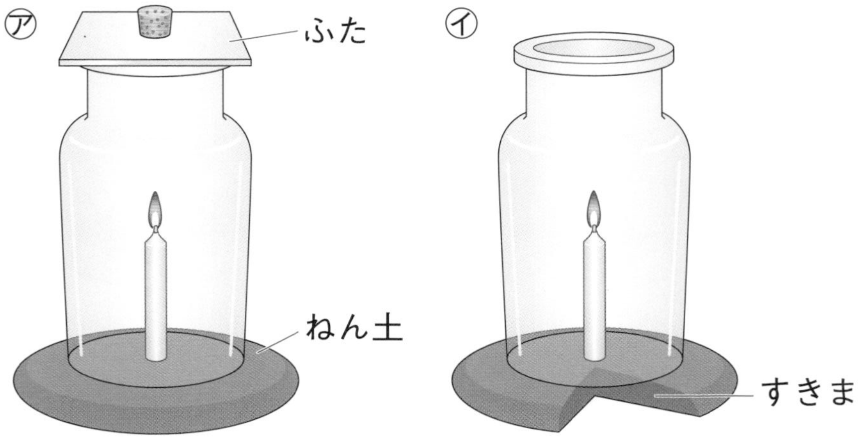

㋐　ふた　ねん土

㋑　すきま

(1) ㋐で、ろうそくは燃え続けますか、火が消えますか。（　　　）

(2) ㋑で、ろうそくは燃え続けますか、火が消えますか。（　　　）

(3) ㋑で、下のすきまに線香のけむりを近づけると、けむりはびんの中に流れこみますか。

（　　　）

3 ヒトの体のつくりとはたらきについて、あとの問いに答えましょう。

1つ3〔30点〕

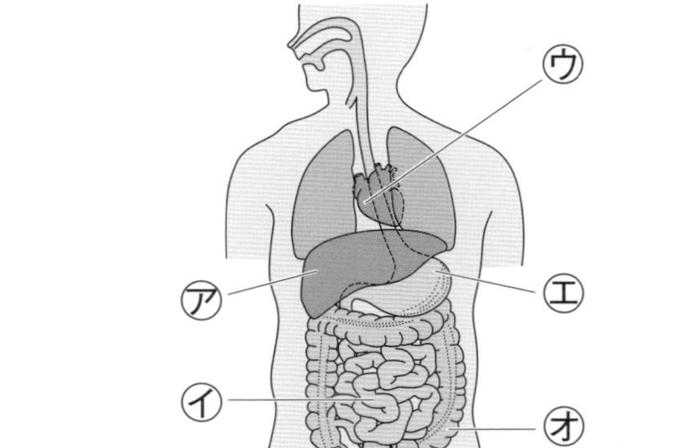

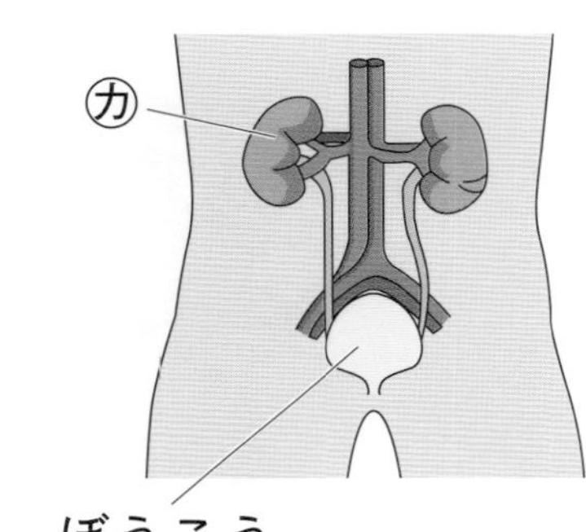

(1) ㋐〜㋕の臓器(ぞうき)をそれぞれ何といいますか。

㋐（　　　）　㋑（　　　）

㋒（　　　）　㋓（　　　）

㋔（　　　）　㋕（　　　）

(2) 次のはたらきをしている臓器を、それぞれ㋐〜㋕から選びましょう。

① 消化(しょうか)された養分を吸収(きゅうしゅう)する。（　　　）

② 吸収された養分をたくわえる（　　　）

●勉強した日　月　日

実力判定テスト

夏休みのテスト②

時間30分

名前

得点　/100点

おわったらシールをはろう

教科書　48〜87ページ　答え　28ページ

1 次の図1のように、ほり出したホウセンカを色水にひたしておきました。あとの問いに答えましょう。

1つ11〔22点〕

図1

図2

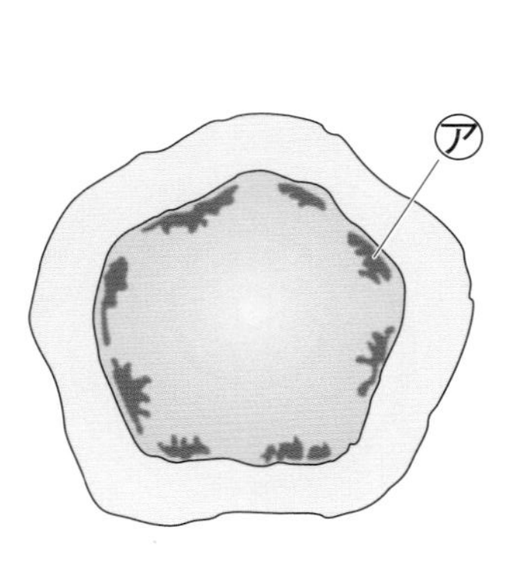

(1) 水はどのような順で植物の体全体に行きわたりますか。根、くき、葉を正しい順に並べましょう。

（　　→　　→　　）

(2) 図2は、図1のくきを横に切った切り口を表したものです。青色になっている㋐は、何の通り道です

3 次の図のように、㋐〜㋒の葉におおいをし、一晩おきました。次の日の朝、㋐、㋑のおおいを外し、㋐を取ってヨウ素液で調べました。㋑、㋒はそのまま日光に4〜5時間当てた後、取ってヨウ素液で調べました。あとの問いに答えましょう。

1つ8〔24点〕

前日

次の日の朝

4〜5時間後

ヨウ素液

(1) ヨウ素液を使うと、何という養分があるかどうかを調べることができますか。（　　）

か。　（　　　　　）

2 晴れた日に、葉のついたホウセンカと、葉を全部取ったホウセンカにポリエチレンのふくろをかぶせ、しばらくおきました。あとの問いに答えましょう。

1つ9〔27点〕

㋐

葉のついたホウセンカ

㋑

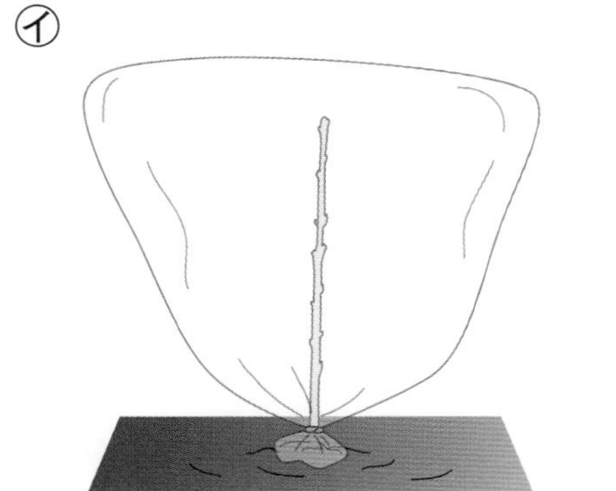

葉を全部取ったホウセンカ

(1)　㋐、㋑のうち、ふくろの内側に多くの水てきがついたのはどちらですか。　（　　　）

(2)　ふくろについた水てきの量のちがいから、植物に取り入れられた水は、おもにどこから出ていくと考えられますか。　（　　　　　）

(3)　植物に取り入れられた水が水蒸気（すいじょうき）になって植物の体から出ていくことを、何といいますか。

（　　　　　）

(2)　㋐〜㋒のうち、ヨウ素液で調べると色が変わる葉はどれですか。　（　　　）

(3)　葉に(1)ができるには、どのようなことが必要ですか。

（　　　　　　　　　　）

4 生物どうしのつながりについて、あとの問いに答えましょう。

1つ9〔27点〕

(1)　植物は自分で養分をつくることができますか。

（　　　　　）

(2)　動物は自分で養分をつくることができません。どのようにして養分を取り入れていますか。

（　　　　　　　　　　）

(3)　生物どうしの、「食べる・食べられる」のひとつながりの関係を何といいますか。（　　　　　）

(4)　ものがよく燃え続けるには、どうなることが必要ですか。

(　　　　　　　　　　　　)

2 **次の図のような酸素、ちっ素、二酸化炭素を入れたそれぞれのびんに、火のついたろうそくを入れ、燃え方を調べました。あとの問いに答えましょう。**

1つ5〔20点〕

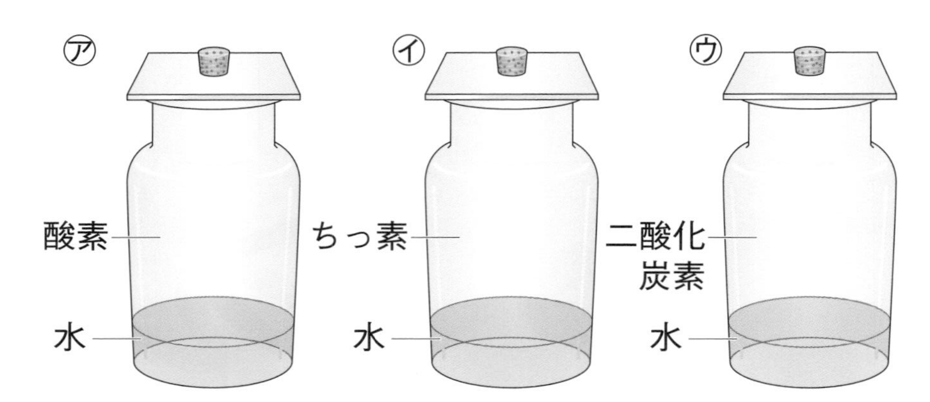

(1)　ろうそくが激しく燃えるのは、㋐～㋒のどれですか。　(　　　)

(2)　酸素には、どのようなはたらきがありますか。

(　　　　　　　　　　　　)

(3)　ちっ素と二酸化炭素に、それぞれ(2)のはたらきはありますか。

ちっ素(　　　　)

二酸化炭素(　　　　)

③　血液を全身に送り出す。　(　　　)

④　不要なものをこし出し、にょうをつくる。

(　　　)

4 **次の図のように、㋐には吸う空気、㋑にははき出した息を入れました。あとの問いに答えましょう。**

1つ6〔30点〕

(1)　㋐、㋑のふくろに石灰水を入れてふると、石灰水はそれぞれどうなりますか。

㋐(　　　　)　㋑(　　　　)

(2)　次の(　)に当てはまる言葉を書きましょう。

ヒトは空気を吸ったりはき出したりして、肺で空気中の①(　　　　)を血液に取り入れ、血液から②(　　　　)を出す。このことを③(　　　　)という。

●勉強した日　　月　　日

実力判定テスト　冬休みのテスト②

時間 30分

名前　　　得点　　　/100点

おわったら シールを はろう

教科書　114～153ページ　　答え　29ページ

1 月について、あとの問いに答えましょう。　1つ3〔30点〕

(1)　図1の①～⑧の位置にある月は、地球からはどのような形に見えますか。それぞれ図2の㋐～㋗から選びましょう。

①(　　)　②(　　)　③(　　)　④(　　)

⑤(　　)　⑥(　　)　⑦(　　)　⑧(　　)

3 次の図1は、ある地層を観察したものです。図2は、図1のある層(そう)からとったものを観察したようすです。あとの問いに答えましょう。　1つ7〔28点〕

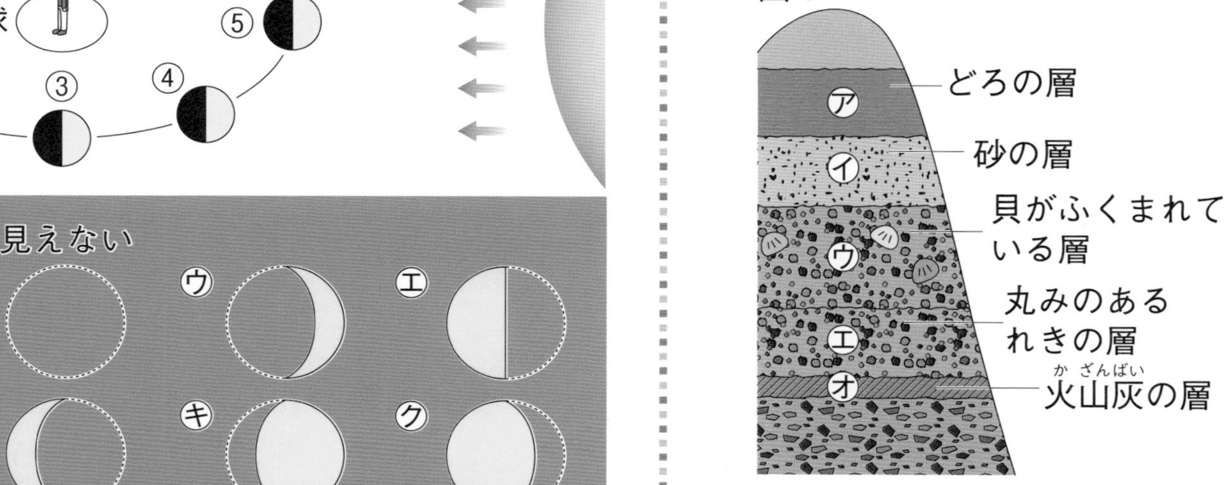

(1)　図2は、図1の㋐～㋔のうち、どの層からとったものを観察したようすですか。　(　　)

(2)　図1の㋒で見られた貝のように、地層から見つかる、大昔の生物の体や生活のあとなどを何といいますか。　(　　)

(3)　次の①～④のうち、火山灰のつぶについて当てはまる

●勉強した日　　月　　日

冬休みのテスト①

時間 30分

名前　　得点　　/100点

おわったら シールを はろう

教科書　90〜113ページ　　答え　29ページ

1 ㋐〜㋓の試験管には、それぞれうすい塩酸、食塩水、炭酸水、うすいアンモニア水が入っています。あとの問いに答えましょう。

1つ7〔28点〕

㋐　うすい塩酸

㋑　食塩水

㋒　炭酸水

㋓　うすい（うすい）アンモニア水

(1) ㋐〜㋓の水よう液のうち、あわが出ているものを選びましょう。（　　　）

(2) ㋐〜㋓の水よう液のうち、においのするものを2つ選びましょう。（　　　）（　　　）

(3) ㋐〜㋓の水よう液のうち、蒸発（じょうはつ）させると白い固体が残るものを選びましょう。（　　　）

3 次の図のように、炭酸水から出る気体を集めました。あとの問いに答えましょう。

1つ6〔12点〕

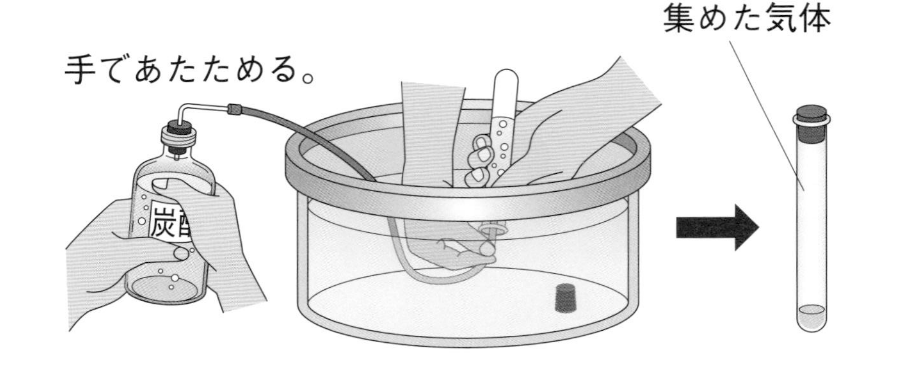

(1) 気体を集めた試験管に石灰水（せっかいすい）を入れ、ゴムせんをしてふりました。石灰水はどうなりますか。
（　　　　　）

(2) (1)から、集めた気体には何がふくまれていることがわかりますか。
（　　　　　）

4 次の図のように、アルミニウムにうすい塩酸を加えてしばらくおいた後、上（うわ）ずみ液（えき）を熱しました。あとの

2 リトマス紙を使って、水よう液を３つの仲間に分けました。あとの問いに答えましょう。　1つ6〔42点〕

㋐		赤色のリトマス紙だけが青色に変わる。
㋑		どちらのリトマス紙も色が変わらない。
㋒		青色のリトマス紙だけが赤色に変わる。

(1)　リトマス紙の使い方について、正しいものを2つ選び、○をつけましょう。

①(　　)リトマス紙は手で直接取り出す。

②(　　)リトマス紙はピンセットで取り出す。

③(　　)ガラス棒(ぼう)でリトマス紙に水よう液をつける。

④(　　)リトマス紙を直接水よう液につける。

(2)　㋐～㋒は、それぞれ何性の水よう液ですか。

㋐(　　　　)

㋑(　　　　)

㋒(　　　　)

(3)　塩酸と食塩水には、それぞれ㋐～㋒のどの性質がありますか。

塩酸(　　　)

食塩水(　　　)

問いに答えましょう。　1つ6〔18点〕

操作(そうさ)1　　操作2

(1)　操作1で、アルミニウムにうすい塩酸を加えると、アルミニウムはどうなりますか。ア～ウから選びましょう。(　　)

ア　あわを出してとける。

イ　あわを出さずにとける。

ウ　変化が見られない。

(2)　操作2で出てきた固体にうすい塩酸を加えると、固体はどうなりますか。(1)のア～ウから選びましょう。(　　)

(3)　操作2で出てきた白い固体は、アルミニウムと同じものですか、別のものですか。

(　　　　)

(2)　月のかがやいている側には、いつも何がありますか。　(　　　　)

(3)　月の形が、日によって変わって見えるのは、なぜですか。

(　　　　　　　　)

2 **次の写真は、地層(ちそう)にふくまれていた岩石を表しています。あとの問いに答えましょう。**　1つ6〔24点〕

㋐おもにどろ　　㋑おもに砂(すな)　　㋒おもにれき

(1)　㋐～㋒の岩石の名前をそれぞれ書きましょう。

㋐(　　　　)

㋑(　　　　)

㋒(　　　　)

(2)　㋐～㋒の岩石をふくむ地層は、何のはたらきでたい積しましたか。

(　　　　)

まるものを2つ選び、○をつけましょう。

①(　　)丸みのあるものが多い。

②(　　)角ばっているものが多い。

③(　　)ガラスのかけらのようなものがある。

④(　　)とうめいなものはふくまれていない。

4 **火山の噴火(ふんか)や地震(じしん)について、あとの問いに答えましょう。**　1つ6〔18点〕

(1)　火山が噴火すると火口から流れ出る㋐を何といいますか。　(　　　　)

(2)　地震のときに地表に現れることのある、㋑のような大地のずれを何といいますか。

(　　　　)

(3)　火山活動や地震によって、大地が変化することがありますか。　(　　　　)

●勉強した日　　月　　日

実力判定テスト

学年末のテスト①

時間 30分

名前　　得点　　/100点

おわったらシールをはろう

教科書 154～203ページ　答え 30ページ

1 てこについて、あとの問いに答えましょう。

1つ5〔30点〕

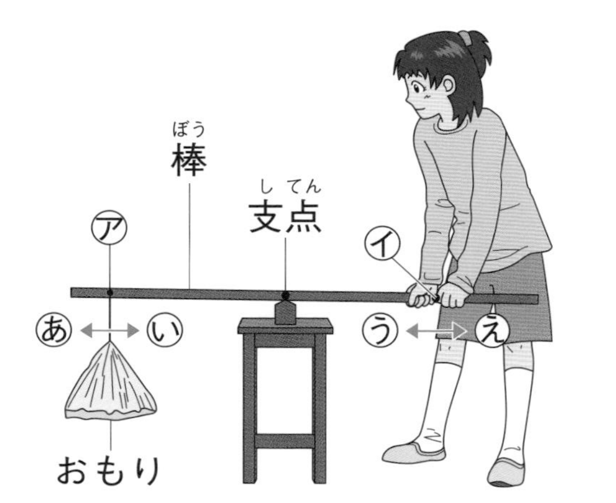

(1) ㋐、㋑の点をそれぞれ何といいますか。

㋐(　　　　)　㋑(　　　　)

(2) ㋐の位置を変えて手ごたえを小さくしたいとき、あ、いのどちらに動かしますか。　(　　　)

(3) ㋑の位置を変えて手ごたえを小さくしたいとき、う、えのどちらに動かしますか。　(　　　)

(4) 次の①～④のうち、より小さな力でおもりを持ち上げることができるものを２つ選び、○をつけまし

3 次の図の㋐で手回し発電機のハンドルを回したり、㋑で光電池（こうでんち）に光を当てたりすると、モーターが回りました。あとの問いに答えましょう。

1つ9〔18点〕

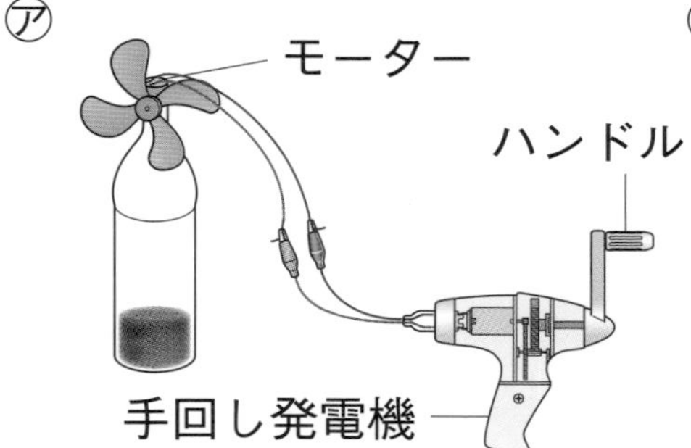

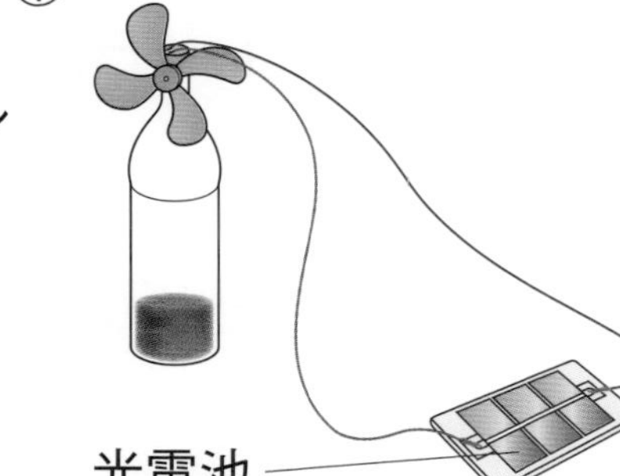

(1) ㋐で、ハンドルを逆向きに回すと、モーターはどうなりますか。　(　　　　)

(2) ㋑で、光電池に強い光を当てると、モーターの回る速さはどうなりますか。

(　　　　)

4 電気の利用について、あとの問いに答えましょう。

1つ8〔16点〕

学年末のテスト②

●勉強した日　月　日

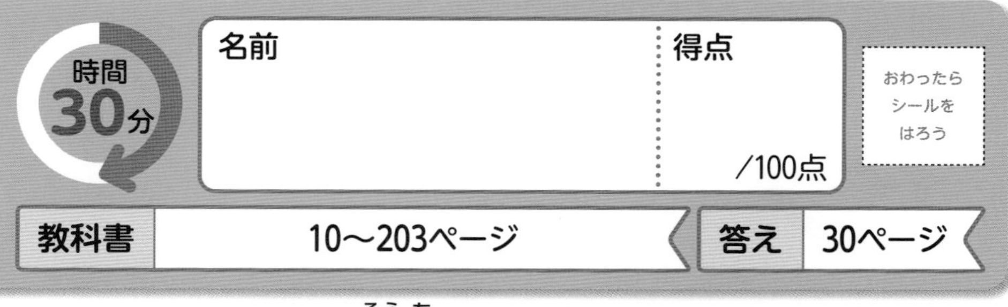

教科書　10〜203ページ　答え　30ページ

1 次の図のように、うすいでんぷんの液を試験管㋐、㋑に入れ、㋐には水、㋑にはだ液をしみこませた綿棒（めんぼう）を入れました。そして、㋐、㋑を約40℃の湯であたためた後、それぞれにヨウ素液を入れました。あとの問いに答えましょう。　1つ7〔28点〕

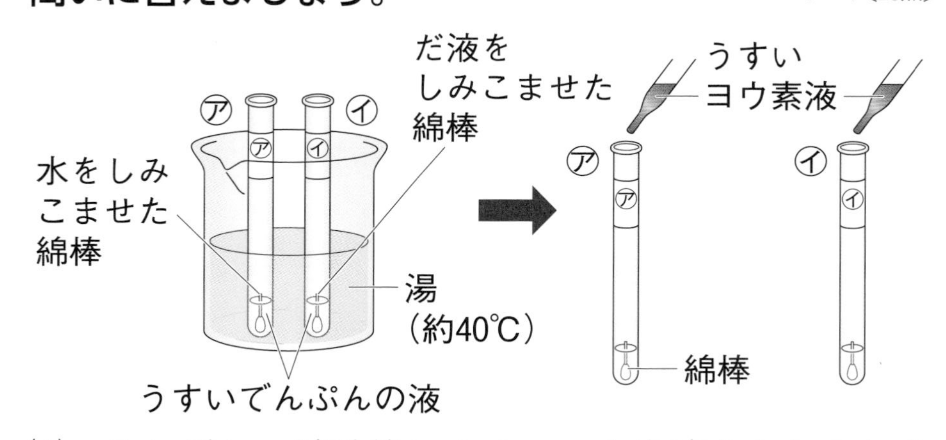

(1)　それぞれの試験管にうすいヨウ素液を入れたとき、液の色が変化するのは、㋐、㋑のどちらですか。
（　　　）

(2)　でんぷんがふくまれているのは、㋐、㋑のどちらですか。
（　　　）

(3)　だ液にはどのようなはたらきがありますか。

3 次の図のような装置（そうち）を使い、水で土を水そうに流しこみました。しばらくして、もう一度同じように土を流しこみ、少し待って土の積もり方を調べました。あとの問いに答えましょう。　1つ9〔18点〕

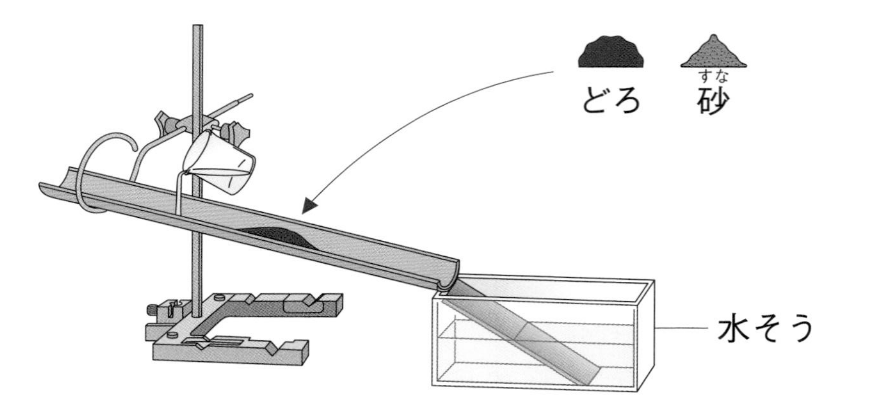

(1)　つぶが大きいのは、どろと砂のどちらですか。
（　　　）

(2)　2度めに土を流し、しばらくそのままにした後の水そうのようすを、㋐〜㋒から選びましょう。
（　　　）

㋐ どろと砂　㋑ 砂　どろ　㋒

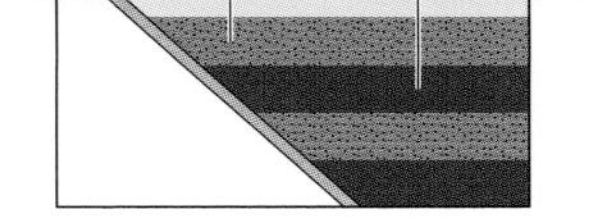

（　　　　　　　　）

(4)　食べ物を体に吸収されやすいものに変えるはたらきを、何といいますか。　（　　　　　　　　）

2 水中の生物どうしのつながりについて、あとの問いに答えましょう。

1つ8〔24点〕

㋐

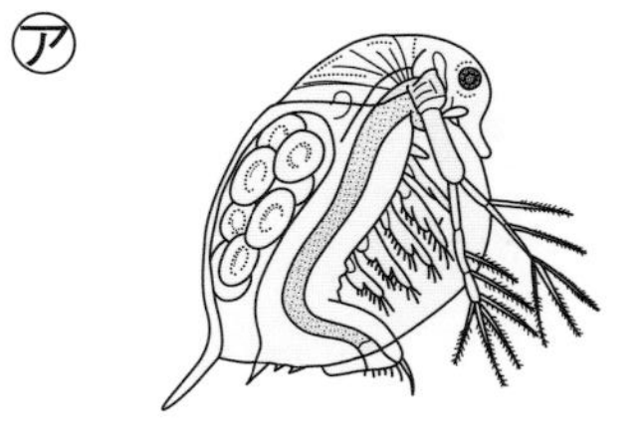

㋑

やご
（トンボの幼虫）

㋒

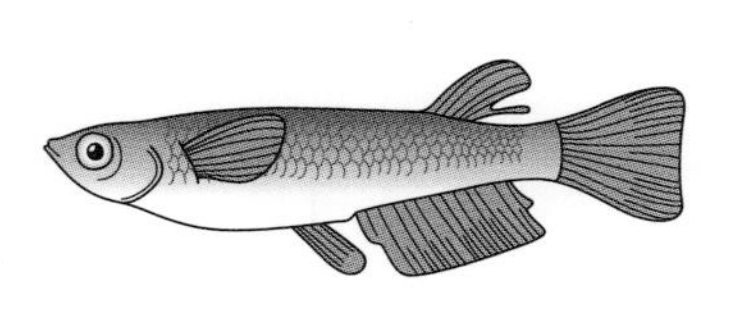

メダカ

(1)　㋐の生物を何といいますか。（　　　　　　　　）

(2)　㋐～㋒の生物を、食べられる生物から食べる生物の順に並べましょう。

（　　　　→　　　　→　　　　）

(3)　水中の生物に、食物連鎖の関係はありますか。

（　　　　　　　　）

4 てこを利用した道具について、①～③に当てはまるものをそれぞれ㋐～㋕から２つずつ選び、記号で答えましょう。

1つ5〔30点〕

㋐　ペンチ　　㋑　せんぬき　　㋒　ピンセット

㋓　トング　　㋔　はさみ　　㋕　空きかんつぶし

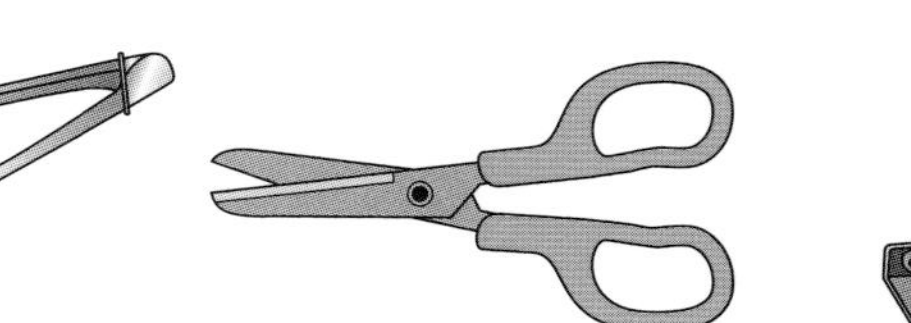

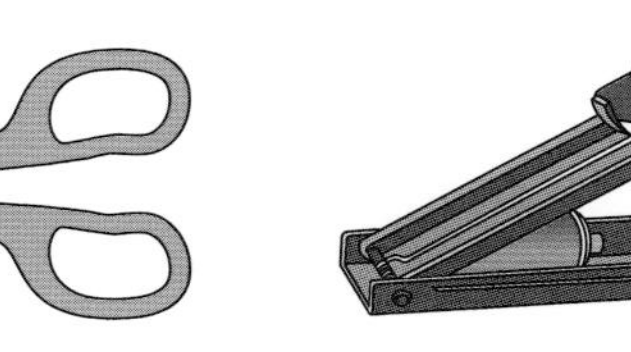

①　支点が力点と作用点の間にある道具

（　　　　）（　　　　）

②　作用点が支点と力点の間にある道具

（　　　　）（　　　　）

③　力点が支点と作用点の間にある道具

（　　　　）（　　　　）

ょう。

①(　　　)支点から㋐までのきょりを長くする。

②(　　　)支点から㋐までのきょりを短くする。

③(　　　)支点から㋑までのきょりを長くする。

④(　　　)支点から㋑までのきょりを短くする。

2 次の図で、右のうでにおもりをつるして、てこを水平につり合わせるとき、表に当てはまる数字を書きましょう。

1つ6〔18点〕

左のうで　右のうで

1個10g

	左のうで	右のうで		
きょり	3	2	②	6
重さ(g)	40	①	30	③

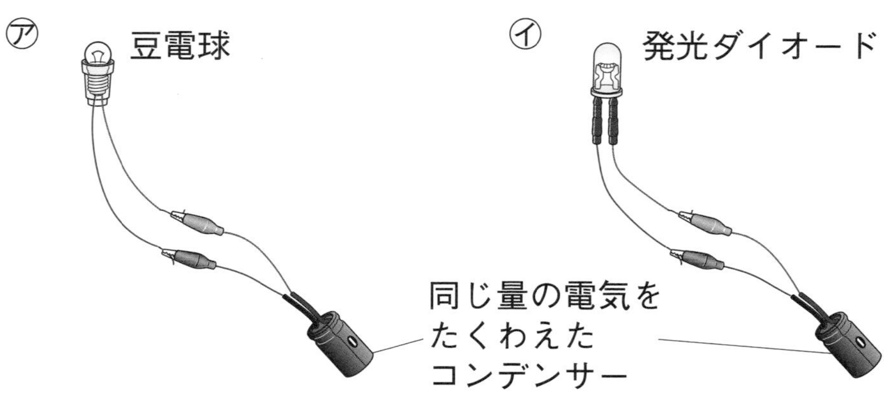

(1) 図の㋐、㋑のうち、長い時間明かりがついていたのはどちらですか。(　　　)

(2) 同じ時間明かりをつけたとき、豆電球に比べて、発光ダイオードが使う電気の量は多いですか、少ないですか。(　　　)

5 次の文のうち、環境(かんきょう)を守るための取り組みの例として正しいものには○、まちがっているものには×をつけましょう。

1つ6〔18点〕

①(　　　)森林の木をたくさん切ったり燃やしたりする。

②(　　　)生活などで出たよごれた水を、下水浄化(じょうか)センターできれいにしてから川に流す。

③(　　　)こまめに電気を消したり、冷蔵庫を手早く開閉したりする。

かくにん！反比例

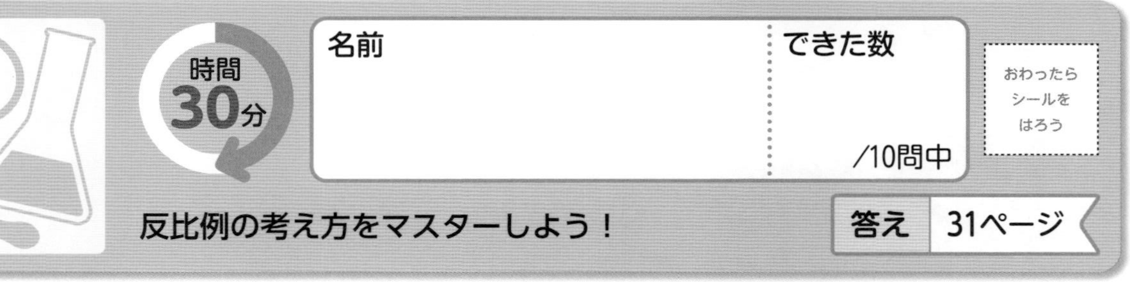

●勉強した日　月　日

反比例の考え方をマスターしよう！

答え　31ページ

反比例

1 右の表で、yがxに反比例しているとき、①〜③に当てはまる数字を書きましょう。

たいせつ

①2つの量x、yがあって、xの値（あたい）が2倍、3倍、…になると、yの値が$\frac{1}{2}$倍、$\frac{1}{3}$倍、…となるとき、yはxに反比例するといいます。

②反比例では、$x \times y$が決まった数になります。

x	1	2	3	4
y	12	①	②	③

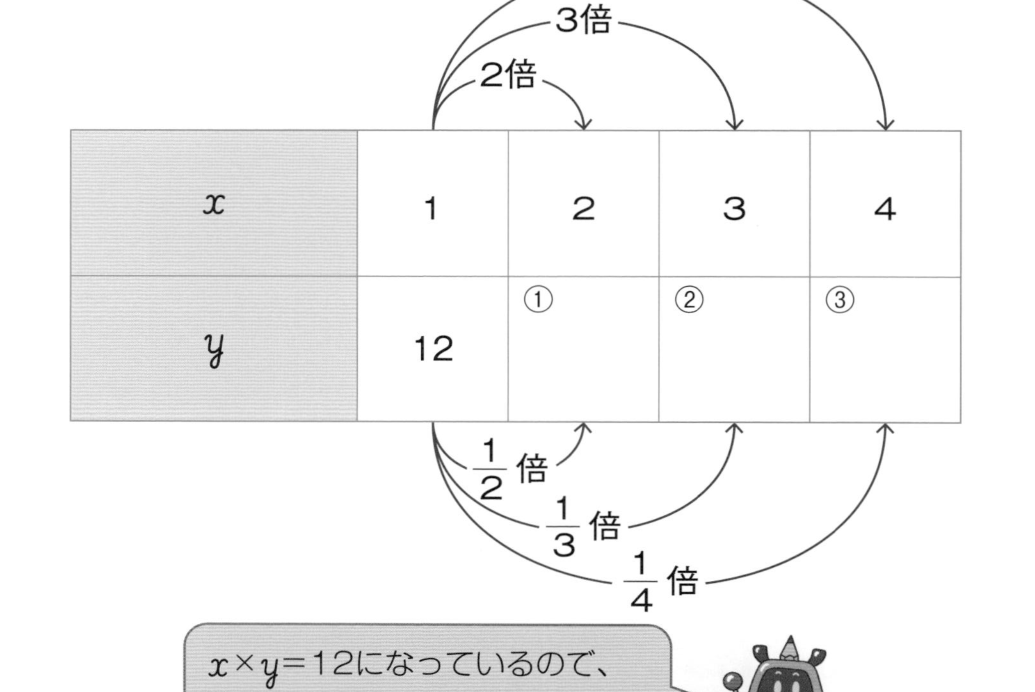

ヒント

右の表ではxが2倍、3倍、4倍になっているので、①、②、③はそれぞれ

$12 \times \frac{1}{2}$、$12 \times \frac{1}{3}$、$12 \times \frac{1}{4}$と計算できます。

●勉強した日　　月　　日

実力判定テスト

かくにん！実験器具の使い方

時間 30分

名前

できた数　／8問中

おわったらシールをはろう

実験器具の使い方をかくにんしよう！

答え　31ページ

けんび鏡の使い方

1 けんび鏡の使い方について、次の①～③の□に当てはまる言葉を書きましょう。

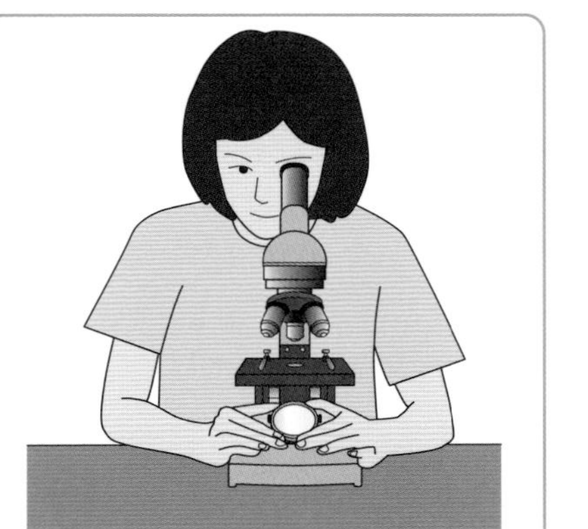

いちばん低い倍率にする。①□をのぞきながら明るく見えるように反射鏡(はんしゃきょう)を動かす。

ステージの上に②□を置き、クリップで留める。

横から見ながら、③□を回し、プレパラートを対物レンズに近づける。

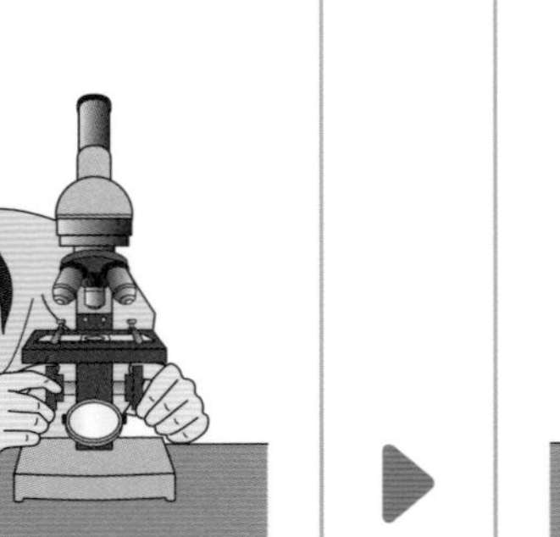

調節ねじを回して、対物レンズとプレパラートを遠ざける。ピントが合ったところで止める。

気体検知管の使い方

2 気体検知管の使い方について、次の（　）のうち、正しいほうを〇で囲みましょう。

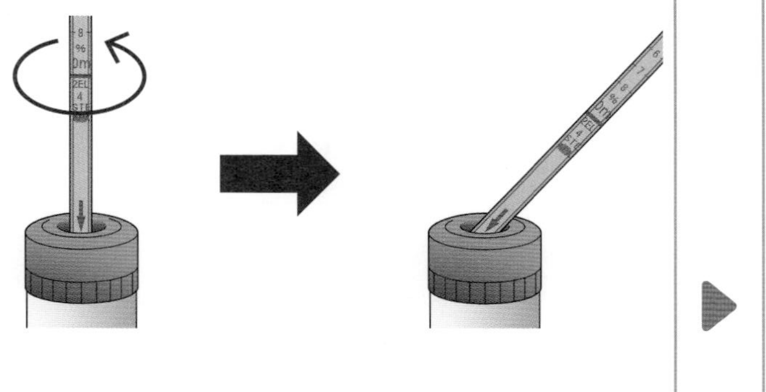

チップホルダで気体検知管の
①(片方（かたほう）のはし　両はし)
を折り、ゴムのカバーをつける。

気体採取器に気体検知管を取りつけ、ハンドルを②(おして　引いて)、気体を取りこむ。

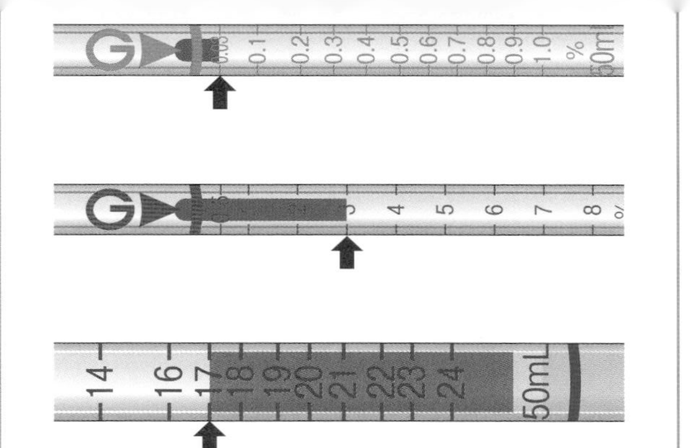

決められた時間がたったら、
③(色　温度)の変化したところの目盛り（めもり）を読み取ると、体積の割合（わりあい）がわかる。

リトマス紙の使い方

3 リトマス紙の使い方について、それぞれ正しいほうに○をつけましょう。

① リトマス紙を取り出すとき

㋐(　　　)

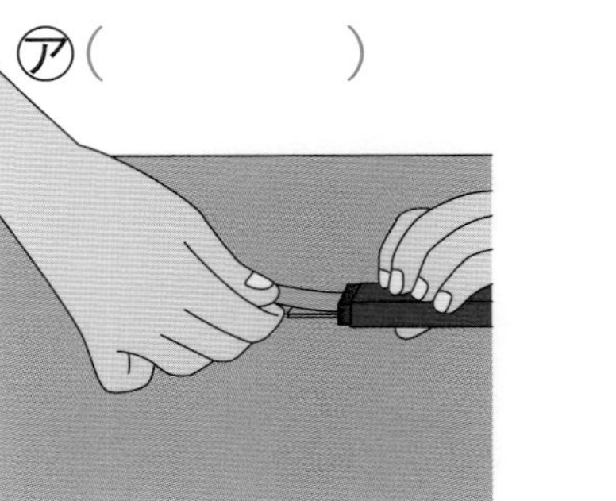

直接手で取り出す。

㋑(　　　)

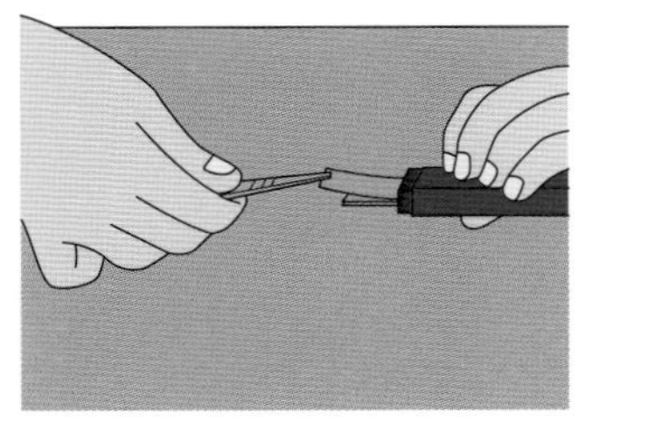

ピンセットで取り出す。

② 水よう液をつけるとき

㋐(　　　)

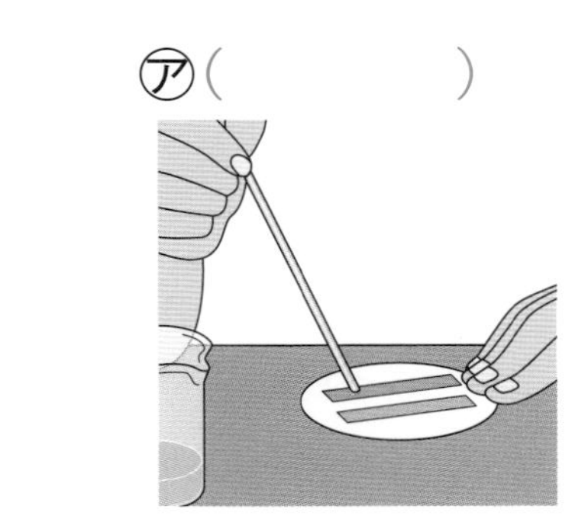

ガラス棒（ぼう）でつける。

㋑(　　　)

水よう液の中に入れる。

2　3　4

2 次の図のように、てこの左のうでにおもりをつるし、てこが水平につり合うように、右のうでにもおもりをつるします。あとの問いに答えましょう。

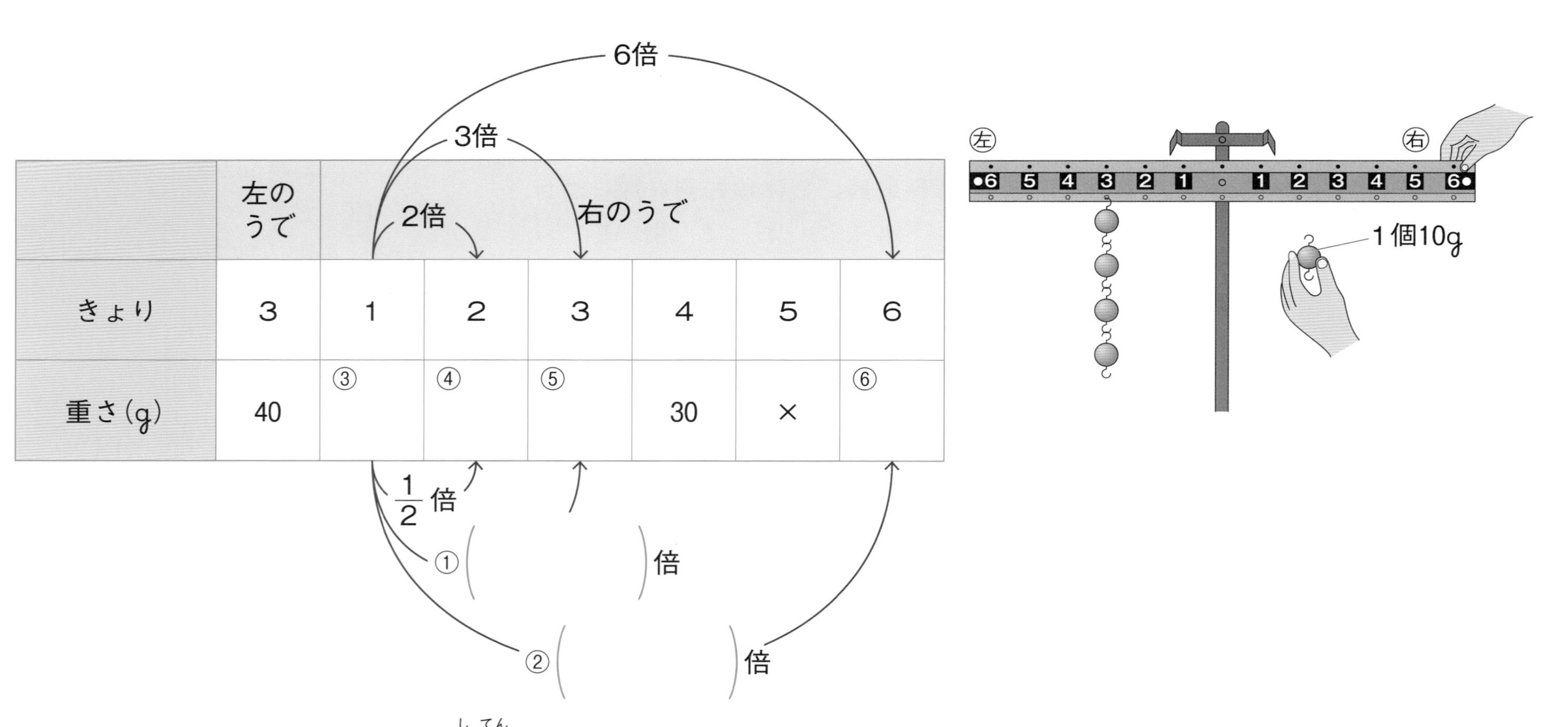

	左のうで	右のうで					
きょり	3	1	2	3	4	5	6
重さ(g)	40	③	④	⑤	30	×	⑥

(1) 左のうでで、おもりの重さ×支点（してん）からのきょりは、いくつですか。　（　　　　）

(2) ①、②の（　）に当てはまる数字を書きましょう。

(3) てこが水平につり合うとき、表の③～⑥に当てはまる数字を書きましょう。

教科書ワーク 答えとてびき

「答えとてびき」は、とりはずすことができます。

教育出版版 算数3年

使い方

まちがえた問題は、もういちどよく読んで、なぜまちがえたのかを考えましょう。正しい答えを知るだけでなく、なぜそうなるかを考えることが大切です。

① かけ算のきまり

2・3ページ きほんのワーク

きほん1 0、0　答え 0、0

1 ❶ 0　❷ 0　❸ 0　❹ 0

きほん2 3、3、5、3　答え 3、3、3

2 ❶ 8　❷ 6　❸ 4　❹ 5　❺ 6　❻ 9

きほん3 答え 18、4、36、54
5、30、24、54

3 ❶ 40、2、16、56　❷ 27、2、18、45　❸ 2　❹ 4

てびき 1 かけ算では、どんな数に0をかけても、0にどんな数をかけても答えは0になります。

2 かけ算のきまりを使います。

❶ かける数が1ふえると、かけられる数の8だけ大きくなります。

❷ かける数が1へると、かけられる数の6だけ小さくなります。

3 分配のきまりを使います。かけ算では、かけられる数やかける数を分けて計算しても、答えは同じになります。

4・5ページ きほんのワーク

きほん1 36　33、36
15、7、21、36　答え 36

1 ❶ 44　❷ 28

きほん2 30、2、6、6
400、4、3、12、12　答え 60、1200

2 ❶ 480　❷ 630　❸ 2800　❹ 4800

きほん3 2、40、40、40、4、160、160
2、8、8、8、160、160　答え 160

3 ❶ 32　❷ 12　❸ 240

きほん4 4、8、12、3
9、18、27、3
9、18、27、3　答え 3、3

4 ❶ 7　❷ 7

てびき 1 次のような計算のしかたがあります。

❶ ・11の4こ分と考えて、
$11+11+11+11=44$

・$11\times4=4\times11$ と考えて、
$4\times\ 9=36$
$4\times10=40$ (4ふえる)
$4\times11=44$ (4ふえる)

・分配のきまりを使って、
11×4 を 5×4 と 6×4 に分けます。
$5\times4=20$、$6\times4=24$、$20+24=44$

❷ ・14の2こ分と考えて、$14+14=28$

・$14\times2=2\times14$ と考えて、
$2\times\ 9=18$
$2\times10=20$ (2ふえる)
$2\times11=22$ (2ふえる)
⋮
$2\times14=28$

・分配のきまりを使って、14×2 を 9×2 と 5×2 に分けます。
$9\times2=18$、$5\times2=10$、$18+10=28$

2 ❷ 90を10が9ことみて、
10が $9\times7=63$ より、63こです。

❸ 700を100が7ことみて、
100が $7\times4=28$ より、28こです。

3 ❸ $30\times2\times4=60\times4=240$
または、$30\times(2\times4)=30\times8=240$

6ページ 練習のワーク

❶ ❶ 0　❷ 0　❸ 0　❹ 0
❷ ❶ 8、32　❷ 8、32　❸ 4、32
❸ ❶ 40、2、10、50
❷ 10、80、56、136
❸ 2　❹ 2
❹ ❶ 200　❷ 160　❸ 1800
❺ ❶ 40　❷ 120　❸ 320
❻ ❶ 8　❷ 9　❸ 3　❹ 6

てびき ❻❶❷ □にあてはまる数は、九九をとなえて見つけます。
❸❹ □とかける数を入れかえて、□に入る数を九九をとなえて見つけることもできます。

たしかめよう!
❶かけ算では、どんな数に0をかけても、0にどんな数をかけても、答えは0になります。
❷❶ かけ算ではかける数が1ふえると、答えはかけられる数だけ大きくなります。
❷ かけ算ではかける数が1へると、答えはかけられる数だけ小さくなります。
❸ かけ算ではかけられる数とかける数を入れかえて計算しても、答えは同じになります。
❸❶ かけ算では、かける数を分けて計算しても、答えは同じになります。
❷ かけ算では、かけられる数を分けて計算しても、答えは同じになります。
❺3つの数のかけ算では、前からじゅんにかけても、後の2つを先にかけても、答えは同じになります。

7ページ まとめのテスト

1 ㋐ 35　㋑ 24　㋒ 48　㋓ 63
㋔ 8　㋕ 20
2 ❶ 5　❷ 2　❸ 6
❹ 4　❺ 280　❻ 2700
❼ 4　❽ 30
3 10、3、30、1、3、3、33
4 式 $3\times0=0$　$2\times3=6$　$1\times2=2$
$0\times5=0$　$0+6+2+0=8$　答え 8点

てびき 1❶ 27　36　45（9、9）
9ずつ大きくなる→9のだんの九九
㋐は7のだんの九九→ $28+7=35$
㋑は8のだんの九九→ $32-8=24$
❷ 35　40　45（5、5）
5ずつ大きくなる→5のだんの九九
㋒は6のだんの九九→ $42+6=48$
㋓は7のだんの九九→ $56+7=63$
❸ 12　15　18（3、3）
3ずつ大きくなる→3のだんの九九
㋔は2のだんの九九→ $10-2=8$
㋕は4のだんの九九→ $16+4=20$
3 図より、かけられる数の11を、10と1に分けて計算します。

② 時こくと時間

8・9ページ きほんのワーク

きほん1 答え 11、30、6、35
❶ 午前9時25分
❷ 午後5時
❸ 午後1時55分
きほん2 答え 75、35
❹ ❶ 55分間　❷ 2時間30分
きほん3 20　答え 1、20
❺ 1分30秒
❻ 180秒

てびき ❶図に表すと、考えやすくなります。

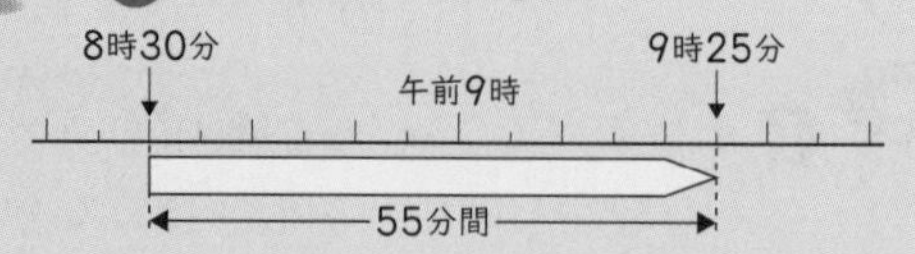

❷図に表すと、考えやすくなります。

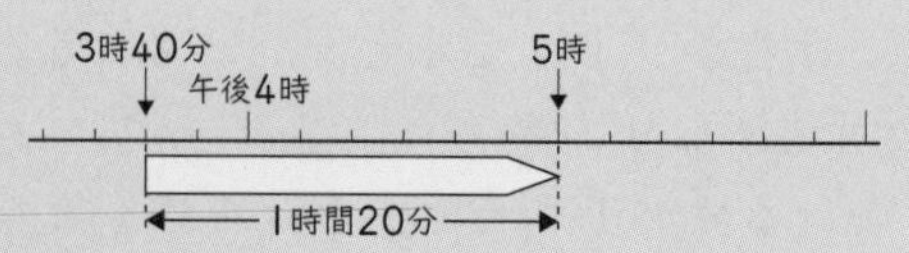

❸図に表すと、考えやすくなります。

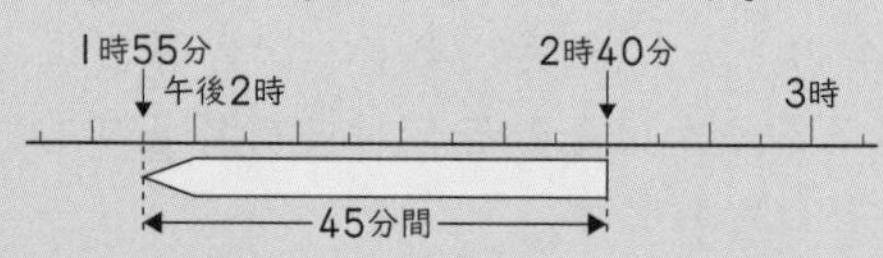

❹❷ 図に表すと、考えやすくなります。

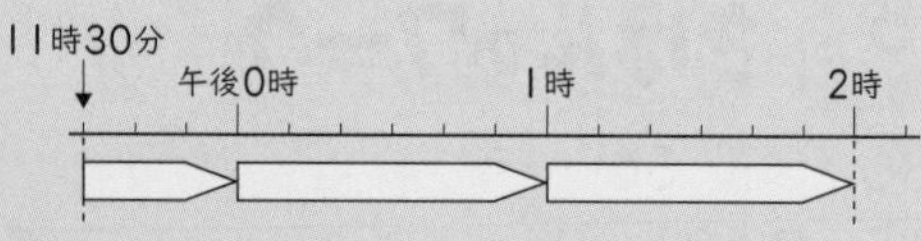

❺1分＝60秒です。
90秒は60秒と30秒をあわせた時間なので、1分30秒です。
❻3分は1分の3こ分なので、$60\times3=180$ から、180秒です。

10ページ 練習のワーク

❶ ❶ 午前10時55分　❷ 午後3時35分
❷ ❶ 100分間(1時間40分)
❷ 50分間
❸ ❶ 1、25　❷ 300
❹ (○でかこむほう)
❶ 2分　❷ 1分25秒
❺ ❶ 1時間5分　❷ 午前11時55分

てびき ❹❶ 1分=60秒なので、
2分は60秒の2こ分です。
60×2=120から、120秒です。
❷ 1分25秒は、
60+25=85から、85秒です。
❺❶ 25分間と40分間をあわせます。
25+40=65から、65分間です。
❷ 午前10時50分の65分後の時こくをもとめます。
65分間は1時間5分なので、
午前11時55分です。

11ページ まとめのテスト

1 ❶ 午後3時10分
❷ 午前10時40分
2 ❶ 65分間(1時間5分)
❷ 40分間
❸ 1時間40分(100分間)
3 ❶ 1、50　❷ 360　❸ 135
❹ 220
4 午前9時40分
5 ❶ 時間　❷ 秒間　❸ 分間

てびき 1 図に表すと、次のようになります。

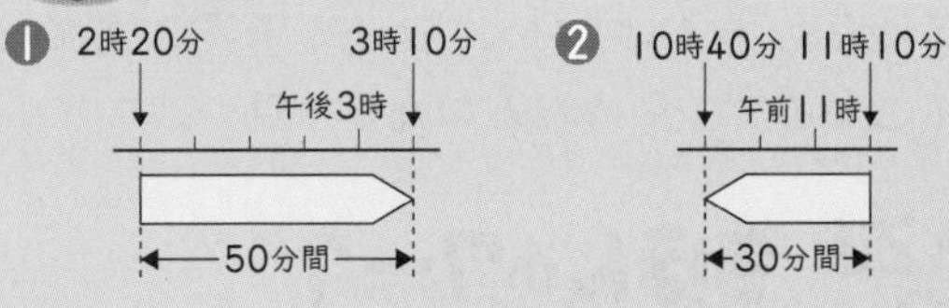

2 図に表すと、次のようになります。

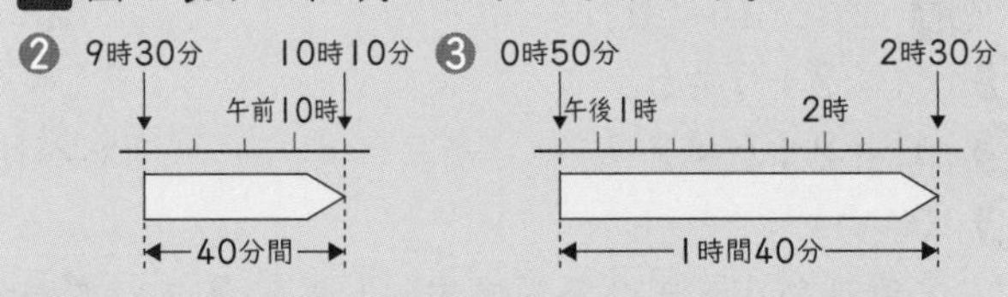

4 図に表すと、次のようになります。

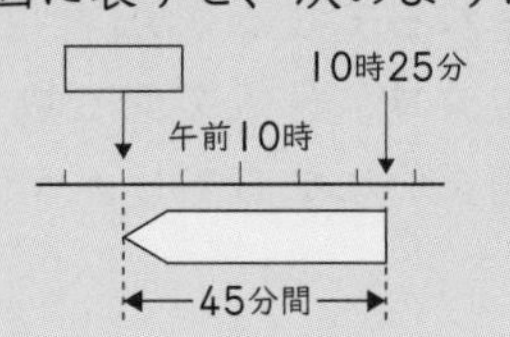

③ たし算とひき算

12・13ページ きほんのワーク

ふくしゅう 76、121
きほん1 7➡1、3➡6
式 352+285=637　答え637
❶ 式 415+128=543　答え543円

$$\begin{array}{r} 415 \\ +128 \\ \hline 543 \end{array}$$

❷ ❶ 689　❷ 867　❸ 659
❹ 856
きほん2 1、3➡1、0➡1、2　答え1203
❸ ❶ 623　❷ 510
❸ 1002　❹ 1506
❺ 1345　❻ 1424
きほん3 5➡1、5➡1、3➡7　答え7355
❹ ❶ 6798　❷ 5913　❸ 7832
❹ 7310

14・15ページ きほんのワーク

ふくしゅう 48、69
きほん1 1、7➡2、6➡1
式 325−158=167　答え167
❶ 式 492−178=314　答え314人

$$\begin{array}{r} 492 \\ -178 \\ \hline 314 \end{array}$$

❷ ❶ 347　❷ 248
❸ 642　❹ 171
❺ 277　❻ 279
きほん2 10➡9、1、8➡1、1　答え118
❸ ❶ 257　❷ 238　❸ 302
❹ 191　❺ 411　❻ 613
きほん3 3➡6➡4➡1　答え1463
❹ ❶ 643　❷ 2592　❸ 1759
❹ 776

16・17ページ きほんのワーク

きほん1 6、6、94
50、30、80、14、80、14、94　答え94
❶ ❶ 71　❷ 66　❸ 61
❹ 90
きほん2 8、8、38、2、38　答え38
❷ ❶ 58　❷ 34　❸ 27
❹ 15
きほん3 868、870　答え868
❸ ❶ 637　❷ 778　❸ 202
❹ 606
きほん4 783、783、836、300、300、836
答え836
❹ ❶ 386　❷ 853　❸ 1596
❹ 926　❺ 475　❻ 848

てびき ❶次のような計算のしかたがあります。
❶《1》たす数の48を40と8に分けて考えます。23+40=63、63+8=71
《2》23を20と3、48を40と8に分けて、20+40=60、3+8=11、60+11=71
❷❶ ひく数の29を20と9に分けて考えます。87−20=67、67−9=58
❸❶ たされる数の297に3をたして計算し、その答えから3をひきます。
❸ 800から600をひいて、
800−600=200
これに2をたして、200+2=202
❹❶❷❹ たし算では、たすじゅん番をかえても答えは同じになります。後の2つの数をたすときりのよい数になるので、計算がかんたんになります。
❸❺❻ 1つ目と3つ目の数を先にたすと、計算がかんたんになります。

18ページ 練習のワーク

❶ ❶ 622 ❷ 1421 ❸ 283
❹ 224 ❺ 4123 ❻ 9010
❼ 1252 ❽ 2815
❷ ❶ 5、3 ❷ 4、3
❸ ❶ 679 ❷ 203 ❸ 578
❹ 式 346+157=503 答え 503まい
❺ 式 7248−3657=3591 答え 3591こ

てびき ❸❶ 399+280=679
1をたす↓ ↑1をひく
400+280=680
❷ 1000から800をひいて、
1000−800=200
これに3をたして、200+3=203
❸ 378+(163+37)=378+200=578
❹青い色紙のまい数は、
(赤い色紙のまい数)+157でもとめます。
❺のこっている数は、
(はじめの数)−(運び出した数)でもとめます。

19ページ まとめのテスト

1 ❶ 1150 ❷ 79 ❸ 276
2 ❶ 1744 ❷ 2431 ❸ 4760
❹ 1186 ❺ 5186 ❻ 5174
3 ❶ 105 ❷ 873
4 式 1000−624=376 答え 376円
5 ❶ 式 1755+2352=4107 答え 4107まい
❷ 式 2352−1755=597 答え 597まい

てびき 3❶ 600−495=105
5をたす↓ ↑5をたす
600−500=100
❷ 258+142を先に計算すると、400になるので、計算がかんたんになります。
4 のこりをもとめるので、ひき算をします。
5 ❶は、あわせた数をもとめるので、たし算をします。❷は、数のちがいをもとめるので、ひき算をします。

④ わり算

20・21ページ きほんのワーク

きほん1 3、15、5、3 答え 3
❶ ❶ 10÷5 ❷ 8÷4
❸ 21÷7
きほん2 36、36、4 答え 4
❷ ❶ 8、8 ❷ 7、7
❸ ❶ だん 2のだん 答え 8
❷ だん 5のだん 答え 6
❹ ❶ 7 ❷ 5 ❸ 8 ❹ 6
❺ 2 ❻ 5 ❼ 7 ❽ 2
❾ 5
❺ 式 32÷8=4 答え 4人
❻ 式 54÷9=6 答え 6ふくろ
❼ 式 63÷9=7 答え 7人

てびき ❺32÷8の答えは、8×□=32の□にあてはまる数なので、8のだんの九九で見つけます。
❻54÷9の答えは、9×□=54の□にあてはまる数なので、9のだんの九九で見つけます。

22・23ページ きほんのワーク

きほん1 24、24、6 答え 6
❶ 式 42÷7=6 答え 6こ
❷ 式 12÷6=2 答え 2dL
❸ (れい)
・色紙が15まいあります。1人に3まいずつ分けると何人に分けられるでしょうか。
・色紙が15まいあります。3人で同じ数ずつ分けると、1人分は何まいになるでしょうか。
きほん2 0 答え 0
❹ ❶ 式 6÷6=1 答え 1こ

❷ 式 0÷6=0　答え 0 こ
❺ ❶ 0　❷ 0　❸ 0　❹ 0
きほん3 3　答え 3
❻ 式 7÷1=7　答え 7 人
❼ ❶ 2　❷ 5　❸ 9　❹ 0

てびき ❸ 1 つ分が 3 で、いくつ分になるかをもとめる問題と、3 つ分が 15 で、1 つ分をもとめる問題があります。

24・25 ページ　きほんのワーク

きほん1 3、9、3、3、30　答え 30
❶ 式 60÷2=30　答え 30 円
❷ 式 70÷7=10　答え 10cm
❸ ❶ 40　❷ 10　❸ 10　❹ 20
きほん2 2、4、40、2、40、2、42　答え 42
❹ 式 66÷3=22　答え 22 こ
❺ 式 96÷3=32　答え 32 ページ
❻ 式 88÷4=22　答え 22 人
❼ ❶ 13　❷ 43　❸ 11

てびき ❹ 式は 66÷3 です。66 を 60 と 6 に分けて考えます。
60÷3=20、6÷3=2 より、20+2=22
❺ 式は 96÷3 です。96 を 90 と 6 に分けて考えます。
90÷3=30、6÷3=2 より、30+2=32
❻ 式は 88÷4 です。88 を 80 と 8 に分けて考えます。
80÷4=20、8÷4=2 より、20+2=22

26 ページ　練習のワーク❶

❶ 式 40÷5=8　答え 8 人
❷ 式 35÷7=5　答え 5 こ
❸ ❶ 2　❷ 4　❸ 8　❹ 9
❹ ❶ 0　❷ 0　❸ 6　❹ 1
❺ 式 63÷3=21　答え 21 まい
❻ ❶ 10　❷ 20　❸ 34　❹ 12

てびき ❺ 63 を 60 と 3 に分けて考えます。
60÷3=20、3÷3=1 より、20+1=21

27 ページ　練習のワーク❷

❶ 式 45÷5=9　答え 9 人
❷ 式 72÷9=8　答え 8 こ
❸ ❶ 5　❷ 9　❸ 3　❹ 0
❺ 1　❻ 21

❹ ㋑、㋒

てびき ❹ ㋐は 8−2、㋒は 8×2 です。

28 ページ　まとめのテスト❶

1 ❶ 3　❷ 3　❸ 7　❹ 0
❺ 5　❻ 4　❼ 1　❽ 2
❾ 10　❿ 13　⓫ 21　⓬ 11
2 ❶ 式 30÷5=6　答え 6 ふくろ
❷ 式 30÷6=5　答え 5 こ
3 式 96÷3=32　答え 32 本

てびき **2** ❶ 5×□=30 の□にあてはまる数をもとめます。
❷ □×6=30 の□にあてはまる数をもとめます。

29 ページ　まとめのテスト❷

1 ❶ 3　❷ 6　❸ 4　❹ 9
❺ 6　❻ 0　❼ 4　❽ 1
❾ 20　❿ 0　⓫ 11　⓬ 31
2 （れい）
・24m のロープを同じ長さずつ 6 本に切ります。1 本のロープの長さは何 m になるでしょうか。　答え 4m
・24m のロープを 6m ずつ切ります。6m のロープは何本できるでしょうか。　答え 4 本
3 式 66÷6=11　答え 11
4 7、2、9

てびき **2** 24m を 6 つに分ける問題や、24m は 6m がいくつ分かをもとめる問題を考えます。
3 66 を 60 と 6 に分けて考えます。
60÷6=10、6÷6=1 より、10+1=11
4 8 のだんの九九で考えます。

⑤ 長さ

30・31 ページ　きほんのワーク

きほん1 ㋑、㋒、㋓　答え ㋐、㋑、㋓、㋒
❶ まきじゃく…㋐、㋒、㋔
ものさし…㋑、㋓
❷ ㋐ 4m85cm　㋑ 7m10cm
㋒ 7m22cm　㋓ 9m79cm
㋔ 9m96cm
きほん2 1、400　答え 1、400
❸ ❶ 6　❷ 5、200

❸ 7800　❹ 3040

きほん3　1、800　答え 1、800

4 ❶ 道のり…1km400m
きょり…1km100m
❷ 300m

てびき ❶ あのように長いところや、えのように丸いところの長さをはかるときは、まきじゃくを使うとべんりです。
❷ 1m＝100cmだから、いちばん小さい1めもりは1cmを表しています。
❸ ❸ 1km＝1000mだから、
7km800m＝7km＋800m
＝7000m＋800m＝7800m
❹ 1km＝1000mだから、
3km40m＝3km＋40m
＝3000m＋40m＝3040m
❹ 道にそってはかった長さが「道のり」で、まっすぐにはかった長さが「きょり」です。
❶ たかしさんの家から学校までの道のりは、
800m＋600m＝1400m＝1km400m
❷ たかしさんの家から学校までのきょりは1km100mだから、
1km400m－1km100m＝300m
または、1400m－1100m＝300m

32ページ 練習のワーク

❶ ❶ km　❷ mm　❸ cm　❹ m
❷ ❶ 8　❷ 6、520
❸ 7000　❹ 2300
❺ 1000、10
❸ ❶ 1km750m
❷ 1km250m
❸ 500m

てびき ❸❶ 道のりは道にそってはかった長さだから、
950m＋800m＝1750m
＝1km750m
❷ きょりは、まっすぐにはかった長さです。

33ページ まとめのテスト

1 ❶ 9　❷ 2、800
❸ 4、350　❹ 3000
❺ 5110　❻ 7023
❼ 1、30　❽ 1800
2 ㋐ 4m97cm　㋑ 5m20cm
㋒ 5m59cm
3 ❶ 2km100m　❷ 2km100m
❸ 350m

てびき 3❶ きょりは、まっすぐにはかった長さです。
❷ 1km200m＋900m＝1km1100m
＝2km100m
❸ はるとさんの家から公園までの道のりは、
1km200m＋850m＝1km1050m
1km1050m－1km700m＝350m

⑥ 表とぼうグラフ

34・35ページ きほんのワーク

きほん1　正、その他
答え　ペット調べ

しゅるい	数(ひき)
犬	9
金魚	6
小鳥	4
ねこ	7
ハムスター	3
その他	2
合計	31

❶ 「正」の字で調べましょう

いちご	正
メロン	下
りんご	T
ぶどう	一
さくらんぼ	下
バナナ	一

すきなくだもの調べ

しゅるい	人数(人)
いちご	5
メロン	3
りんご	2
さくらんぼ	3
その他	2
合計	15

きほん2　クッキー、1、11　答え クッキー、11
❷ ❶ 1人　❷ 7人　❸ 水曜日
❸ ❶ 100円、800円
❷ 2m、14m

てびき ❶ しゅるいごとに数を数えるときは、「正」の字を使うとべんりです。

たしかめよう!
❷ 大きさをくらべるときには、ぼうグラフに表すとくらべやすくなります。

36・37ページ きほんのワーク

きほん1 答え (さつ)

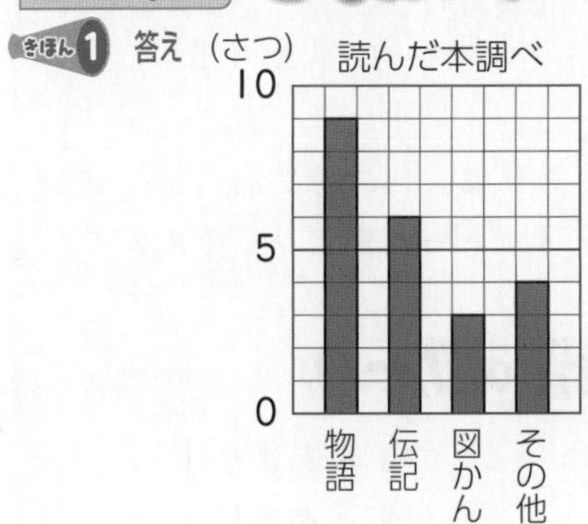

❶

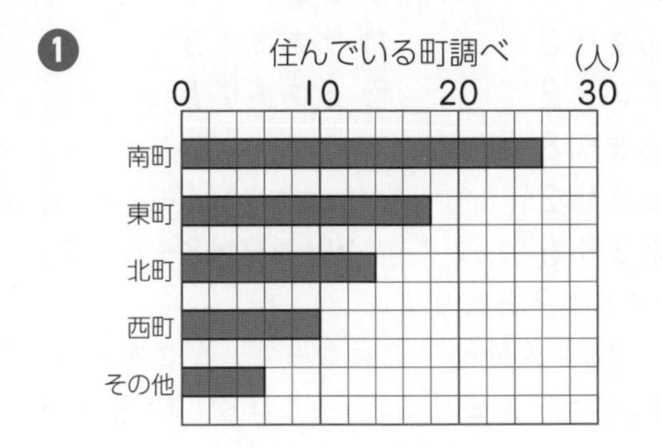

きほん2 答え

けが調べ(3年生) (人)

しゅるい＼組	1組	2組	3組	合計
すりきず	6	5	8	19
打ぼく	4	2	5	11
切りきず	8	7	6	21
つき指	5	6	3	14
その他	3	2	3	8
合計	26	22	25	73

❷ ❶ 休んだ人数調べ (人)

組＼月	4月	5月	6月	合計
1組	7	11	9	27
2組	13	12	7	32
3組	9	8	12	29
合計	29	31	28	㋐88

❷ 1組

❸ 1組と2組と3組の4月から6月までに休んだ人数の合計。

てびき ❶ 1めもりを1人にするとかききれないので、1めもりを2人にします。

❷❶ それぞれの組で3か月間に休んだ人数の合計は、表のいちばん右の合計らんに書きます。月ごとの休んだ人数の合計は表のいちばん下の合計らんに書きます。

❷ 表のいちばん右の合計らんの数を、たてに見てくらべます。

❸ たての合計をあわせた数でもあり、横の合計をあわせた数でもあります

38ページ 練習のワーク

❶ ❶ ㋐3 ㋑9 ㋒10 ㋓5
㋔6 ㋕6 ㋖4 ㋗5
㋘3 ㋙33

❷ 2年生 ❸ 火曜日 ❹ 33人

❷ ❶ ㋑ ❷ ㋐

てびき ❶❸ 表のいちばん右の合計らんの数をたてに見て、いちばん数が少ない曜日をえらびます。

39ページ まとめのテスト

1 ❶ 日曜日
❷ 25分間
❸ 火曜日

2 ㋐24 ㋑8
㋒28 ㋓4
㋔8 ㋕31
㋖95

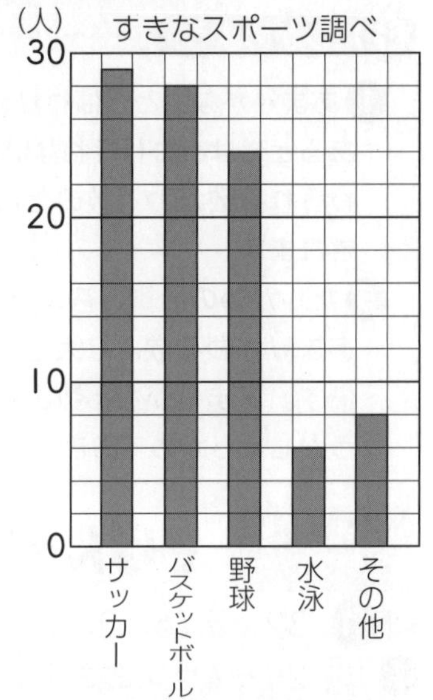

てびき **1**❷ 横のじくの1めもりが表している大きさは5分間です。

❸ 木曜日は20分間本を読みました。20分間の2倍は、20×2=40より、40分間です。40分間本を読んだのは火曜日です。また、めもりの数を数えることでもわかります。木曜日は4めもりなので、2倍の8めもりあるのは火曜日です。

2「その他」は、最後に書きます。

⑦ あまりのあるわり算

40・41ページ きほんのワーク

きほん1 3、4、12、12、1、1、15、13、2、2、4、13÷3=4あまり1 答え4、1

❶ ❶ ○ ❷ × ❸ ×
❹ ○ ❺ × ❻ ○

きほん2 5、2 答え5、2

❷ ❶ 9あまり2 ❷ ○
❸ 5あまり8 ❹ 5あまり3

❸ 式 53÷7＝7 あまり 4

答え Ⅰ人分は 7 こになって、4 こあまる。

きほん3 答え 19

❹ ❶ 9×3＋1＝28　3 あまり 2

❷ 7×4＋4＝32　○

❺ ❶ 6 あまり 1　たしかめ 3×6＋1＝19

❷ 9 あまり 3　たしかめ 7×9＋3＝66

てびき ❷❶❹ あまりがわる数より大きくなっています。

❹❶は、たしかめの計算をしたら、わられる数より 1 小さくなったので、あまりを 1 ふやします。

たしかめよう!

❶あまりがないときは**わりきれる**といい、あまりがあるときは、**わりきれない**といいます。
わられる数がわる数のだんの九九にあれば、わりきれます。

❺たしかめの計算の答えがわられる数になっても、あまりがわる数より大きくなっていたらまちがいです。あまりがわる数より小さくなっているかどうかもたしかめておきましょう。

42・43ページ きほんのワーク

きほん1 32、5、6、2、1、7　答え 7

❶ 式 29÷4＝7 あまり 1
7＋1＝8　答え 8 ふくろ

❷ 式 25÷4＝6 あまり 1
6＋1＝7　答え 7 台め

きほん2 26、8、3、2、3、2　答え 3

❸ 式 35÷4＝8 あまり 3　答え 8 さつ

❹ 式 54÷8＝6 あまり 6　答え 6 つ

❺ 式 71÷9＝7 あまり 8　答え 7 本

きほん3 4、2、2、白　答え 白

❻ 式 28÷3＝9 あまり 1　答え 赤の列

てびき ❶クッキー29 こから、クッキー4 こ入りのふくろが 7 ふくろつくれます。1 こあまりますが、「全部のクッキーを入れる」ので、あまりの 1 こを入れるために、もう 1 ふくろいります。

❷25 人は、6 台のかんらん車に 1 人乗れません。25 人めにならんだこういちさんは、6 台めの次の 7 台めのかんらん車に乗ることになります。

❸あまりの 3cm にあつさ 4cm の本を入れることはできないので、入るのは 8 さつです。

❹あまりの 6 本では 8 本の花たばは作れないので、8 本ずつの花たばは、6 つできます。

❺あまりは 8cm なので、9cm のリボンはできません。

❻3 でわったあまりは、列の色ごとに同じになります。28 を 3 でわったあまりを考えます。

44ページ 練習のワーク

❶ ❶ 3 あまり 2　❷ 4 あまり 1
❸ 7 あまり 1　❹ 3 あまり 4
❺ 5 あまり 3　❻ 7 あまり 3
❼ 8 あまり 2　❽ 6 あまり 1
❾ 8 あまり 8

❷ ❶ 4 あまり 2　たしかめ 7×4＋2＝30
❷ 8 あまり 6　たしかめ 9×8＋6＝78

❸ 式 49÷5＝9 あまり 4
答え 1 人分は 9 こになって、4 こあまる。

❹ 式 60÷8＝7 あまり 4　7＋1＝8　答え 8 まい

てびき ❹あまりの 4 まいのカードを作るために、画用紙がもう 1 まいひつようだから、画用紙のまい数は 7＋1＝8 より、8 まいです。

45ページ まとめのテスト

1 ❶ 5 あまり 7　❷ 1 あまり 4
❸ 9 あまり 7　❹ 9 あまり 1
❺ 5 あまり 5　❻ 9 あまり 1
❼ 9 あまり 7　❽ 1 あまり 8
❾ 7 あまり 1　❿ 7 あまり 4
⓫ 9 あまり 6　⓬ 8 あまり 4

2 式 58÷7＝8 あまり 2　8＋1＝9　答え 9 日

3 式 40÷6＝6 あまり 4　答え 6 本

4 ❶ 式 35÷4＝8 あまり 3
答え 1 まい分は 8 こになって、3 こあまる。
❷ 8 このせた皿…1 まい
9 このせた皿…3 まい

てびき **2**のこった 2 題をとくのに、もう 1 日ひつようです。

3 4L は 40dL です。あまった 4dL は考えなくてよいので、答えは、6 本になります。

4❷ 35÷8＝4 あまり 3 より、8 このせた皿が 4 まいできて、いちごは 3 こあまります。あまった 3 このいちごを、8 このせた皿に 1 こずつ分けると、9 このせた皿が 3 まいできます。

● 算数ワールド

46・47ページ 学びのワーク

きほん1 5、5、45、45 答え 45

❶ ① 式 7−1=6 答え 6つ

② 式 8×6=48 答え 48m

❷ 式 8−1=7　5×7=35 答え 35m

きほん2 4、4、3、3 答え 3

❸ 式 10−1=9　63÷9=7 答え 7m

きほん3 6、2、8、9、9 答え 9

❹ 式 4−1=3　3+2=5

25÷5=5 答え 5m

てびき ❸ 木は10本なので、木と木の間の数は9になります。

❹ しるしは4つなので、しるしとしるしの間の数は3になります。しるしとコースロープのはしの間の数は、両方のはしで2になるので、プールのはしからはしまでの間の数は全部で3+2=5より5となります。

⑧ 10000より大きい数

48・49ページ きほんのワーク

きほん1 答え 4、6、3、8、2、

千四百六十三万八千二十

❶ ① 七万九千二十五　② 八百五十九万

③ 32540　④ 56360300

❷ ① 9、3、8、1、4　② 64720000

③ 27050000

きほん2 答え ＞

❸ ① ＜　② ＜　③ ＝

きほん3 1000

答え 2000、15000、28000、43000

❹ ① 40000　② 4こ　③ 40こ

てびき ❶ 大きな数をよむときは、一の位から4けたごとに区切るとわかりやすくなります。

❸② 47万−20万=27万

③ 9999+1=10000

❹③ 40000 / 1000 → 40000は1000を40こあつめた数になります。

50・51ページ きほんのワーク

きほん1 答え 100000000、一億

❶ 99999999

九千九百九十九万九千九百九十九

きほん2 300、50、350、3500、35000

答え 350、3500、35000

❷ ① 1、150　② 100

③ 3810、38100、381000

④ 300万、3000万　⑤ 1000

きほん3 24 答え 24

❸ ① 5　② 70　③ 31

④ 3万　⑤ 17万

てびき ❷① 数を10倍すると位が1つ上がり、もとの数の右はしに0を1つつけた数になります。

② 10倍の10倍は100倍です。

③④ 数を100倍すると位が2つ上がり、もとの数の右はしに0を2つつけた数になります。数を1000倍すると位が3つ上がり、もとの数の右はしに0を3つつけた数になります。

❸ 一の位が0の数を10でわると位が1つ下がり、一の位の0をとった数になります。

52ページ 練習のワーク❶

❶ ① 607180　② 39051026

❷ ① 9、8　② 569000

❸ ① あ 265000　い 292000

う 300000

②

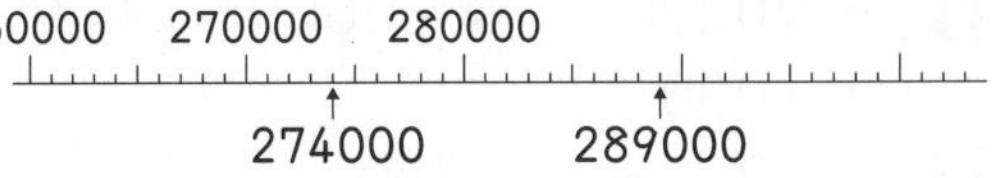

❹ ① ＞　② ＜　③ ＝　④ ＜

❺ 10倍した数…6300

100倍した数…63000

1000倍した数…630000

10でわった数…63

てびき ❸ 数直線のいちばん小さい1めもりは1000を表しています。

① あは、260000から右へ5めもりだから、260000より5000大きい数です。

うは、280000より右へ20めもりだから、280000より20000大きい数です。

❹① 千の位の数字の大きさをくらべます。

② 一万の位の数字の大きさをくらべます。

❺ 10倍したときは、もとの数の右はしに0を1つつけた数になります。100倍したときは、もとの数の右はしに0を2つつけた数になり

ます。1000倍したときは、もとの数の右はしに0を3つつけた数になります。10でわったときは、一の位の0をとった数になります。

53ページ 練習のワーク②

❶ ❶ 7、1、4、9、5、2
❷ 360
❸ 100000000

❷ ❶ あ 94000　い 104000
❷ 104こ

❸ ❶ <　❷ >　❸ >　❹ <

❹ 式 58×10=580　答え 580cm

てびき ❷いちばん小さい1めもりは、1000を表します。
❸❸ 9×9=81です。
❹ 200万+300万=500万、700万−100万=600万です。
❹はじめのテープの長さは、58cmの10倍の長さになります。

54ページ まとめのテスト①

1 ❶ 79000000　❷ 2006000

2 あ 480000　い 500000
う 7500万　え 9000万
お 1億(100000000)

3 ❶ >　❷ =　❸ >

4 ❶ 70000　❷ 30000　❸ 9700
❹ 1000

5 式 7200÷10=720　答え 720まい

てびき **1** ❶ 79=70+9
100万を70こあつめた数は　7000万
100万を　9こあつめた数は　900万
あわせて　7900万
数字で書くと、79000000
2 上の数直線の1めもりは10000、下の数直線の1めもりは500万を表しています。9500万より500万大きい数は、1億です。
4 ❶ 970000は10000が97こで、97を90と7に分けると、10000を90こと、10000を7こあわせた数です。
❷ 1000000は10000の100こ分なので、100−97=3より、970000は1000000より10000の3こ分小さいです。
5 10このたばを作ったので、1たばの紙は7200まいを10でわった数になります。

55ページ まとめのテスト②

1 ❶ 10030400　❷ 51280、5128
❸ 204000　❹ 100
❺ 358

2 ❶ 10070
❷ 17000

3 ❶ 1万(10000)
❷ 1億(100000000)
❸ 100

4 式 350×100=35000　答え 35000mL

てびき **2** ❶ 10100−10000=100から、100が10こに分けられているので、いちばん小さい1めもりは10を表しています。
❷ 20000−10000=10000から、10000が10こに分けられているので、いちばん小さい1めもりは1000を表しています。
3 ❷ 1000万を10倍した数は、1億です。
4 100倍すると位が2つ上がり、もとの数の右はしに0を2つつけた数になります。

⑨ 円と球

56・57ページ きほんのワーク

きほん1 答え 中心、半径、4

❶ う

きほん2 2、6、い　答え 6、い

❷ ❶ 14
❷ 8

答え

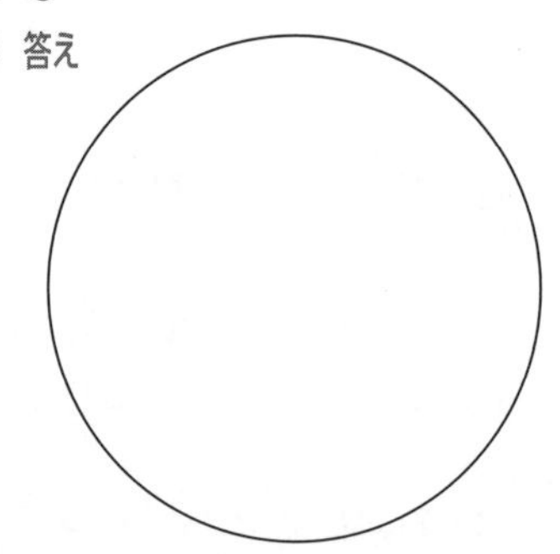

❸ しょうりゃく

きほん4 しょうりゃく

❹ ❶

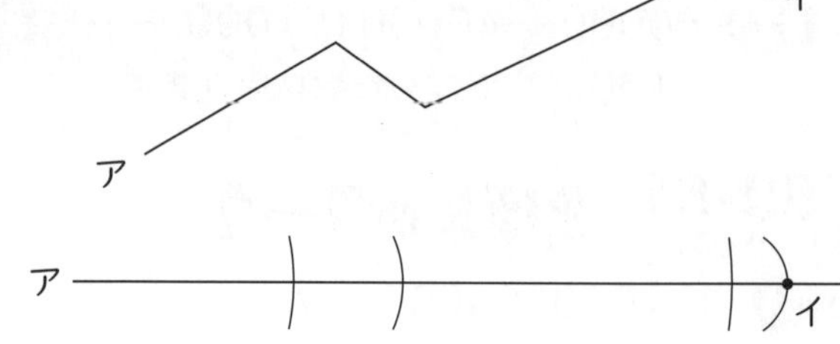

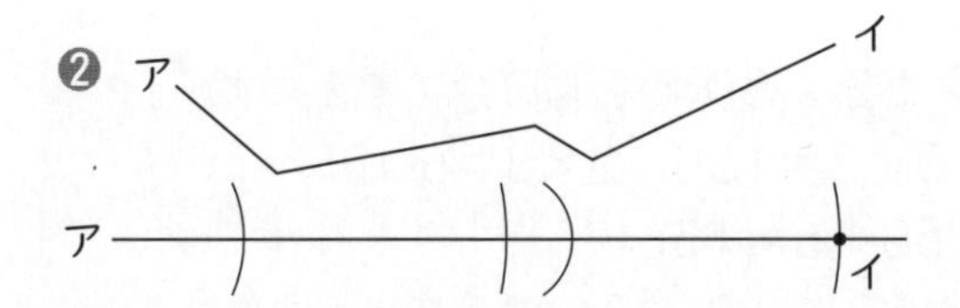

❺ あ

てびき ❸ ❸ 6÷2=3より、半径が3cmの円をかきます。
❺ いの長さを、あの直線に写し取ってくらべます。

58・59ページ きほんのワーク

きほん1 球　答え ㋑
❶ ❶ 円　❷ 円
きほん2 2、8　答え 8
❷ ❶ 6　❷ 10
❸ い
きほん3 4、3、3　答え 3
❹ ❶ 5cm　❷ 10cm
❺ ㋒

てびき ❸ 球の中心を通る切り口が、いちばん大きくなります。
❹ ❶ 球の直径の長さと、箱の横の長さは同じです。
❷ ㋐の部分の長さは、球の直径の長さの2こ分と同じです。
❺ 直径は、球の中心を通るので、中心を通る直線の長さをはかることができるものをえらびます。

60ページ 練習のワーク

❶ ❶ 5　❷ 円　❸ 12
❷ ❶ 点ウ、点カ、点サ　❷ 点イ、点ク
❸ 6cm
❹ 24cm

てびき ❷ ❶ アの点を中心にして、半径2cm5mmの円をかき、この円のまわりにある点をさがします。
❷ アの点を中心にして、半径3cmの円をかき、この円の外がわにある点をさがします。
❸ 大きい円の直径は18cmで、これが、小さい円の直径の長さの3こ分の長さと同じになります。
❹ つつの高さは、ボールの直径の3こ分の長さがあればよいので、8×3=24から、24cmです。

61ページ まとめのテスト

1 直径が13cmの円
2 ❶ 10cm　❷ 2cm
3 ❶ 6cm　❷ 18cm
4

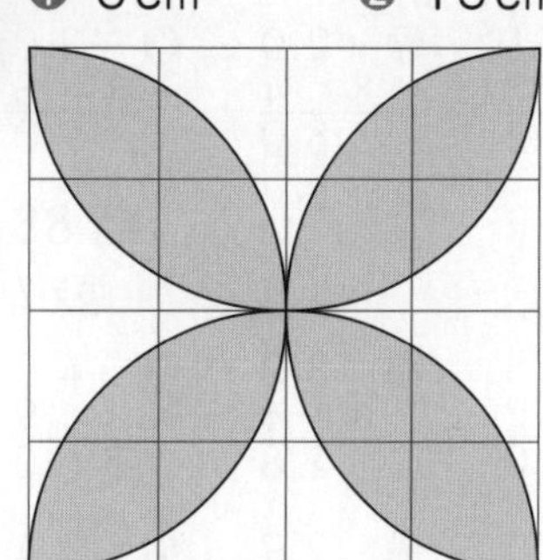

てびき 1 6×2=12から、半径6cmの円の直径は12cmです。
2 ❶ 直線アイの長さは、直径4cmの円の半径の長さの5こ分なので、2×5=10から、10cmです。
❷ 直線ウエの長さは、直径4cmの円の半径の長さと同じになります。
3 ❶ 12cmの長さのところに、ボールが2つぴったり入っているので、ボールの直径は12÷2=6から、6cmです。
❷ ㋐の部分の長さはボールの直径の長さの3こ分なので、6×3=18から、18cmです。
4 ・の点から、半径2cmの円の半分を4つ、コンパスでかきます。

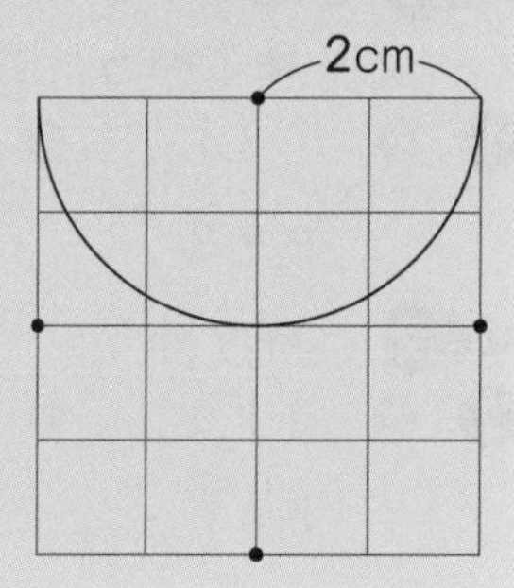

⑩ かけ算の筆算

62・63ページ　きほんのワーク

きほん1　34、2
8 ➡ 6　　答え 68

❶ ① $\begin{array}{r}23\\ \times\ 2\\ \hline 46\end{array}$　② $\begin{array}{r}13\\ \times\ 3\\ \hline 39\end{array}$　③ $\begin{array}{r}32\\ \times\ 2\\ \hline 64\end{array}$　④ $\begin{array}{r}11\\ \times\ 6\\ \hline 66\end{array}$

⑤ $\begin{array}{r}22\\ \times\ 3\\ \hline 66\end{array}$　⑥ $\begin{array}{r}41\\ \times\ 2\\ \hline 82\end{array}$　⑦ $\begin{array}{r}20\\ \times\ 4\\ \hline 80\end{array}$　⑧ $\begin{array}{r}30\\ \times\ 3\\ \hline 90\end{array}$

❷ 式 22×4=88　　答え 88cm

きほん2　3 ➡ 4、1　　答え 413

❸ ① $\begin{array}{r}24\\ \times\ 3\\ \hline 72\end{array}$　② $\begin{array}{r}35\\ \times\ 2\\ \hline 70\end{array}$　③ $\begin{array}{r}82\\ \times\ 4\\ \hline 328\end{array}$　④ $\begin{array}{r}40\\ \times\ 9\\ \hline 360\end{array}$

⑤ $\begin{array}{r}64\\ \times\ 5\\ \hline 320\end{array}$　⑥ $\begin{array}{r}87\\ \times\ 6\\ \hline 522\end{array}$　⑦ $\begin{array}{r}29\\ \times\ 4\\ \hline 116\end{array}$　⑧ $\begin{array}{r}34\\ \times\ 3\\ \hline 102\end{array}$

⑨ $\begin{array}{r}38\\ \times\ 8\\ \hline 304\end{array}$　⑩ $\begin{array}{r}58\\ \times\ 7\\ \hline 406\end{array}$

❹ 式 94×8=752　　答え 752こ

てびき　❷ 正方形は、4つの辺の長さがみんな同じ四角形だから、
(まわりの長さ)=(1辺の長さ)×4
❹ (全部の数)=(1回に運ぶ数)×(運ぶ回数)

64・65ページ　きほんのワーク

きほん1　213
9 ➡ 3 ➡ 6　　答え 639

❶ ① $\begin{array}{r}131\\ \times\ 3\\ \hline 393\end{array}$　② $\begin{array}{r}221\\ \times\ 4\\ \hline 884\end{array}$　③ $\begin{array}{r}413\\ \times\ 2\\ \hline 826\end{array}$

きほん2　5 ➡ 9 ➡ 7　　答え 795

❷ ① $\begin{array}{r}215\\ \times\ 4\\ \hline 860\end{array}$　② $\begin{array}{r}379\\ \times\ 2\\ \hline 758\end{array}$　③ $\begin{array}{r}921\\ \times\ 6\\ \hline 5526\end{array}$

④ $\begin{array}{r}695\\ \times\ 3\\ \hline 2085\end{array}$　⑤ $\begin{array}{r}503\\ \times\ 7\\ \hline 3521\end{array}$　⑥ $\begin{array}{r}490\\ \times\ 7\\ \hline 3430\end{array}$

❸ 式 725×5=3625　　答え 3625m
❹ 式 420×5=2100　　答え 2100円

きほん3　20、20、80、24、104　　答え 104

❺ ① 132　② 156　③ 315

てびき　❹ (代金)=(1このねだん)×(買う数)
❺① 22を20と2に分けて考えます。
20×6=120、2×6=12より、
120+12=132
② 52を50と2に分けて考えます。
50×3=150、2×3=6より、
150+6=156
③ 63を60と3に分けて考えます。
60×5=300、3×5=15より、
300+15=315

66ページ　練習のワーク❶

❶ ① $\begin{array}{r}73\\ \times\ 6\\ \hline 438\end{array}$　② $\begin{array}{r}402\\ \times\ 3\\ \hline 1206\end{array}$

❷ ① 108　② 368　③ 360
④ 865　⑤ 4130　⑥ 2448

❸ 式 28×9=252　　答え 252まい
❹ 式 620×5=3100　　答え 3100円
❺ ① 128　② 150　③ 162

てびき　❶① 「六七42」の42を、位をずらして書くのではなく、42にくり上げた1をたした43を百の位と十の位に書きます。
② 十の位に0があるときは、かけた0を書きわすれないよう注意します。

❷① $\begin{array}{r}36\\ \times\ 3\\ \hline 108\end{array}$　② $\begin{array}{r}92\\ \times\ 4\\ \hline 368\end{array}$　③ $\begin{array}{r}45\\ \times\ 8\\ \hline 360\end{array}$

④ $\begin{array}{r}173\\ \times\ 5\\ \hline 865\end{array}$　⑤ $\begin{array}{r}590\\ \times\ 7\\ \hline 4130\end{array}$　⑥ $\begin{array}{r}306\\ \times\ 8\\ \hline 2448\end{array}$

67ページ　練習のワーク❷

❶ ① $\begin{array}{r}65\\ \times\ 9\\ \hline 585\end{array}$　② $\begin{array}{r}118\\ \times\ 4\\ \hline 472\end{array}$　③ $\begin{array}{r}357\\ \times\ 5\\ \hline 1785\end{array}$

④ $\begin{array}{r}605\\ \times\ 7\\ \hline 4235\end{array}$

❷ ① 96　② 72　③ 3288
④ 1920

❸ 式 12×7=84　　答え 84cm
❹ 式 328×6=1968　　答え 1968円
❺ 0、1、2、3

てびき　❷③ $\begin{array}{r}548\\ \times\ 6\\ \hline 3288\end{array}$　④ $\begin{array}{r}480\\ \times\ 4\\ \hline 1920\end{array}$

❺ 78×0=0、78×1=78、78×2=156、78×3=234、78×4=312
□が3より大きいと、答えは300より大きくなります。

68ページ まとめのテスト①

1 ❶ 180　❷ 28　❸ 98
❹ 528　❺ 230　❻ 296
❼ 207　❽ 4907　❾ 486
❿ 3928　⓫ 2781　⓬ 5080
⓭ 2520　⓮ 3300

2 5、3、215

3 式 510×8=4080　答え 4080円

4 式 217×4=868　答え 868m

69ページ まとめのテスト②

1 ❶ 135　❷ 357　❸ 363
❹ 976　❺ 1773　❻ 3220

2 式 24×5=120　答え 1m20cm

3 式 467×7=3269　答え 3269円

4 ❶ 式 15×9=135　答え 135こ
❷ 式 135×7=945　答え 945こ

てびき 2 1m=100cm だから、120cm=1m20cm です。
4 ❶ 15こ入りのふくろが9こ入っているから、15×9=135(こ)です。
❷ 1つの箱に135こ入っていて、7箱あるから、135×7=945(こ)です。

⑪ 重さ

70・71ページ きほんのワーク

きほん1 590、20、2、1、100
答え 590、1、100

❶ ❶ 2　❷ 4　❸ 筆箱、2

❷ ❶ 890g　❷ 260g　❸ 900g
❹ 2600g(2kg600g)

きほん2 1、600、300、1、300　答え 1、300

❸ 式 600g+2kg300g=2kg900g
答え 2kg900g

きほん3 1000、1000、1000
答え 1000、1000、1、1000

❹ ❶ 1000　❷ 1　❸ 1
❹ 1　❺ 1000　❻ 2

てびき ❶ 重さは、もとにする重さのいくつ分で表します。
❷ はかりのいちばん小さい1めもりの大きさに注意して、めもりをよみましょう。
❶と❷はいちばん小さい1めもりは5g、❸と❹はいちばん小さい1めもりは20gを表しています。
❸ かごの重さと、くりの重さをたして、全体の重さをもとめます。

72ページ 練習のワーク

❶ ❶ 筆箱
❷ セロハンテープ
❸ 国語の教科書とじしゃく
❹ 60g

❷ 式 1kg100g−300g=800g　答え 800g

❸ ❶ kg　❷ t

てびき ❶❶ つみ木の数がいちばん多い物をえらびます。
❷ つみ木の数がいちばん少ない物をえらびます。
❸ つみ木の数が同じ物をえらびます。
❹ つみ木1この重さは30gなので、セロハンテープは30gの2こ分で60gになります。
❷ 入れ物の重さは300gです。
1kg100g−300g=1100g−300g
=800g

73ページ まとめのテスト

1 ❶ 360g　❷ 1260g(1kg260g)
❸ 780g　❹ 3620g(3kg620g)

2 3800g、3kg80g、3kg、2800g

3 ❶ 5000　❷ 1900　❸ 7
❹ 2、180　❺ 8、20　❻ 1005
❼ 7　❽ 5000

4 式 400g+2kg700g=3kg100g
答え 3kg100g

5 式 1kg−350g=650g　答え 650g

てびき 1 いちばん小さい1めもりは、❶は10g、❷〜❹は20gを表しています。
❸❹ 100gや500gごとのめもりは少し長くなっています。
2 3kg=3000g、3kg80g=3080gとして、単位をそろえてくらべてみましょう。
4 400g+2kg700g=2kg1100g
=3kg100g
または、2kg700gをgだけの単位で表して、
400g+2700g=3100g=3kg100g
5 1kg−350g=1000g−350g=650g

⑫ 分数

74・75 ページ きほんのワーク

きほん1 $\frac{1}{4}$、$\frac{2}{4}$ 答え $\frac{1}{4}$、$\frac{2}{4}$

1 ❶ 2こ分、$\frac{2}{3}$ m ❷ 3こ分、$\frac{3}{8}$ m

2 ❶ 4こ分、$\frac{4}{5}$ L ❷ 2こ分、$\frac{2}{6}$ L

3 ❶（れい）

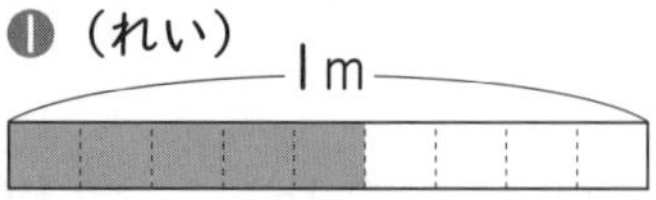

❷

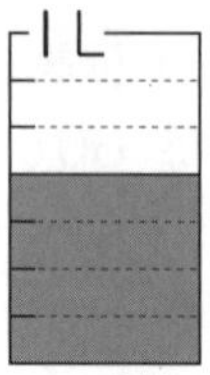

きほん2 $\frac{2}{6}$、$\frac{5}{6}$、$\frac{6}{6}$ 答え $\frac{2}{6}$、$\frac{5}{6}$、$\frac{6}{6}$

4 あ $\frac{1}{5}$ m い $\frac{4}{5}$ m う 1m$\left(\frac{5}{5}\text{m}\right)$

きほん3 答え $\frac{4}{9}$、$\frac{8}{9}$、$\frac{13}{9}$

5 ❶ $<$ ❷ $=$ ❸ $>$

てびき **3**❶ 9等分したうちの5こ分に色をぬります。5こは、どの部分をえらんでぬってもかまいません。

❷ 7等分したうちの4こ分に色をぬります。

4 めもりは0と1の間を5等分したところにうってあるので、1めもりの大きさは$\frac{1}{5}$mにあたります。

5❷ 分数の分母と分子が同じ数のときは、1になります。

❸ $\frac{12}{9}$は$\frac{1}{9}$の12こ分です。1は$\frac{9}{9}$と同じ大きさなので、$\frac{1}{9}$の9こ分です。

76・77 ページ きほんのワーク

きほん1 2、5、7、2、5、7 答え $\frac{7}{10}$

1 ❶ $\frac{2}{4}$ ❷ $\frac{5}{6}$ ❸ $\frac{4}{8}$ ❹ 1 ❺ 1

2 式 $\frac{3}{8}+\frac{4}{8}=\frac{7}{8}$ 答え $\frac{7}{8}$ m

3 式 $\frac{6}{10}+\frac{4}{10}=\frac{10}{10}=1$ 答え 1 L

きほん2 6、4、6、4、2 答え $\frac{2}{7}$

4 ❶ $\frac{3}{6}$ ❷ $\frac{2}{5}$ ❸ $\frac{2}{8}$ ❹ $\frac{3}{4}$ ❺ $\frac{3}{5}$

5 式 $\frac{7}{9}-\frac{5}{9}=\frac{2}{9}$ 答え $\frac{2}{9}$ m

6 式 $1-\frac{2}{3}=\frac{1}{3}$ 答え $\frac{1}{3}$ L

てびき **3** $\frac{10}{10}$のように、分数の分母と分子が同じ数のときは、1になおします。

6 1は$\frac{3}{3}$にして、計算します。

$1-\frac{2}{3}=\frac{3}{3}-\frac{2}{3}=\frac{1}{3}$

78 ページ 練習のワーク

1 ❶ $\frac{7}{10}$ m ❷ $\frac{3}{4}$ L ❸ $\frac{2}{5}$ L

2 ❶ 4 ❷ $\frac{5}{8}$ ❸ 10 ❹ $\frac{4}{5}$

3 ❶ $<$ ❷ $>$ ❸ $<$ ❹ $=$

4 式 $\frac{1}{5}+\frac{3}{5}=\frac{4}{5}$ 答え $\frac{4}{5}$ L

5 ❶ $\frac{4}{6}$ ❷ $\frac{5}{9}$ ❸ 1 ❹ $\frac{3}{7}$ ❺ $\frac{2}{4}$ ❻ $\frac{3}{6}$ ❼ $\frac{5}{10}$

てびき **1**❶ 1mを10等分した7こ分になります。

❷ 1Lを4等分した3こ分になります。

❸ 1Lを5等分した2こ分になります。

2❸ 1Lは$\frac{10}{10}$Lと表せるので、$\frac{1}{10}$Lの10こ分になります。

3❸ $1=\frac{7}{7}$です。

❹ $1=\frac{8}{8}$です。

5❸ $\frac{1}{8}+\frac{7}{8}=\frac{8}{8}=1$

❻ $1-\frac{3}{6}=\frac{6}{6}-\frac{3}{6}=\frac{3}{6}$

❼ $1-\frac{5}{10}=\frac{10}{10}-\frac{5}{10}=\frac{5}{10}$

79 ページ まとめのテスト

1 ❶ $\frac{1}{3}$ m ❷ $\frac{5}{6}$ L

2 ❶ 5こ ❷ 7こ ❸ 10こ ❹ 9こ

3 ❶ あ $\frac{1}{8}$ い $\frac{5}{8}$ う $\frac{7}{8}$ え $\frac{9}{8}$

❷

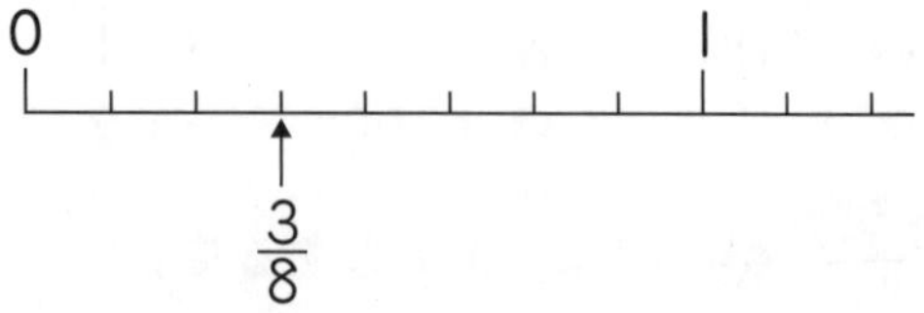

4 ❶ $>$ ❷ $<$ ❸ $>$

5 ❶ 式 $\frac{4}{7}+\frac{2}{7}=\frac{6}{7}$ 答え $\frac{6}{7}$ m

❷ 式 $\frac{4}{7}-\frac{2}{7}=\frac{2}{7}$ 答え $\frac{2}{7}$ m

てびき **2** ❹ 1は$\frac{9}{9}$と表せるので、$\frac{1}{9}$を9こあつめた数になります。

3 ❶ 1めもりの大きさを考えます。0と1の間を8等分しているので、1めもりの大きさは$\frac{1}{8}$です。

(え) めもりが9こ分なので、$\frac{9}{8}$になります。

4 ❷ $\frac{1}{10}$は0と1の間の数です。

❸ 1は$\frac{10}{10}$と表せます。

5 ❶ あわせた長さをもとめるので、たし算をします。

❷ 長さのちがいをもとめるので、ひき算をします。

⑬ 三角形

80・81ページ きほんのワーク

きほん1 (い)、(え)、(あ)、(う)、(お)　答え (い)、(え)、(あ)

❶ 二等辺三角形…(あ)、(え)

正三角形…(い)、(か)

❷ ❶ 二等辺三角形

❷ 正三角形

きほん2 答え

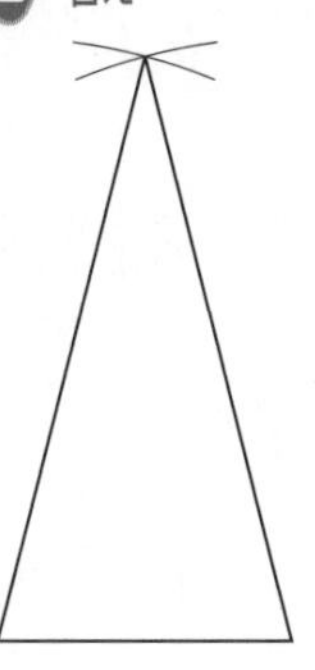

❸ ❶

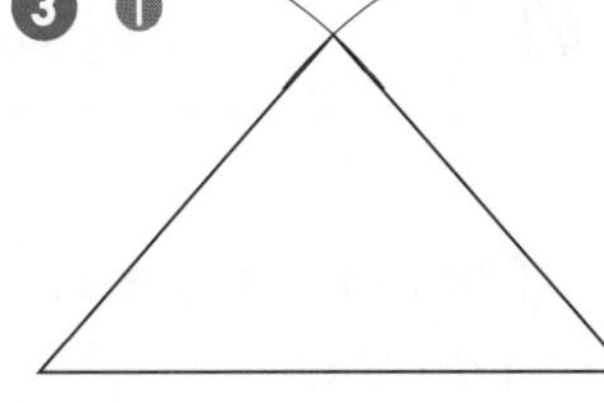

❷

❹ (れい)

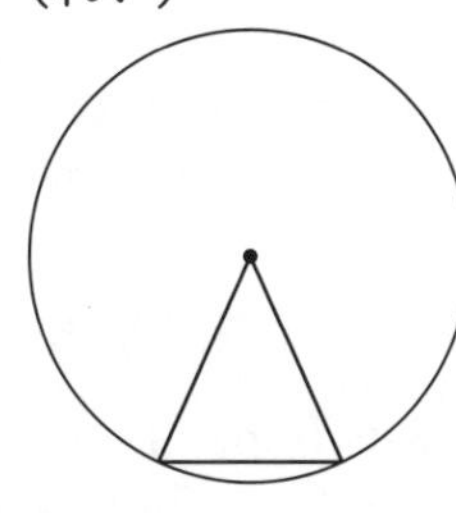

❸

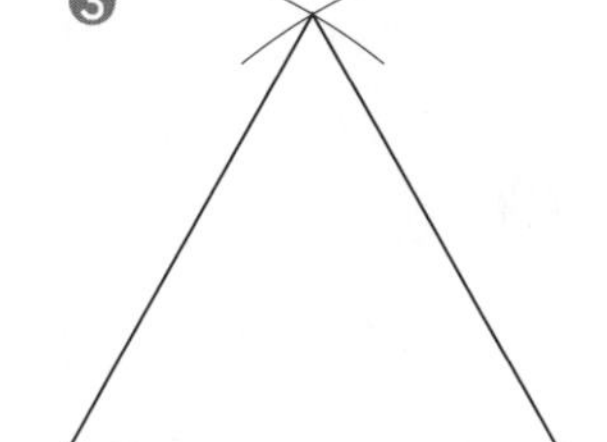

てびき ❶ 辺の長さを調べるときは、コンパスを使うとべんりです。

❷ ❶ 2つの辺の長さが等しい三角形です。

❷ 3つの辺の長さが等しい三角形です。

❹ 1つの円の半径はすべて等しい長さなので、2本の半径をひいて、のこりの1つの辺をかきます。

82・83ページ きほんのワーク

きほん1 (あ)、(い)　答え (あ)

❶ ❶ (あ)の角　❷ (う)の角と(え)の角

❸ (か)の角

❹ (お)と(か)は、(お)に○

(う)と(か)は、(う)に○

(う)と(お)は、(う)に○

❷ (左から)(い)、(う)、(え)、(お)、(あ)

きほん2 (う)、(お)、(か)(または、(う)、(か)、(お))

答え (う)、(お)、(か)(または、(う)、(か)、(お))

❸ ❶ 正三角形　❷ 二等辺三角形

❸ 二等辺三角形 または 直角三角形

(直角二等辺三角形)

きほん3 答え

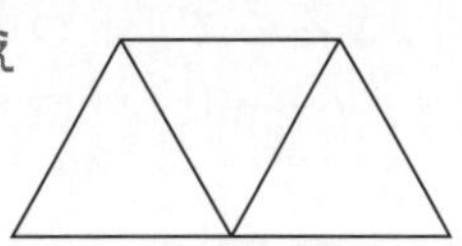

❹ ❶ 二等辺三角形 または 直角三角形

(直角二等辺三角形)

❷ 正三角形

てびき ❶ 2まいの三角定規の角を重ねて、大きさをくらべましょう。

❷ 角の大きさは、辺の開きぐあいだけで決まります。三角定規の角とくらべましょう。

❸ どれも同じ形の三角定規をならべているので、2つの辺の長さが等しくなっています。

さらに、❶は三角定規の角をあてて調べると、3つの角の大きさが等しくなっていることがわかります。

❹ ❶ 2つの辺の長さが等しい二等辺三角形を4こならべた形です。

❷ 3つの辺の長さが等しい正三角形を9こならべた形です。

84ページ 練習のワーク

❶ (あ) △

(い) ×

(う) ○

(え) △

(お) ×

(か) ○

❷ (れい)

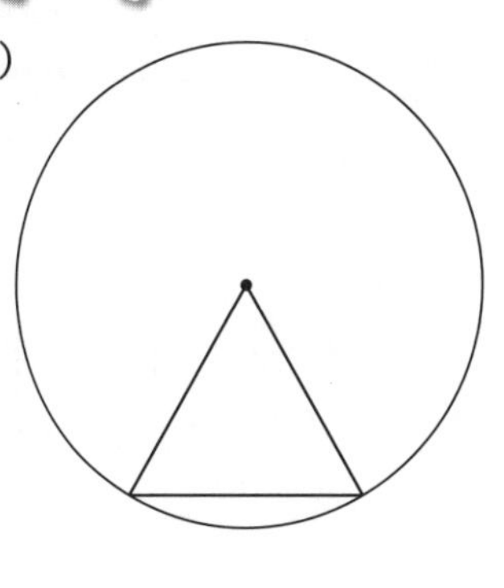

❸ (左から)

(あ)、(え)、(う)、(い)

❹ 6cm

てびき ❷ 次のようにしても、正三角形をかくことができます。

①中心から円のまわりまで１本の半径をひきます。半径はどの半径でもかまいません。

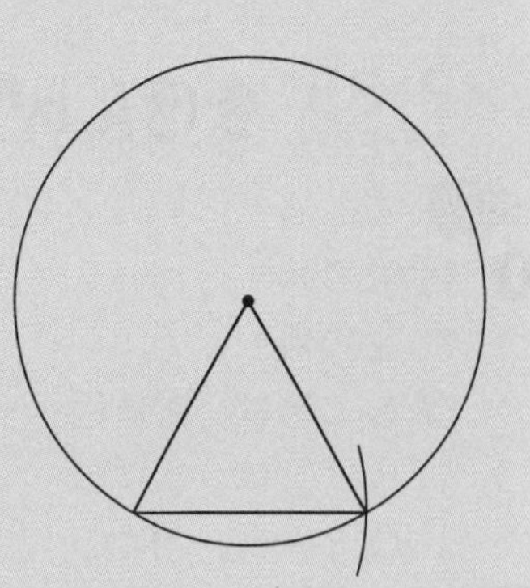

②コンパスを使って、半径と同じ長さをはかりとり、①でひいた半径のはしから半径の長さのしるしをつけます。

③しるしの交わったところが正三角形のもう１つの頂点になります。

❹ 20－8＝12 から、のこりの２つの辺をあわせた長さは 12cm になるので、１つの辺の長さは 12÷2＝6 より、6cm になります。

85ページ まとめのテスト

1 ❶ ❷

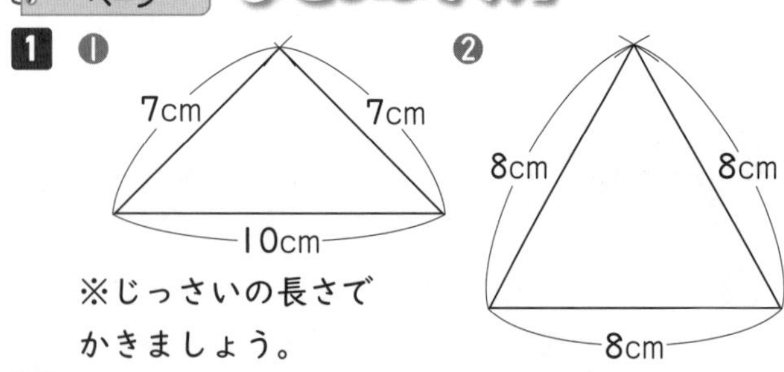

※じっさいの長さでかきましょう。

2 ㋐ 二等辺三角形　㋑ 二等辺三角形
㋒ 正三角形

3 ❶ ㋐　❷ ㋗　❸ ㋕

4 ❶ ㋐ 4cm　㋑ 4cm　❷ 正三角形

てびき **2** 開いた図をかくと、次のようになります。

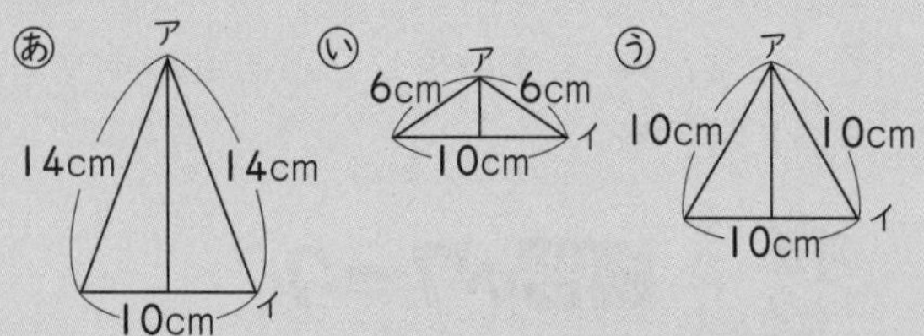

3 ２つの角を重ねて調べると、次のようになります。

❶

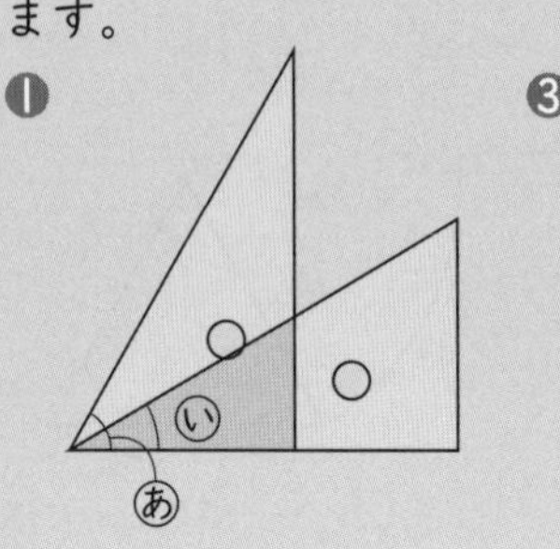

❸

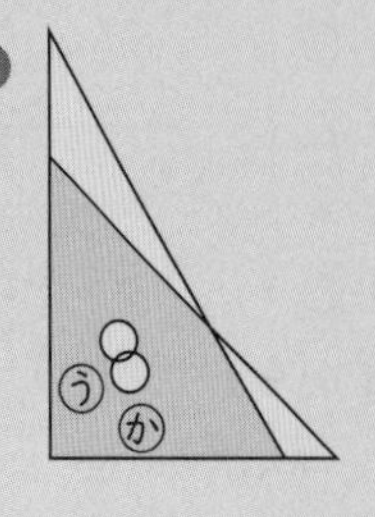

4 図の三角形の辺の長さはどれも半径の２倍の長さで、３つの辺の長さは、すべて等しくなっています。

⑭ □を使った式と図

86・87ページ きほんのワーク

きほん1 46、67、21　答え 21

❶ 式 □＋18＝42　答え 24 本

❷ 式 □－24＝18　答え 42 本

❸ ❶ 35　❷ 25　❸ 25

きほん2 9、72、8　答え 8

❹ 式 □×2＝40　答え 20 円

❺ 式 □÷3＝5　答え 15 こ

❻ 式 □÷4＝8　答え 32 まい

❼ ❶ 6　❷ 9　❸ 45
❹ 27

てびき 図に表して考えます。

❶

全部の数42本
持っていた数□本　もらった数18本

□にあてはまる数は、ひき算でもとめます。
42－18＝24

❷

持っていた数□本
使った数24本　のこりの数18本

□にあてはまる数は、たし算でもとめます。
18＋24＝42

❸ ❶ □に 25 をたした数が 60 なので、
たし算とひき算の関係から、
60 から 25 をひいた数が□にあてはまる数です。

❸ □から 18 をひいた数が 7 なので、
たし算とひき算の関係から、
7 に 18 をたした数が□にあてはまる数です。

❹

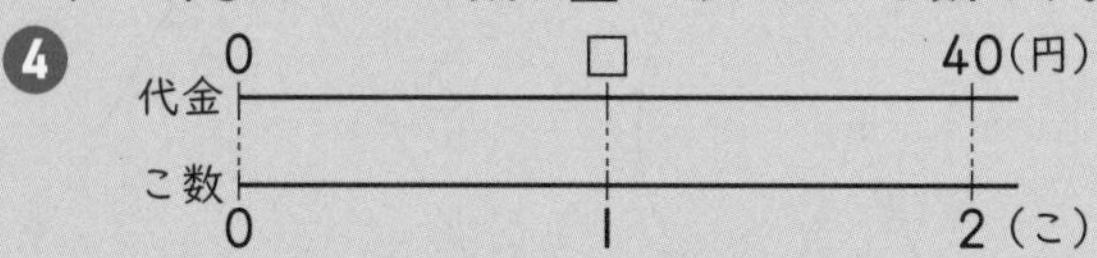

□にあてはまる数は、わり算でもとめます。
40÷2＝20

❺

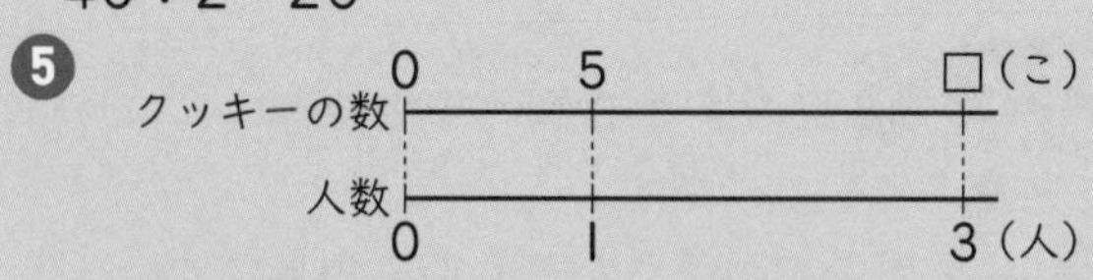

□にあてはまる数は、かけ算でもとめます。
5×3＝15

❻

□にあてはまる数は、かけ算でもとめます。

4×8=32

❼❶ □に 7 をかけた数が 42 なので、
かけ算とわり算の関係から、
42 を 7 でわった数が□にあてはまる数です。

❸ □を 5 でわった数が 9 なので、
かけ算とわり算の関係から、
9 に 5 をかけた数が□にあてはまる数です。

88ページ 練習のワーク

❶ ❶ 式 58+□=73　答え 15
❷ 式 □−300=500　答え 800
❸ 式 □×3=27　答え 9
❹ 式 □÷4=2　答え 8

❷ ❶ 56　❷ 39　❸ 91
❹ 800　❺ 5　❻ 4
❼ 7　❽ 15　❾ 49

てびき ❶ 図に表して考えます。

❶
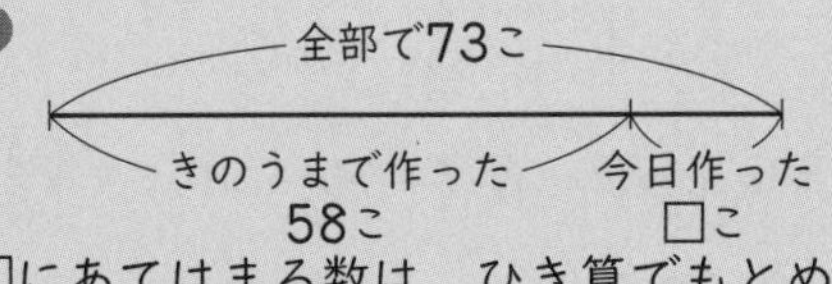

□にあてはまる数は、ひき算でもとめます。

73−58=15

❷
持っていたお金□円
本の代金300円　のこりのお金500円

□にあてはまる数は、たし算でもとめます。

500+300=800

❸
えんぴつの本数　0　□　27(本)
箱の数　0　1　3(箱)

□にあてはまる数は、わり算でもとめます。

27÷3=9

❹
テープの長さ　0　2　□(m)
人数　0　1　4(人)

□にあてはまる数は、かけ算でもとめます。

2×4=8

89ページ まとめのテスト

1 ❶ 7　❷ 15　❸ 6
❹ 30

2 ❶ 式 □+10=23　答え 13
❷ 式 □−86=214　答え 300
❸ 式 4×□=36　答え 9
❹ 式 □÷6=8　答え 48

てびき 1 たし算とひき算、かけ算とわり算の関係を使って、□にあてはまる数をもとめます。
❶ 15−8=7　❷ 7+8=15
❸ 30÷5=6　❹ 6×5=30

2 図に表して考えます。

❶
全部で23こ
はじめの数□こ　買ってきた数 10こ

□にあてはまる数は、ひき算でもとめます。

23−10=13

❷
はじめの数□まい
使った数 86まい　のこりの数214まい

□にあてはまる数は、たし算でもとめます。

214+86=300

❸
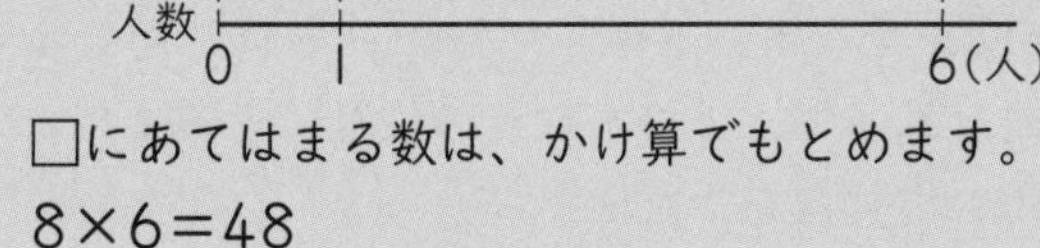

□にあてはまる数は、わり算でもとめます。

36÷4=9

❹
こ数　0　8　□(こ)
人数　0　1　6(人)

□にあてはまる数は、かけ算でもとめます。

8×6=48

⑮ 小数

90・91ページ きほんのワーク

きほん1 3、0.3、1.3　答え 1.3

❶ ❶ 0.8 L　❷ 1.7 L　❸ 0.1 L
❹ 1.9 L

❷ 整数…15、7、0、2
小数…0.3、4.9、1.6、0.8

きほん2 0.1、0.9、3.9　答え 3.9

❸ ㋐ 0.8 cm　㋑ 4 cm　㋒ 8.4 cm
㋓ 13.7 cm

きほん3 0.6　答え 0.6、1.5、3.2、3.9

❹ ❶ 3、2　❷ 39　❸ 28.3

❺ ❶ <　❷ <　❸ >

てびき ❷ 0、1、2、3、…のような数を整数といい、0.3、1.6 のような数を小数といいます。

❸ 1cm を 10 等分した 1 こ分の長さは 1mm で、cm の単位で表すと 0.1cm になります。
㋐ 8mm なので、0.8cm になります。
㋒ 8cm と 4mm なので、8.4cm になります。

92・93ページ きほんのワーク

きほん1 0.1　答え $\frac{4}{10}$

1 ❶ <　❷ =　❸ >

きほん2 6、3、9　6、3、3　答え 0.9、0.3

2 ❶ 0.7　❷ 1.5　❸ 0.2　❹ 1.4

きほん3 4、2 ➡・　8、0　答え 4.2、8

3 ❶ 4.8　❷ 4.7　❸ 17.1　❹ 14.3　❺ 7　❻ 45.5

きほん4 2、8 ➡・　3、6 ➡・　答え 2.8、3.6

4 ❶ 1.5　❷ 3.9　❸ 3.6　❹ 2　❺ 10.1　❻ 1.2

てびき ❷ 0.1 の何こ分かを考えます。
❸ 位をそろえて書き、整数のたし算と同じように計算して、上の小数点の位置にそろえて、答えの小数点をうちます。
❺ 答えの $\frac{1}{10}$ の位が 0 になったときは、0 と小数点を消します。
❻ 42 は 42.0 と考えて計算します。
❹ 位をそろえて書き、整数のひき算と同じように計算して、上の小数点の位置にそろえて、答えの小数点をうちます。
❹ 答えの $\frac{1}{10}$ の位が 0 になったときは、0 と小数点を消します。
❺❻ 12 は 12.0、4 は 4.0 と考えて計算します。

94ページ 練習のワーク

1 ❶ 1　❷ 1.4、14　❸ 27.3　❹ 100、0.7　❺ 26

2 ㋐ 0.7　㋑ 1.2　㋒ 2.7

3 ❶ <　❷ >　❸ <

4 ❶ 6.4　❷ 7　❸ 0.6　❹ 7.2

5 式 1.7+0.4=2.1　答え 2.1km

てびき ❶❸ 3mm は cm の単位で表すと 0.3cm です。
❷ 数直線の 1 めもりは 0.1 です。
㋑は 1 より 0.2 大きい数です。
㋒は 2 より 0.7 大きい数です。

❸ それぞれ 0.1 の何こ分かを考えて、大きさをくらべます。
❹❷ 答えの $\frac{1}{10}$ の位が 0 になったときは、0 と小数点を消します。
❹ 8 は 8.0 と考えて計算します。
❺ あわせて何 km かをもとめるので、たし算をします。

95ページ まとめのテスト

1 ❶ 7、8　❷ 78　❸ 0.8　❹ 0.2

2 $\frac{6}{10}$、0.7、$\frac{11}{10}$、1.3

3 ❶ 2.9　❷ 8.2　❸ 35.8　❹ 40　❺ 7.2　❻ 1.3　❼ 6.2　❽ 9　❾ 0.4

4 式 7.3+4.9=12.2　答え 12.2cm

5 式 3.4−1.8=1.6
答え やかんが 1.6L 多く入る。

てびき 1 ❸ 7.8 は 7 より 0.8 大きい数です。
❹ 7.8 は 8 より 0.2 小さい数です。
2 小数か分数にそろえて考えます。小数にそろえると、$\frac{11}{10}=1.1$、$\frac{6}{10}=0.6$
分数にそろえると、$0.7=\frac{7}{10}$、$1.3=\frac{13}{10}$
3 ❸ 32 は 32.0 と考えて計算します。
❹❽ 答えの $\frac{1}{10}$ の位が 0 になったときは、0 と小数点を消します。

⑯ 2けたの数のかけ算

96・97ページ きほんのワーク

きほん1 18、180、28、280　答え 180、280

1 ❶ 80　❷ 350　❸ 720　❹ 840　❺ 520　❻ 2400

2 式 3×40=120　答え 120 こ

3 式 36×20=720　答え 720 円

きほん2 1、3 ➡ 3、9 ➡ 4、0、3
4、0、5 ➡ 1、3、5 ➡ 1、7、5、5
答え 403、1755

4 ❶ 23×13：69、23、299　❷ 24×34：96、72、816　❸ 15×63：45、90、945

④ 54
×75
270
378
4050

⑤ 14
×39
126
42
546

⑥ 82
×59
738
410
4838

5 式 28×35=980　答え 980 こ

てびき **2** 3×40 の答えは、3×4 の答えの10倍だから、12の右はしに0を1つつけた数になります。
3 36×20=36×2×10
=72×10=720

5 28
×35
140
84
980

98・99 ページ　きほんのワーク

きほん1 3、5、0、4、0、0、4、3、5、0
4、3、5、0　答え 4350

1 ❶ 2700　❷ 1040　❸ 1680

きほん2 4、2、6 ➡ 6、3、9 ➡ 6、8、1、6
3、2、4、1 ➡ 2、3、1、5 ➡ 2、6、3、9、1
答え 6816、26391

2 ❶ 133
× 23
399
266
3059

❷ 343
× 12
686
343
4116

❸ 239
× 48
1912
956
11472

❹ 417
× 52
834
2085
21684

❺ 832
× 69
7488
4992
57408

❻ 675
× 84
2700
5400
56700

3 式 173×19=3287　答え 3287 円

きほん3 4、0、8、4、6、9、2
8、0、0、1、0、8、0、0
答え 4692、10800

4 ❶ 5833　❷ 14616　❸ 21900

てびき **1** ❶ 45
×60
2700

❷ 26
×40
1040

❸ 24
×70
1680

3 173
× 19
1557
173
3287

4 ❶ 307
× 19
2763
307
5833

❷ 406
× 36
2436
1218
14616

❸ 300
× 73
900
2100
21900

❸は、73×300 とすると、計算しやすくなります。

73
×300
21900

100 ページ　練習のワーク①

1 ❶ 180　❷ 350　❸ 960
❹ 5580　❺ 3200　❻ 1500

2 ❶ 24
×32
48
72
768

❷ 93
×47
651
372
4371

❸ 82
×65
410
492
5330

❹ 33
×45
165
132
1485

❺ 324
× 73
972
2268
23652

❻ 419
× 28
3352
838
11732

❼ 706
× 84
2824
5648
59304

❽ 301
× 87
2107
2408
26187

3 ❶ 28
× 9
252

❷ 54
×70
3780

❸ 632
× 80
50560

4 式 16×25=400　答え 400 まい

てびき **3** ❶ かけ算では、かける数とかけられる数を入れかえても答えは同じなので、28×9として筆算をします。
❷ かける数とかけられる数を入れかえてから筆算をします。0のかけ算は書かずにはぶくことができるので、一の位に0を書いて、次に54×7の計算を十の位から書きます。

101 ページ　練習のワーク②

1 ❶ 320　❷ 840　❸ 2700
❹ 667　❺ 2790　❻ 39664
❼ 80832　❽ 53720

2 ❶ 63
×75
315
441
4725

❷ 904
× 32
1808
2712
28928

3 式 180×36=6480　答え 6480 円

4 式 35×12=420
500−420=80　答え 80 円

てびき **1** 筆算は次のようにします。

❹ 29
×23
87
58
667

❺ 62
×45
310
248
2790

❻ 536
× 74
2144
3752
39664

```
❼     842     ❽     790     ❸    180
    ×  96         ×  68         ×  36
     5052          6320          1080
    7578          4740           540
    80832         53720          6480
```

❹ まず、えんぴつの代金をもとめます。次に、ひき算をしておつりをもとめます。

102ページ まとめのテスト❶

1 ❶ 5520　❷ 989　❸ 560
❹ 1938　❺ 5184　❻ 24017
❼ 28800　❽ 37962　❾ 54720

2 式 53×27＝1431　答え 14m31cm

3 式 440×32＝14080　答え 14080円

4 ❶ 6、3　❷ 3、4、1、1
❸ 2、5、1、5、0、1、7、2

てびき **1** 筆算は次のようにします。
❼は、かけられる数とかける数を入れかえてから筆算します。

```
❺   432    ❻    329    ❼     36
   × 12        ×  73        ×800
    864          987        28800
   432         2303
   5184        24017

❽    703   ❾    608
   ×  54       ×  90
    2812        54720
   3515
   37962
```

2 1m＝100cm だから、
1431cm＝14m31cm

4 このような問題を「虫くい算」といいます。
かけ算の九九を使って、あいているところにあてはまる数を考えます。

```
❶    ア3
    ×イ2
     126
    189
    2016
```

2×ア＝12 よりアは 6
イ×3＝9 より、イは 3 とわかります。

```
❷     47
    ×ウエ
     188
    □41
    □598
```

エ×7 の計算で一の位が 8 になるのは、4×7＝28 よりエは 4、同じように、ウ×7 の計算で一の位が 1 になるのは 3×7＝21 よりウは 3 です。

```
❸    オカ
    × 69
     225
    □□□
    □□□5
```

9×カの計算で一の位が 5 になるのは、9×5＝45 よりカは 5、この九九で 4 くり上がっているので、22－4＝18 だから、9×オ＝18 よりオは 2 です。

103ページ まとめのテスト❷

1 ❶ 429　❷ 560　❸ 2108
❹ 1548　❺ 16074　❻ 23414

2 ❶ 450　❷ 700

3 ❶ 式 375×27＝10125　答え 10kg125g
❷ 式 375×15＝5625
5625＋500＝6125　答え 6kg125g

4 ㋐、㋒

てびき **1** 筆算は次のようにします。

```
❸    62    ❹   129    ❺    342
    ×34       ×  12       ×  47
    248         258        2394
   186         129        1368
   2108        1548       16074

❻   509
   × 46
    3054
   2036
   23414
```

2 ❶ 15×5×6＝15×(5×6)＝15×30＝450
❷ 25×7×4＝25×4×7＝100×7＝700

3 ❷ 本の重さと箱の重さをたします。
6125g＝6000g＋125g＝6kg125g

4 ビル全体の高さは、ビルの 1 階分の高さが何階分あるかを調べればもとめることができます。
(ビルの高さ)＝(ビルの 1 階分の高さ)×(ビルの階数)です。

⑰ 倍の計算

104ページ きほんのワーク

きほん1 7、28　答え 28

❶ 式 25×3＝75　答え 75円

きほん2 32、4　答え 4

❷ 式 27÷9＝3　答え 3倍

きほん3 5、7　答え 7

❸ 式 48÷6＝8　答え 8cm

てびき ❶ 図に表すと、次のようになります。

クッキー
25円
あめ

❷

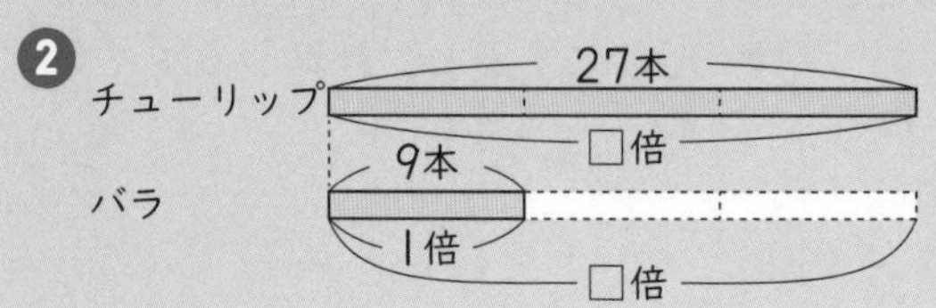

❸ 青いひもの長さを□cm とすると、
□×6=48　□をもとめると、48÷6=8

105ページ　まとめのテスト

1 式 24×5=120　答え 1 m20cm
2 式 56÷8=7　答え 7 倍
3 式 36÷4=9　答え 9 さい
4 ❶ 式 7×2=14　答え 14cm
❷ 式 14×4=56　答え 56cm

てびき **1** 1 m=100cm だから、
120cm=1 m20cm です。
3 ゆかさんの年れいを□さいとすると、
□×4=36　□=36÷4　□=9
4 ❷ ❶でもとめた青いリボンの長さの 4 倍です。

⑱ そろばん

106・107ページ　きほんのワーク

きほん1 2、8、5、4、285.4　答え 285.4
1 ❶ 1701　❷ 4.6
きほん2 答え 6
2 ❶ 79　❷ 7　❸ 9
きほん3 答え 3
3 ❶ 43　❷ 61　❸ 3
❹ 2
きほん4 答え 12、3
4 ❶ 12　❷ 8　❸ 13 万
❹ 7 万

てびき **4** ❸❹ 1 万をもとにして、1 万の何こ分かを考えて計算します。

3 年のまとめ

108ページ　まとめのテスト❶

1 ❶ 3604000　❷ $\frac{7}{8}$
❸ 2.9　❹ 1.8
2

3 ❶ 2000　❷ 2700、27000、27
❸ 3　❹ 2　❺ 20
❻ 5
4 ❶ ＜　❷ ＞　❸ ＞　❹ ＝

てびき **1** ❶ 0 になる位に気をつけましょう。

3	0	0	0	0	0	0	←100 万を 3 こ
	6	0	0	0	0	0	←10 万を 6 こ
			4	0	0	0	←千を 4 こ
3	6	0	4	0	0	0	

2 数直線の 1 めもりは、0 と 1 との間を 10 等分しているので、小数で表すと 0.1、分数で表すと $\frac{1}{10}$ の大きさになります。
❷ $\frac{2}{10}=0.2$
❹ $\frac{9}{10}=0.9$
3 ❷ ある数を 10 倍すると位が 1 つ上がり、もとの数の右はしに 0 を 1 つつけた数になります。また、100 倍すると位が 2 つ上がり、もとの数の右はしに 0 を 2 つつけた数になります。10 倍の 10 倍が 100 倍です。
❹ かけ算では、かけられる数とかける数を入れかえて計算しても、答えは同じになります。
❺ かけ算では、かけられる数やかける数を分けて計算しても、答えは同じになります(分配のきまり)。ここでは、21 を 20 と 1 に分けます。
❻ かけ算では、前からじゅんにかけても、後の 2 つを先にかけても、答えは同じになります(結合のきまり)。
4 計算してから、数の大小をくらべます。
❷ 56000+44000=100000
❸ 2.4−1.3=1.1
❹ $\frac{1}{10}+\frac{9}{10}=\frac{10}{10}=1$

109ページ　まとめのテスト❷

1 ❶ 902　❷ 1470　❸ 7014
❹ 3811　❺ 474　❻ 534
❼ 1378　❽ 4207　❾ 6929
2 ❶ 式 6195+6372=12567　答え 12567 人
❷ 式 6372−6195=177　答え 177 人
3 ❶ 7　❷ 9　❸ 5
4 式 27÷9=3　答え 3 こ

てびき **1** 筆算を使って、くり上がりやくり下がりに注意して計算します。

❶ $\begin{array}{r} 328 \\ +574 \\ \hline 902 \end{array}$　❷ $\begin{array}{r} 649 \\ +821 \\ \hline 1470 \end{array}$　❸ $\begin{array}{r} 4621 \\ +2393 \\ \hline 7014 \end{array}$

❹ $\begin{array}{r} 2010 \\ +1801 \\ \hline 3811 \end{array}$　❺ $\begin{array}{r} 743 \\ -269 \\ \hline 474 \end{array}$　❻ $\begin{array}{r} 902 \\ -368 \\ \hline 534 \end{array}$

❼ 6305 − 4927 = 1378　❽ 5001 − 794 = 4207　❾ 7892 − 963 = 6929

4 同じ数ずつ分けるので、わり算で計算します。

110ページ　まとめのテスト❸

1 ❶ 8あまり1　❷ 8あまり4
❸ 42　❹ 7あまり1
❺ 10　❻ 12

2 式 50÷6=8あまり2　8+1=9　答え 9箱

3 ❶ 177　❷ 460　❸ 2520
❹ 27360　❺ 2072　❻ 21758

4 式 150×6=900　答え 900円

5 ❶ 38　❷ 87　❸ 8
❹ 48

てびき

1 ❸ 84を80と4に分けて考えます。
80÷2=40、4÷2=2より、40+2=42

2 8箱にせっけんを入れると2こあまるので、もう1箱ひつようです。

3 筆算は次のようにします。

❸ 315 × 8 = 2520
❹ 912 × 30 = 27360
❺ 74 × 28：592、148、2072
❻ 506 × 43：1518、2024、21758

5 □にいろいろな数をあてはめてみたり、図にかいて考えたりして、□にあてはまる数をもとめます。もとめた答えを、□にあてはめて計算してたしかめをしましょう。

❶ 56−18=38
❷ 14+73=87
❸ 32÷4=8
❹ 8×6=48

111ページ　まとめのテスト❹

1 8cm

2 球、円

3 ❶　❷

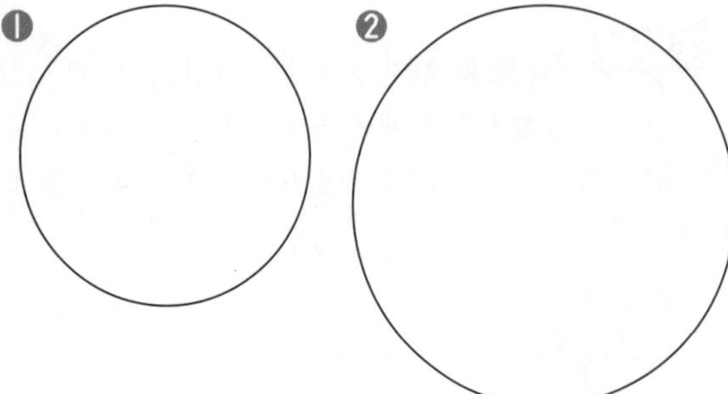

4 ❶　❷

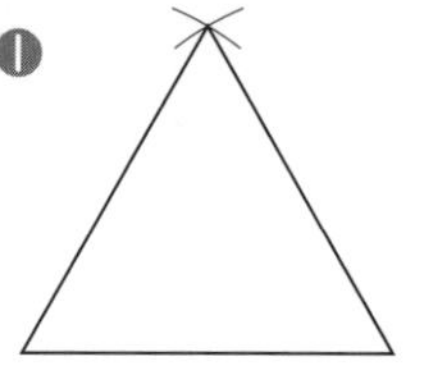

てびき

1 大きい円の直径の長さは、小さい円の半径の4つ分の長さになります。

3 ❷ 4÷2=2から、半径2cmの円をかきます。

112ページ　まとめのテスト❺

1 ❶ 1時間30分(90分間)
❷ 45分後の時こく…午後4時15分
45分前の時こく…午後2時45分

2 ❶ 560g
❷ 3300g(3kg300g)

3 ❶ 1250　❷ 2、30
❸ 3060　❹ 10、1000

4

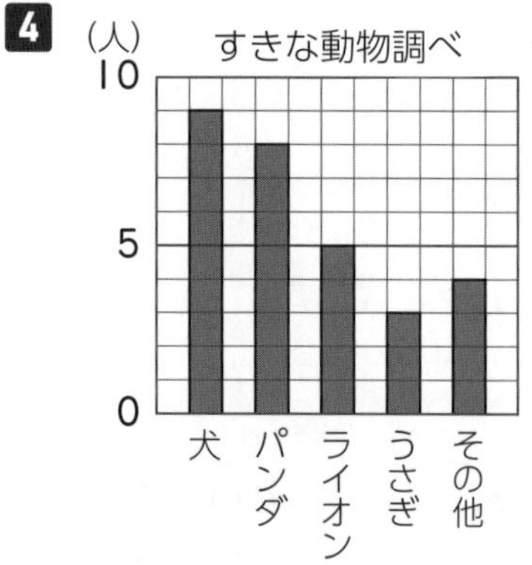

てびき

1 ❷

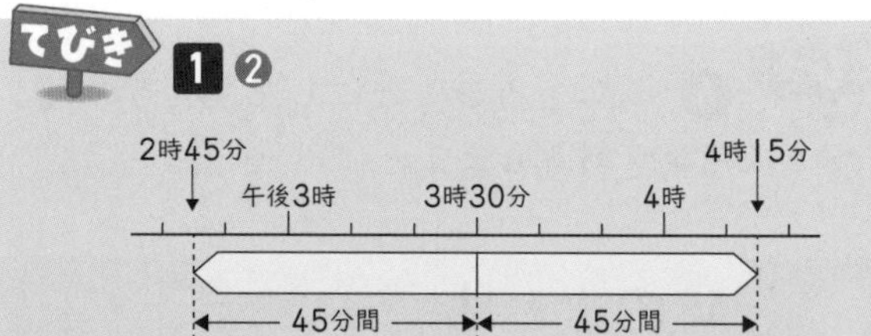

2 ❶ 1めもりは20gを表しています。
❷ 1めもりは20gを表しています。

3 ❶ 1km=1000mだから、
1km250m=1000m+250m=1250m
❸ 1kg=1000gだから、
3kg60g=3000g+60g=3060g

❹

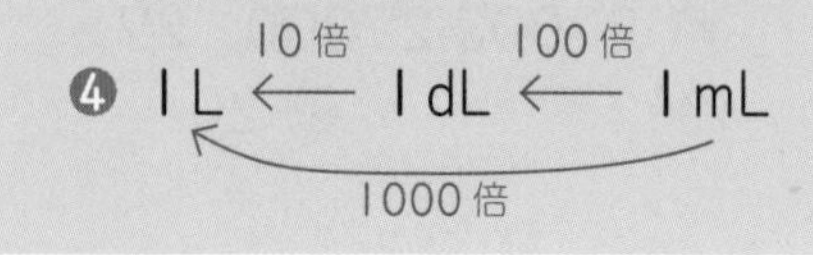

実力判定(はんてい)テスト　答えとてびき

夏休みのテスト①

1 ❶ 0　❷ 0　❸ 180

2 ❶ 9　❷ 4

❸ 14、6、42、56

3 45 分間

4 ❶ 1150　❷ 5901　❸ 292

❹ 5808

5 ❶ 7　❷ 3　❸ 10

6 ❶ 6050　❷ 2、78

7 ❶ ㋐23　㋑13　㋒36　㋓14　㋔7

㋕21　㋖37　㋗20　㋘57

❷ 57 台

8 ❶ 答え 6 あまり 2　たしかめ $6\times6+2=38$

❷ 答え 5 あまり 3　たしかめ $9\times5+3=48$

9 式 $28\div6=4$ あまり 4　$4+1=5$　答え 5 台

てびき

7 ❷ 表の㋘に入る数が、10 分間に、校門の前の道を通った乗用車とトラックの台数の合計になります。

8 あまりがわる数より小さくなっているか、たしかめましょう。

夏休みのテスト②

1 ❶ 0　❷ 800　❸ 3

❹ 0　❺ 1　❻ 31

2 ❶ 1、25　❷ 1、40

3 午後 2 時 30 分

4 式 $875-658=217$　答え 217 まい

5 ❶ 式 $27\div3=9$　答え 9 人

❷ 式 $27\div9=3$　答え 3 こ

6 きょり…750m　道のり…1km100m

7

ちょ金調べ

0　500　1000 (円)

よしみ

まゆみ

ゆうた

りょう

8 ❶ 答え 4 あまり 1　たしかめ $6\times4+1=25$

❷ 答え 7 あまり 3　たしかめ $7\times7+3=52$

9 式 $39\div4=9$ あまり 3

答え 9 本できて、3m あまる。

てびき

2 1 分＝60 秒、1 時間＝60 分です。

冬休みのテスト①

1 ❶ 72051064

❷ 100000000

2 6cm

3 ❶ 78　❷ 336　❸ 819　❹ 3682

4 式 $\square+23=50$　答え 27

5 ❶ 8000　❷ 2000　❸ 2500

❹ 6、450

6 ❶ $\frac{3}{6}$　❷ $\frac{6}{7}$　❸ $\frac{5}{9}$　❹ $\frac{8}{10}$

7 式 $\frac{4}{7}+\frac{3}{7}=1$　答え 1L

8 ❶ 正三角形　❷ 二等辺三角形

てびき

2 この円の直径は、正方形の 1 つの辺の長さと等しいので、12cm です。半径は、直径の半分です。

5 1kg＝1000g、1t＝1000kg です。

6 ❹ $1-\frac{2}{10}=\frac{10}{10}-\frac{2}{10}=\frac{8}{10}$

7 $\frac{4}{7}+\frac{3}{7}=\frac{7}{7}=1$

冬休みのテスト②

1 ㋐ 7400 万　㋑ 8700 万　㋒ 9500 万

㋓ 1 億

2 たて…18cm　横…12cm

3 ❶ 148　❷ 623　❸ 2334　❹ 6440

4 式 $235\times4=940$　答え 940 円

5 ❶ 420g　❷ 2700g(2kg700g)

6 ❶ $\frac{7}{8}$　❷ 1　❸ $\frac{6}{10}$　❹ $\frac{7}{9}$

7 ❶ 式 $\frac{3}{7}+\frac{2}{7}=\frac{5}{7}$　答え $\frac{5}{7}$m

❷ 式 $\frac{3}{7}-\frac{2}{7}=\frac{1}{7}$　答え $\frac{1}{7}$m

8 二等辺三角形

てびき

1 いちばん小さい 1 めもりは、1000 万を 10 等分しているから 100 万を表しています。

2 箱のたての長さはボールの直径の 3 こ分の長さで、横の長さはボールの直径の 2 こ分の長さです。

5 ❶ 1000g まではかれるはかりで、いちばん小さい 1 めもりは 20g を表しています。

学年末のテスト①

1 ❶ 0　❷ 50　❸ 266
❹ 1176　❺ 42　❻ 8 あまり 5
❼ 822　❽ 386

2 20 分間

3 ❶ 2、750　❷ 8030

4 ❶ ㋐ 35　㋑ 34　㋒ 31　㋓ 30　㋔ 32
㋕ 38　㋖ 100
❷ 西町

5 ❶ $\frac{6}{7}$　❷ $\frac{4}{5}$

6 ❶ 43　❷ 8、2　❸ 6.1

7 ❶ 7.3　❷ 7　❸ 0.9　❹ 1.9

8 ❶ 3478　❷ 3995　❸ 14712
❹ 44384

9 式 24÷6=4　答え 4 倍

てびき

3 1 km=1000 m

4 ㋖は、1 組・2 組・3 組の合計でもあり、東町・中町・西町の合計でもあるので、どちらから計算しても同じ数になります。

5 ❷ $1-\frac{1}{5}=\frac{5}{5}-\frac{1}{5}=\frac{4}{5}$

学年末のテスト②

1 式 4×2=8　答え 8 倍

2 5800、58000、580000、58

3 しょうりゃく

4 式 1 kg 200 g−300 g=900 g　答え 900 g

5 ㋑と㋒

6 ❶ 3.1　❷ 9.3　❸ 8.6　❹ 1.6
❺ 3.3　❻ 0.7

7 ❶ 64　❷ 4745　❸ 8878
❹ 39445

8 式 63÷□=7　答え 9

てびき

2 ある数を 10 倍すると、位が 1 つ上がり、一の位に 0 がある数を 10 でわると、位が 1 つ下がります。

4 1 kg 200 g を 1200 g として考えます。

7 筆算は次のようにします。

```
❶     4        ❷     7 3
   × 1 6          × 6 5
   -----          -------
     2 4           3 6 5
     4           4 3 8
   -----          -------
     6 4         4 7 4 5

❸   3 8 6      ❹     8 0 5
   ×  2 3          ×   4 9
   -------         ---------
   1 1 5 8         7 2 4 5
   7 7 2         3 2 2 0
   -------         ---------
   8 8 7 8       3 9 4 4 5
```

まるごと 文章題テスト①

1 午前 7 時 50 分

2 ❶ 式 2194+1507=3701　答え 3701 まい
❷ 式 2194−1507=687　答え 687 まい

3 式 49÷7=7　答え 7 題

4 式 80÷8=10　答え 10 本

5 式 76÷8=9 あまり 4
答え 9 本になって、4 本あまる。

6 式 237×5=1185　答え 1185 m

7 式 $\frac{4}{6}+\frac{2}{6}=1$　答え 1 m

8 式 2.5−1.6=0.9
答え やかんが 0.9 L 多く入る。

9 式 155×23=3565
4000−3565=435　答え 435 円

てびき

1 午前 8 時 15 分より 25 分前の時こくを考えます。

3 1 週間は 7 日なので、49 題を 7 つに分けます。

5 あまった本数がわる数の 8 より小さいことをたしかめましょう。

9 まず、買うボールペンの代金を計算します。

まるごと 文章題テスト②

1 式 60×2×3=360　答え 360 円

2 式 8524−4897=3627　答え 3627 こ

3 式 35÷7=5　答え 5 つ

4 式 42÷7=6　答え 6 倍

5 式 60÷7=8 あまり 4　答え 8 本

6 式 6300÷10=630　答え 630 まい

7 式 1 kg 400 g−450 g=950 g　答え 950 g

8 式 $\frac{7}{9}-\frac{2}{9}=\frac{5}{9}$　答え $\frac{5}{9}$ L

9 式 8.3+3.8=12.1　答え 12.1 cm

10 式 28×52=1456　答え 14 m 56 cm

てびき

1 先にふくろの数を考えると、2×3=6 より 6 ふくろひつようです。60×6=360 より 360 円と考えることもできます。

5 あまりの 4 dL では 7 dL 入ったびんは作れないので、あまりは考えません。

7 1 kg 400 g を 1400 g として考えます。

9 38 mm=3.8 cm です。単位を cm にそろえてから計算します。8.3 cm を 83 mm と考えて、答えを cm になおしかたもあります。

10 答えの単位に気をつけましょう。

3 2 1 0 9 8 7 6 5 4
* * D C B A